高等学校“十二五”规划教材

单片机基本技能与应用系统设计

DanPianJi JiBen JiNeng Yu YingYong XiTong SheJi

曾庆波　商俊平　代　瑶　林范刚　编著

栾良龙　主审

哈爾濱工業大學出版社

内 容 简 介

本书以单片机应用为主线,以典型工作任务为载体,以单片机应用系统设计与实现为目标,通过10个典型工作任务和3个项目介绍单片机基础知识、基本技能及单片机应用系统的设计过程。主要内容包括:单片机基础与基本技能、单片机系统模拟量输入输出实现、基于HS1101的数字湿度计设计与制作、基于DS18B20的数字温度计设计与制作、循迹避障智能小车设计与制作等。

本书可作为电气控制类、电子信息类、通信技术类、机电类等专业单片机技术课程的教材,也可供参加电子大赛的学生、指导教师,电子爱好者及从事单片机应用研发的工程技术人员阅读。本书提供电子教学课件、电路原理图和程序源代码。

图书在版编目(CIP)数据

单片机基本技能与应用系统设计/曾庆波等编著.—哈尔滨:哈尔滨工业大学出版社,2013.8

ISBN 978-7-5603-4170-5

Ⅰ.①单…　Ⅱ.①曾…　Ⅲ.①单片微型计算机-高等学校-教材　Ⅳ.①TP368.1

中国版本图书馆CIP数据核字(2013)第166340号

策划编辑　王桂芝
责任编辑　李广鑫
出版发行　哈尔滨工业大学出版社
社　　址　哈尔滨市南岗区复华四道街10号　邮编150006
传　　真　0451-86414749
网　　址　http://hitpress.hit.edu.cn
印　　刷　黑龙江省委党校印刷厂
开　　本　787mm×1092mm　1/16　印张13.25　字数310千字
版　　次　2013年8月第1版　2013年8月第1次印刷
书　　号　ISBN 978-7-5603-4170-5
定　　价　32.00元

◎前言

Preface

单片机具有体积小、可靠性高、控制能力强、性价比高等优点，广泛应用在工业自动化、家用电器、通信产品、仪器仪表等领域，国内众多高校已将单片机技术列为电子类学科的一门必修课程。全国大学生电子设计大赛、智能车大赛，都是以单片机为控制核心组建各种应用系统。可见，单片机技术已成为大学生就业、创业的必备技能之一。

本书以单片机应用为主线，典型工作任务为载体，以单片机应用系统设计与实现为目标，合理组织内容，精心设计任务和项目，使读者能够在较短的时间内学会单片机，具备运用单片机解决实际问题的能力。本书具有以下特点：

1. 以典型工作任务为载体，注重能力培养

本书以典型工作任务为载体，将知识与技能融入每一个工作任务中，通过完成工作任务学习知识、掌握技能。每个任务都是一个完整的工作过程，从任务描述，到设计分析、电路设计、软件设计，使学生了解单片机开发过程，通过完成一系列工作任务，培养学生的单片机开发能力。

2. 以应用为主线，精心设计任务，合理组织内容

本书采用从理论到实践，最后到系统的方式精心设计每一个工作任务，共设计了 10 个典型工作任务，这 10 个任务分别在第 1、2 章中；另外还用 3 章篇幅介绍了 3 个项目。这些任务和项目从实际出发，由浅入深、循序渐进地介绍了单片机应用系统的开发过程和方法。书中列举的每个任务和项目中，包含常见外围器件的介绍、使用方法、与单片机的接口技术，以及单片机系统硬件电路的设计、印制电路板的设计和程序设计等，突出单片机的应用。书中的任务和项目，从单片机内部功能到端口的使用，从单片机的输入/输出到外围器件的连接，从单片机最小系统的组成到具有一定功能的应用系统等，覆盖了单片机的基础知识、基本技能及单片机应用系统设计。书中的任务和项目具体如下：

任务 1　开关量采集电路设计与实现
任务 2　16 路流水灯电路设计与实现
任务 3　LED 数码管显示电路设计与实现
任务 4　键盘指示器设计与实现
任务 5　8 路抢答器设计与实现
任务 6　基于霍尔传感器的转速测量系统设计与实现
任务 7　主从式远程多机通信系统设计与实现
任务 8　简易数字电压表设计与实现
任务 9　设计一个多路模拟量采集系统
任务 10　波形发生器设计与实现
项目 1　基于 HS1101 的数字湿度计设计与制作
项目 2　基于 DS18B20 的数字温度计设计与制作
项目 3　循迹避障智能小车设计与制作

3. **编写形式新颖**

本书在每一章前都配有“学习导航”“知识目标”“能力目标”,为读者提供了有效的学习途径。书中的每一个任务和项目,都给出了设计方案、硬件电路原理图、元器件清单、印制电路板、程序清单,一步步引导学生去完成设计。本书提供了所有任务和项目的程序源代码、硬件电路图,可供教师和学生参考。

本书由曾庆波、商俊平、代瑶和林范刚撰写。全书分为5章,其中第3章由曾庆波撰写,第4、5章由商俊平撰写,第1章由代瑶撰写,第2章由林范刚撰写。全书由曾庆波统稿,栾良龙主审。

为方便学习,本书提供所有任务和项目的程序源代码、硬件电路原理图和PCB,电子课件,如有需要可与作者(zqb_at89c51@126.com)或哈尔滨工业大学出版社(wgz_w126.com)联系。

由于作者水平有限,书中难免存在疏漏和不妥之处,敬请广大读者和同行批评指正。

编　者

2013年6月

◎目录

Contents

目录 Contents

目录 Contents

第1章

单片机基础与基本技能

学习导航

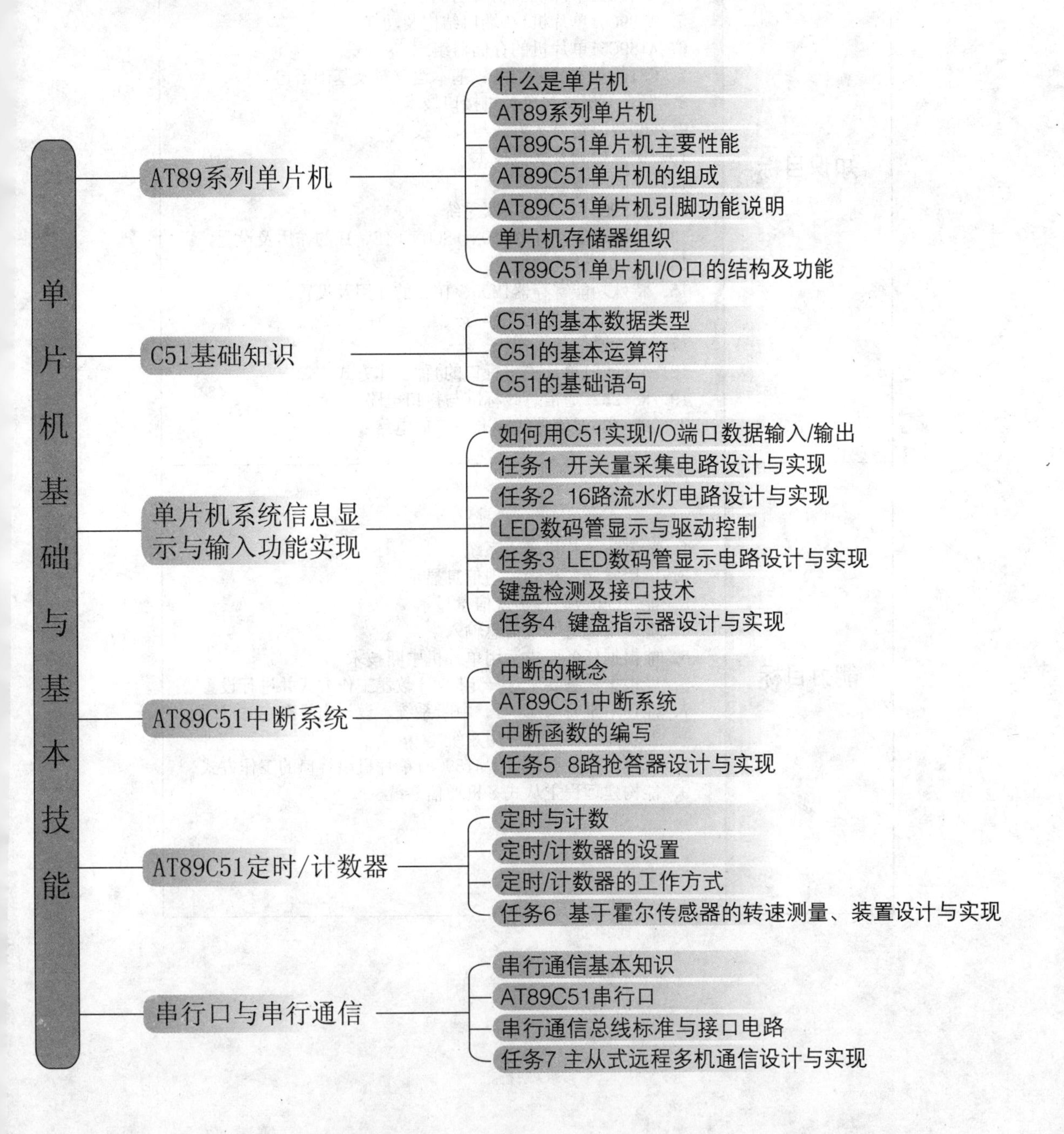
单片机基础与基本技能
AT89系列单片机
什么是单片机
AT89系列单片机
AT89C51单片机主要性能
AT89C51单片机的组成
AT89C51单片机引脚功能说明
单片机存储器组织
AT89C51单片机I/O口的结构及功能
C51基础知识
C51的基本数据类型
C51的基本运算符
C51的基础语句
单片机系统信息显示与输入功能实现
如何用C51实现I/O端口数据输入/输出
任务1 开关量采集电路设计与实现
任务2 16路流水灯电路设计与实现
LED数码管显示与驱动控制
任务3 LED数码管显示电路设计与实现
键盘检测及接口技术
任务4 键盘指示器设计与实现
AT89C51中断系统
中断的概念
AT89C51中断系统
中断函数的编写
任务5 8路抢答器设计与实现
AT89C51定时/计数器
定时与计数
定时/计数器的设置
定时/计数器的工作方式
任务6 基于霍尔传感器的转速测量、装置设计与实现
串行口与串行通信
串行通信基本知识
AT89C51串行口
串行通信总线标准与接口电路
任务7 主从式远程多机通信设计与实现

知识目标	1. 单片机的概念 2. AT89C51单片机的主要性能 3. AT89C51单片机内部功能部件作用 4. AT89C51单片机的引脚功能 5. AT89C51单片机I/O端口结构及功能 6. AT89C51单片机的存储器组织 7. C51的基本数据类型、基本运算符及基础语句 8. 发光二极管与单片机接口技术 9. LED数码管显示方式与接口技术 10. 键盘检测及接口技术 11. 中断的概念 12. AT89C51单片机中断系统 13. 特殊功能寄存器TCON、SCON、IE、IP的作用及设置 14. 定时与计数的概念 15. 特殊功能寄存器TMOD、TCON的作用及设置 16. 定时/计数器的工作方式 17. 串行通信基本知识 18. AT89C51单片机串行口的4种工作方式 19. RS-232C通信总线标准与接口电路 20. RS-485通信总线标准与接口电路
能力目标	1. 能制作单片机最小系统 2. 能用发光二极管实现信息显示 3. 能用LED数码管实现信息显示 4. 能运用键盘实现信息输入 5. 能根据任务要求运用单片机中断技术 6. 能根据任务要求选择定时/计数器工作方式并进行设置 7. 能使用定时/计数器、中断系统，设计出具有定时/计数器功能的单片机应用系统 8. 能根据任务要求设置AT89C51单片机串行口的工作方式 9. 能构建远程主从式多机通信系统

1.1　AT89 系列单片机

1.1.1　什么是单片机

单片机又称微控制器(Micro Controller Unit,简称 MCU),是指将中央处理单元 CPU (Central Processing Unit)、存储器 Memory、定时/计数器和多种 I/O 接口集成在一片芯片上,形成芯片级的计算机。几种常见的单片机封装如图 1.1 所示。

(a)DIP40 封装

(b)SOIC 封装

图 1.1　几种常见的单片机封装

单片机的特点是体积小、功能强、可靠性高、功耗低、价格低廉。单片机的应用几乎是无处不在,已经渗透到我们生活中的各个领域。目前单片机已经在工业控制、仪器仪表、家用电器、办公自动化、信息和通信产品、航空航天、专用设备的智能化管理等领域中得到了广泛的应用。

随着电子技术的飞速发展,芯片集成度不断提高,使得单片机的功能越来越强大。目前市场流行的单片机内还增加了若干部件,如闪速存储器(Flash Memory)、A/D 转换器、D/A 转换器、USB 总线接口、“看门狗”电路(WDT)等,使单片机的应用领域更加广泛。

1.1.2　AT89 系列单片机

MCS-51 系列单片机是 Intel 公司在 20 世纪 80 年代初研制出来的,其典型代表为 51 系列单片机 8031/8051/8751,很快就在我国得到了广泛的应用。Atmel 公司是 20 世纪 80 年代中期成立并发展起来的半导体公司,该公司的技术优势在于 Flash 存储器技术,为了介入单片机市场,公司在 1994 年以 EEPROM 技术和 Intel 公司的 80C31 单片机核心技术进行交换,从而取得了 80C31 核的使用权。Atmel 公司将 Flash 存储器技术和 80C31 核相结合,从而生出了 Flash 单片机 AT89C51 系列。由于它内部含有大容量的 Flash 存储器,所以在产品开发及生产便携式商品、手提式仪器等方面有着十分广泛的应用,成为目前取代传统的 MCS-51 系列单片机的主流单片机之一。

AT89 系列单片机是 Atmel 公司的 8 位 Flash 单片机。AT89 系列单片机有 AT89C 系列的标准型(AT89C51/52)及低档型(AT89C2051),还有 AT89S 系列的高档型(AT89S51/52)。AT89S 系列单片机是在 AT89C 系列的基础上增加一些特别的功能部件组成的,所以两者在结构上基本相似,但在个别功能模块和功能上有些区别。

由于AT89系列单片机是以80C31内核构成的,它和8051系列单片机是兼容的,所以当用AT89系列单片机取代MCS-51系列单片机时,只要封装相同就可以直接进行替换。

89系列单片机的型号编码由三个部分,组成,它们是前缀、型号和后缀,格式如

AT89CXXXXXXXX

其中,AT是前缀,89CXXXX是型号,XXXX是后缀。

下面分别对这三个部分进行说明,并且对其中有关参数的表示和意义作相应的解释。

◈ 前缀

由字母“AT”组成,表示该器件是ATMEL公司的产品。

◈ 型号

由“89CXXXX”或“89LVXXXX”或“89SXXXX”等表示。

“89CXXXX”中,8表示单片,9表示内部含Flash存储器,C表示为CMOS产品。

“89LVXXXX”中,LV表示低压产品,可以在2.5 V下工作,其他产品在5 V电压下工作。

“89SXXXX”中,S表示含有串行下载Flash存储器。

这个部分的“XXXX”表示器件型号数,如51、52,1051、8252等。

◈ 后缀

由“XXXX”四个参数组成,每个参数的表示和意义不同。在型号与后缀部分由“-”号隔开。

后缀中的第一个参数X用于表示速度,它的意义如下:

X=12,表示速度为12 MHz;

X=16,表示速度为16 MHz;

X=20,表示速度为20 MHz;

X=24,表示速度为24 MHz。

后缀中的第二个参数X用于表示封装,它的意义如下:

X=D,表示陶瓷封装;

X=Q,表示PQFP封装;

X=J,表示PLCC封装;

X=A,表示TQFP封装;

X=P,表示塑料双列直插DIP封装;

X=S,表示SOIC封装;

X=W,表示裸芯片。

后缀中第三个参数X用于表示温度范围,它的意义如下:

X=C,表示商业用产品,温度范围为0~+70 ℃。

X=I,表示工业用产品,温度范围为-40~+85 ℃。

X=A,表示汽车用产品,温度范围为-40~+125 ℃。

X=M,表示军用产品,温度范围为-55~+150 ℃。

后缀中第四个参数X用于说明产品的处理情况,它的意义如下:

X为空,表示处理工艺是标准工艺。

X=/883,表示处理工艺采用 MIL-STD-883 标准。

例如:有一个单片机型号为“AT89C51-12PI”,则表示该单片机是 ATMEL 公司的 Flash 单片机,内部是 CMOS 结构,速度为 12 MHz,封装为塑封 DIP,是工业用产品,按标准处理工艺生产。

1.1.3　AT89C51 单片机主要性能

AT89 系列单片机之所以成为目前主流单片机之一,是由它的性能决定的,AT89C51 单片机主要性能如下:

◈ 内含 4 KB 的 Flash 存储器;
◈ 128×8 字节片内 RAM;
◈ 32 位可编程 I/O 口线;
◈ 2 个 16 位定时器/计数器;
◈ 5 个中断源;
◈ 1 个全双工串行口;
◈ 具有低功耗的闲置和掉电模式;
◈ 片内时钟振荡器;
◈ 工作频率为 0~24 MHz。

1.1.4　AT89C51 单片机的组成

单片机是一个非常复杂的数字电路集合体,为便于认知单片机、应用单片机,单片机的生产厂家以功能模块的形式给出了单片机的内部结构图,图 1.2 就是 AT89C51 单片机内部结构框图。

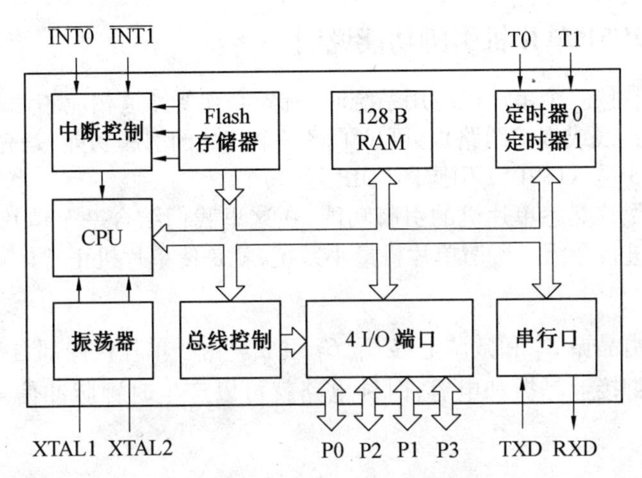

图 1.2　AT89C51 内部结构框图

1. 中央处理单元 CPU

CPU(Central Processing Unit)又称微处理器,是单片机的核心部件,由运算器和控制器组成,它决定了单片机的主要功能特性,在单片机中起运算和控制作用。

2. 存储器

存储器是用来存放程序和数据的功能部件，按使用功能可分为随机存取存储器 RAM（Random Access Memory）和只读存储器 ROM（Read Only Memory），通常 ROM 用来存储程序或永久性的数据，称为程序存储器，RAM 则用来存储临时数据，称为数据存储器。

3. 定时/计数器

AT89C51 单片机内部有 2 个 16 位（二进制）的定时/计数器，可用来实现定时或计数功能。定时/计数器是单片机内部非常重要的功能部件，在很多场合都需要用定时/计数器来实现精确定时及计数控制，如交通信号灯控制、直流电动机 PWM 调速控制等。

4. 中断系统

现代计算机都引入了中断技术，其目的是为了提高 CPU 的效率及当系统出现紧急状况能够给予及时处理。AT89C51 单片机有 5 个中断源，可提供 5 个中断服务。

5. 串行口

AT89C51 单片机内部有 1 个全双工异步串行口。通过串行口，既可以实现单片机与单片机之间的远程通信，也可以实现单片机与其他设备之间的串行通信，还可以作为移位寄存器使用。

6. 时钟电路

从上面的介绍来看，单片机内部有许多功能部件，这些功能部件需要一个统一的时钟脉冲信号作为基准，整个单片机系统才能正常工作。AT89C51 单片机内部有 1 个振荡器，只要单片机外接石英晶体（简称晶振）和谐振电容，就构成了时钟电路，系统也就具备了正常工作的基本条件。通常谐振电容的值为 30 pF，晶振的选择视单片机应用场合而定，一般的典型值为 12 MHz、24 MHz 或 11.059 2 MHz。

1.1.5　AT89C51 单片机引脚功能说明

当你要设计或装接一个单片机应用系统时，首先必须要知道相应芯片的引脚定义（或功能），才能进行正确连线或焊接线路板，可见了解一个芯片的引脚功能，是完成系统设计或装接的第一步。图 1.3 是 AT89C51 引脚图（DIP 封装）。

为了便于读者尽快熟悉单片机的引脚功能，在这里我们结合一个单片机最小系统电路原理图（图 1.4）来进行介绍。所谓单片机最小系统，就是使单片机正常运行的基本配置。

1. 时钟电路

时钟电路部分由晶振 X_1 和微调电容 C_1、C_2 组成。由于单片机内部含有振荡器，只要在单片机的 18、19 引脚接上晶振和电容，时钟电路就可以产生时钟脉冲信号，连接方法如图 1.4所示。

2. 复位电路

复位是使计算机的 CPU 和其他功能部件都恢复到一个确定的初始状态，并从这个状态开始工作。设置复位电路的目的是，若系统发生故障，只要按下复位按钮，系统就恢复到初始状态开始工作，避免出现“死机”现象。可见，一般的计算机系统都需要复位操作。

对于 AT89C51 单片机而言，只要复位引脚 RST 出现 2 个机器周期以上的高电平，就可以产生复位操作。本案例中的复位电路由 1 个电容、1 个电阻和 1 个按钮组成，见图 1.4。

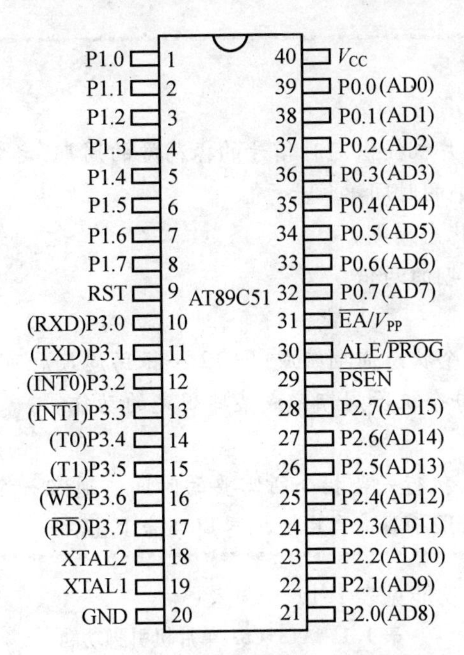

图 1.3　AT89C51 引脚图(DIP 封装)

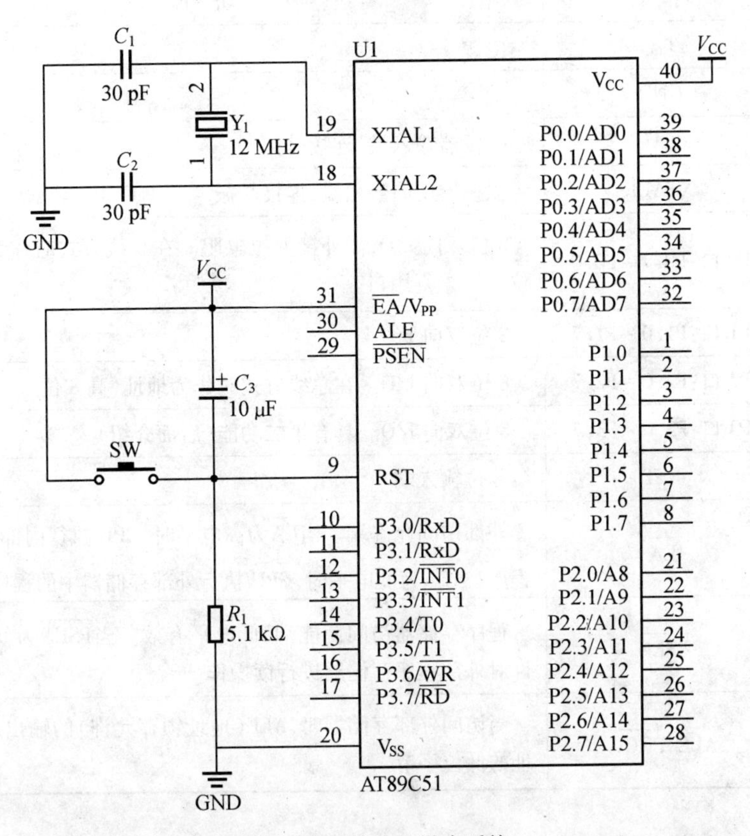

图 1.4　单片机最小系统

◈ 关于单片机的时序

● 振荡周期

振荡周期是指为单片机提供定时信号的振荡源的周期,定义为时钟频率的倒数,它是单片机中最基本、最小的时间单位。

● 时钟周期(也称状态周期)

时钟周期是振荡周期的两倍。

● 机器周期

一个机器周期由6个状态周期组成,即12个振荡周期。可以用机器周期把一条指令划分成若干个阶段,每个机器周期完成某些规定的动作。

● 指令周期

指令周期是指CPU执行一条指令所需要的时间。通常一个指令周期含1~4个机器周期。若外接晶振为12 MHz,单片机机器周期为1 μs。

AT89C51单片机引脚功能见表1.1。

表1.1　AT89C51单片机引脚功能

引脚	名　称	功　能
40	V_{CC}	电源
20	GND	地
18	XTAL2	振荡器输入端,连接晶振
19	XTAL1	振荡器反向输出端,连接晶振
32~39	P0口:P0.7~P0.0	8位双向I/O,需外接上拉电阻。在总线方式时作为地址(低8位)/数据复用口
1~8	P1口:P1.0~P1.7	8位双向I/O
21~28	P2口:P2.0~P2.7	8位双向I/O。在总线方式时作为地址(高8位)
10~17	P3口:P3.0~P3.7	8位双向I/O。具有第二功能(后面介绍)
9	RST	复位输入端
31	$\overline{EA}$	外部访问允许端。当$\overline{EA}$为高电平时,CPU执行内部存储器中的程序;当$\overline{EA}$为低电平时,CPU执行外部存储器中的程序
29	$\overline{PSEN}$	程序存储器访问使能端,低电平有效。当$\overline{PSEN}$为低电平时,允许对外部程序存储器进行读操作
30	ALE/$\overline{PROG}$	当访问外部存储器时,ALE(地址锁存允许)的输出用于锁存地址的低位字节

1.1.6　单片机存储器组织

存储器是由若干存储单元组成的。为了区分不同的存储单元,给每个存储单元都赋予一个编号,这个编号称为单元地址,CPU 通过存储单元的地址存取该单元的内容。每个存储单元可存放若干个二进制位,其位数称为存储单元的长度。一个字节等于 8 个二进制位,若干个字节构成一个字。

单片机的存储器在物理上分为片内程序存储器、片外程序存储器、片内数据存储器、片外数据存储器共 4 个存储空间;在逻辑上分为片内外统一编址的程序存储器、片内数据存储器及片外数据存储器。

1. 片内数据存储器

AT89C51 的内部 RAM 共有 256 个单元,每个单元为 1 个字节,这 256 个字节按功能又分为低 128 字节和高 128 字节,其中高 128 字节离散分布了具有特殊功能的寄存器。片内数据存储器的结构如图 1.5 所示。

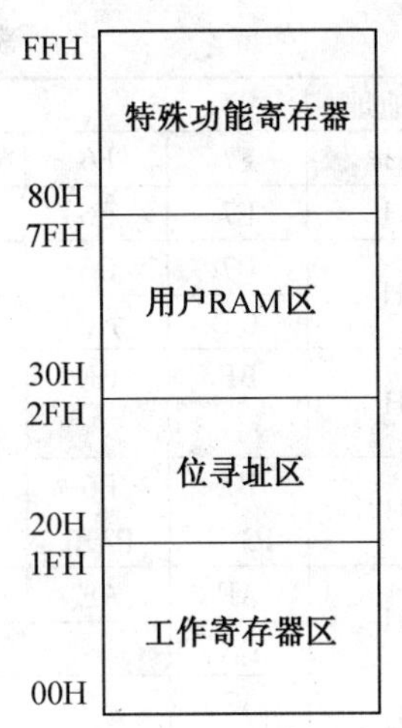

图 1.5　片内数据存储器的结构

(1)工作寄存器区

工作寄存器区分布在片内 RAM 的 00H ~ 1FH 区域,共 32 个单元,分为 4 组,每组有 8 个寄存器 R0 ~ R7,见表 1.2。需要说明的是,在任一时刻,只能使用其中一组寄存器,并把当前正在使用的那组寄存器称为当前寄存器组。寄存器组的切换可以通过对特殊功能寄存器 PSW 中 RS1 和 RS0 的组合来决定。

表 1.2　工作寄存器分布

字节地址	功能
00H ~ 07H	第 0 组工作寄存器(R0 ~ R7)
08H ~ 0FH	第 1 组工作寄存器(R0 ~ R7)
10H ~ 17H	第 2 组工作寄存器(R0 ~ R7)
18H ~ 1FH	第 3 组工作寄存器(R0 ~ R7)

用 C51 作为单片机的编程语言,是不会直接使用这些工作寄存器的,但在编写中断函数时,会涉及工作寄存器组的选择问题。

(2)位寻址区

内部 RAM 的 20H ~ 2FH 这 16 个单元称为位寻址区。这 16 个存储单元的每一位都有一个 8 位地址,位地址范围为 00H ~ 7FH。位寻址区的特点是:该区域的每个存储单元,既可以按位进行操作,也可以按字节进行操作。通常,位寻址区用于设置软件标志,使得编程更具灵活性。

(3)用户 RAM 区

单元地址为 30H ~ 7FH 的区域,称为用户 RAM 区。该区域一般作为数据缓冲区,存放来自键盘的数据、命令，以及送往 LED 数码管的数据等。

(4)特殊功能寄存器(SFR)

AT89C51 的定时/计数器、P0～P3 口、串行口及各种控制寄存器都以特殊功能寄存器的形式出现，并离散地分布在片内 RAM 的 80H～FFH 区域。在特殊功能寄存器中，凡是地址能被 8 整除的特殊功能寄存器，都可以按位寻址，位地址范围是 80H～FFH。AT89C51 的特殊功能寄存器见表 1.3。

表 1.3　AT89C51 的特殊功能寄存器

字节地址	位地址/位定义							SFR
F0H	F7	F6	F5	F4	F3	F2	F1	F0	B
E0H	E7	E6	E5	E4	E3	E2	E1	E0	ACC
D0H	D7	D6	D5	D4	D3	D2	D1	D0	PSW
	CY	AC	F0	RS1	RS0	OV		P	
B8H	BF	BE	BD	BC	BB	BA	B9	B8	IP
				PS	PT1	PX1	PT0	PX0	
B0H	B7	B6	B5	B4	B3	B2	B1	B0	P3
	P3.7	P3.6	P3.5	P3.4	P3.3	P3.2	P3.1	P3.0	
A8H	AF	AE	AD	AC	AB	AA	A9	A8	IE
	EA			ES	ET1	EX1	ET0	EX0	
A0H	A7	A6	A5	A4	A3	A2	A1	A0	P2
	P2.7	P2.6	P2.5	P2.4	P2.3	P2.2	P2.1	P2.0	
99H									SBUF
98H	9F	9E	9D	9C	9B	9A	99	98	SCON
	SM0	SM1	SM2	REN	TB8	RB8	TI	RI	
90H	97	96	95	94	93	92	91	90	P1
	P1.7	P1.6	P1.5	P1.4	P1.3	P1.2	P1.1	P1.0	
8DH									TH1
8CH									TH0
8BH									TL1
8AH									TL0
89H	GAT	C/T	M1	M0	GAT	C/T	M1	M0	TMOD
88H	8F	8E	8D	8C	8B	8A	89	88	TCON
	TF1	TR1	TF0	TR0	IE1	IT1	IE0	IT0	
87H	SM0								PCON
83H									DPH
82H									DPL
81H									SP
80H	87	86	85	84	83	82	81	80	P0
	P0.7	P0.6	P0.5	P0.4	P0.3	P0.2	P0.1	P0.0	

2. 片外数据存储器

当单片机应用系统需要处理的数据量较大、内部的 RAM 空间不足以容纳时，可在外部扩充。AT89C51 单片机在其外部可扩充 64 KB 的 RAM。

3. 程序存储器

AT89 系列单片机可寻址的内部和外部程序存储器总空间为 64 KB。由于 AT89C51 单片机内部有 4 KB 的程序存储器，在外部最多可扩充 60 KB 的程序存储器。当$\overline{EA}$引脚接高电平时，单片机执行内部存储器中的程序；当$\overline{EA}$引脚接低电平时，CPU 执行外部存储器中的程序。

在程序存储器中有一些特殊的存储单元，这些单元的配置情况见表 1.4。

表 1.4　程序存储器特殊单元说明

地　址	用途说明
0000H ~ 0002H	单片机复位后，从 0000H 开始执行程序
0003H ~ 000AH	外部中断 0 中断区
000BH ~ 0012H	定时/计数器 0 中断区
0013H ~ 001CH	外部中断 1 中断区
001BH ~ 0022H	定时/计数器 1 中断区
0023H ~ 002AH	串行口中断区

1.1.7　AT89C51 单片机 I/O 口的结构及功能

单片机的 I/O 口是连接单片机内外的纽带和桥梁，AT89 系列单片机的 4 个 I/O 口一般情况下作为 I/O 口使用，在结构和功能上基本相同，但又各具特点。

由于 AT89C51 单片机内部有 4 KB 的 Flash 存储器，所以在目前的 AT89C51 单片机系统中，大部分是利用 I/O 口的输入/输出功能，在使用这些功能之前，必须先要了解这些 I/O 口的特性。

1. P0 口

P0 口是一个 8 位漏极开路的双向 I/O 口，当控制信号为低电平时，作为通用的 I/O 端口使用；当控制信号为高电平时，作为数据/地址总线。需要注意的是，当 P0 口作为通用的I/O 端口使用时，漏极处于开路状态，所以需外接上拉电阻，阻值大小需要根据负载的阻抗进行匹配，一般情况下为 1 ~ 10 kΩ。P0 口的漏极开路，每个引脚可驱动 8 个 LS 型 TTL 负载。P0 口的 1 位结构如图 1.6 所示。

2. P1 口

P1 口为准双向 8 位 I/O 口。P1 口内部具有约 30 kΩ 的上拉电阻，作为输出功能时，不用外接上拉电阻。若 P1 口用作输入时，必须先向端口的锁存器写“1”，使输出场效应管截止，才能读取引脚数据，故称为“准双向 I/O 口”。P1 口的每个引脚可驱动 4 个 LS 型 TTL 负载。P1 口的 1 位结构如图 1.7 所示。

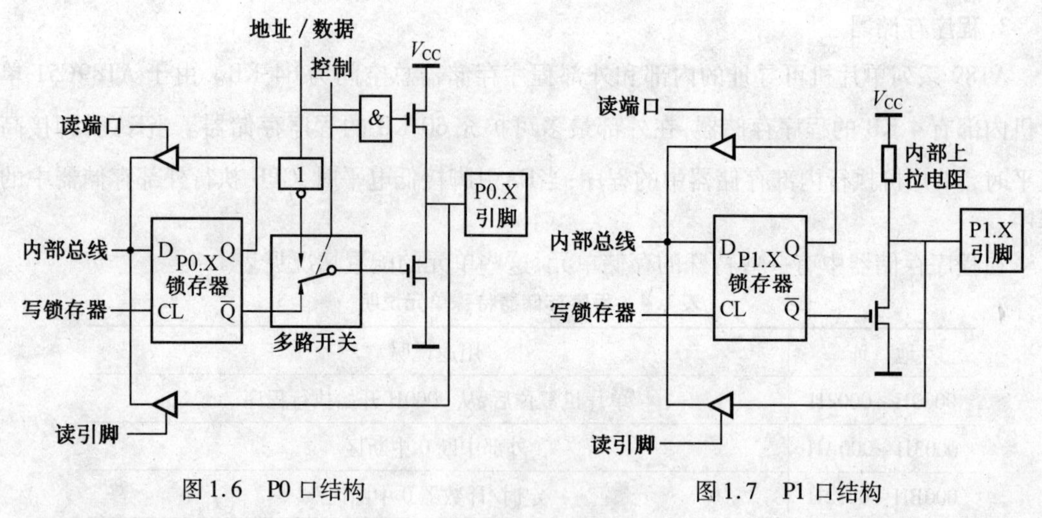

图 1.6 P0 口结构　　图 1.7 P1 口结构

3. P2 口

P2 口也是一个准双向 8 位 I/O 口。P2 口有两种使用功能:一种是作为通用的 I/O 端口使用,使用方法同 P1 口;另一种是作为系统扩展的地址总线口,输出高 8 位的地址 A7 ~ A15。P2 口内部具有约 30 kΩ 的上拉电阻。P2 口作为通用的 I/O 端口使用时,每个引脚可驱动 4 个 LS 型 TTL 负载。P2 口的 1 位结构如图 1.8 所示。

4. P3 口

P3 口是一个多功能准双向 8 位 I/O 口。P3 口有两种使用功能:一种是作为通用的 I/O 端口使用,使用方法同 P1 口;P3 口的第二功能见表 1.5。P3 口内部具有约 30 kΩ 的上拉电阻。P3 口作为通用的 I/O 端口使用时,每个引脚可驱动 4 个 LS 型 TTL 负载。P3 口的 1 位结构如图 1.9 所示。

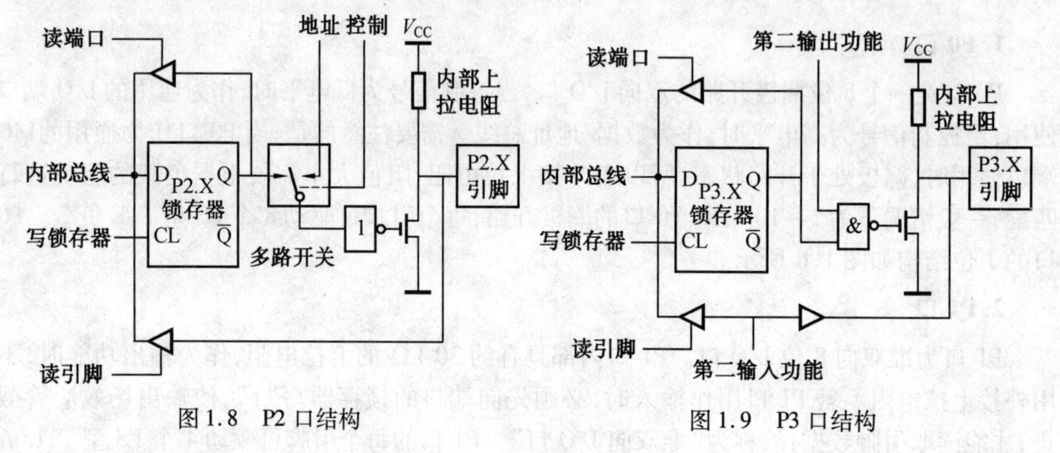

图 1.8 P2 口结构　　图 1.9 P3 口结构

表1.5　P3口的第二功能

端口引脚	第二功能
P3.0	RXD(串行口输入端)
P3.1	TXD(串行口输出端)
P3.2	$\overline{\text{INT0}}$(外部中断0输入端)
P3.3	$\overline{\text{INT1}}$(外部中断1输入端)
P3.4	T0(定时器0外部输入端)
P3.5	T1(定时器1外部输入端)
P3.6	$\overline{\text{WR}}$(外部RAM写选通)
P3.7	$\overline{\text{RD}}$(外部RAM读选通)

1.2　C51基础知识

C语言是一种广泛应用的程序设计语言,很多硬件开发都使用C语言编程。C语言程序本身不依赖于机器硬件系统,基本上不作修改或仅作简单的修改就可将程序从不同的系统移植过来直接使用。C语言提供了很多数学函数,并支持浮点运算,开发效率高,可极大地缩短开发时间,增加程序的可读性和可维护性。

C51是支持C51语言的编译器,如Keil C51。C51语言是从C语言演变而来的,是C语言的扩充,即在C语言基础上扩充的一些关键字、数据类型。

1.2.1　C51的基本数据类型

C51的数据类型与C语言略有不同,C语言中的基本数据类型为char、int、short、long、float和double,在C51中的默认规则如下:short int即为int,long int即为long,前面若无unsigned符号则一律认为是signed。sbit、bit、sfr和sfr16是C51编译器扩充的数据类型。C51的基本数据类型见表1.6。

表1.6　C51的基本数据类型

数据类型	关键字	所占位数	表示数的范围
无符号字符型	unsigned char	8	0~255
有符号字符型	char	8	-128~127
无符号整型	unsigned int	16	0~65 535
有符号整型	int	16	-32 768~32 767
无符号长整型	unsigned long	32	0~4 294 967 295
有符号长整型	long	32	-2 147 483 648~2 147 483 647
单精度实型	float	32	3.4e-308~3.4e308
双精度实型	double	64	1.7e-308~1.7e308
位类型	bit	1	0~1
特殊功能位声明	sbit	1	0~1
特殊功能寄存器声明	sfr	8	0~255
16位特殊功能寄存器声明	sfr16	16	0~65535

单片机内部有很多特殊功能寄存器,每个寄存器在单片机的内部都分配有唯一的地址,一般会根据寄存器功能的不同给寄存器赋予相对应的名称。当需要在程序中操作这些特殊功能寄存器时,必须要在程序的最前面将这些名称加以声明,声明的过程实际就是将这个寄存器在内存中的地址编号赋予给这个名称,这样编译器在以后的程序中才可认知这些名称所对应的寄存器。

例如:sfr SCON=0x98;

SCON 是单片机的串行口控制寄存器,这个寄存器在单片机中的内存地址是 0x98。这样声明后,以后要操作这个寄存器时,就可以直接对 SCON 进行操作,这时编译器清楚要操作的是单片机内部 0x98 地址处的这个寄存器,而 SCON 仅仅是这个地址的一个代号或是名称而已。

需要说明的是,单片机的特殊功能寄存器声明都包含在头文件“reg51. h”中了,在程序最前面使用编译预处理命令“#include <reg51. h>”后,以后就不用再对单片机的特殊功能寄存器进行单独声明了。

sbit 用来声明单片机特殊功能寄存器中可寻址位。例如:sbit led=P1^0;定义了用 led 表示 P1.0 引脚。

bit 用来声明 RAM 中可寻址位。

1.2.2　C51 的基本运算符

C51 的算术运算符、关系(逻辑)运算符、位运算符见表 1.7。

表 1.7　C51 的运算符

运算符	含义	运算符	含义
+	加法	>>	右移
-	减法	<<	左移
*	乘法	>	大于
/	除法	>=	大于等于
++	自加	<	小于
--	自减	<=	小于等于
%	求余运算	==	等于
&	按位与	!=	不等于
|	按位或	&&	逻辑与
^	按位异或	||	逻辑或
~	取反	!	非

1.2.3　C51 的基础语句

C51 的基础语句见表 1.8。

表 1.8　C51 的基础语句

语句	类型
if	选择语句
while	循环语句
for	循环语句
switch/case	多分支选择语句
do-while	循环语句

1.3　单片机系统信息显示与输入功能实现

在单片机应用系统中,为了控制系统的工作状态,需要通过输入设备向系统输入命令、参数,系统应设有键盘或按键;同样,为了了解系统的工作状态,以及显示系统的有关信息,系统也要配有显示器件。本节将介绍单片机应用系统中常用的显示器件、键盘与单片机接口及编程技术。

1.3.1　如何用 C51 实现 I/O 端口数据输入/输出操作

单片机的 I/O 端口是单片机与外部设备进行信息交换的桥梁,我们通过读取 I/O 端口的状态了解外设的状态,通过向 I/O 端口送出命令或数据来控制外设。所以对单片机的 I/O 端口进行输入、输出操作,是单片机应用系统中经常出现的事件。

对单片机的 I/O 端口进行操作时,需要对单片机 I/O 端口的特殊功能寄存器进行声明,在 C51 的编译器中,这项声明包含头部文件 reg51. h 中,编写程序时,可通过预处理命令 #include <reg51. h>,把这个文件加进去。

下面通过 1 个案例介绍如何用 C51 实现对单片机的 I/O 端口进行输入、输出操作。

<任务 1>　开关量采集电路设计与实现

任务描述:

用单片机采集 8 个开关的状态,然后将采集到的结果通过发光二极管显示。当某一开关闭合时,采集到的数据为“0”,与其对应的发光二极管亮;当某一开关断开时,采集到的数据为“1”,与其对应的发光二极管不亮。

1. 设计分析

用单片机的 P2 口接 8 个开关,检测开关的状态,用 P1 口接 8 个发光二极管,显示开关的状态。

2. 电路设计

P2 口接 8 个开关 $S_1 \sim S_8$,R_{10}是上拉电阻。P1 口接 8 个发光二极管 $D_1 \sim D_8$,$R_2 \sim R_9$ 是限流电阻。开关量采集电路原理图如图 1.10 所示,元器件清单见表 1.9。

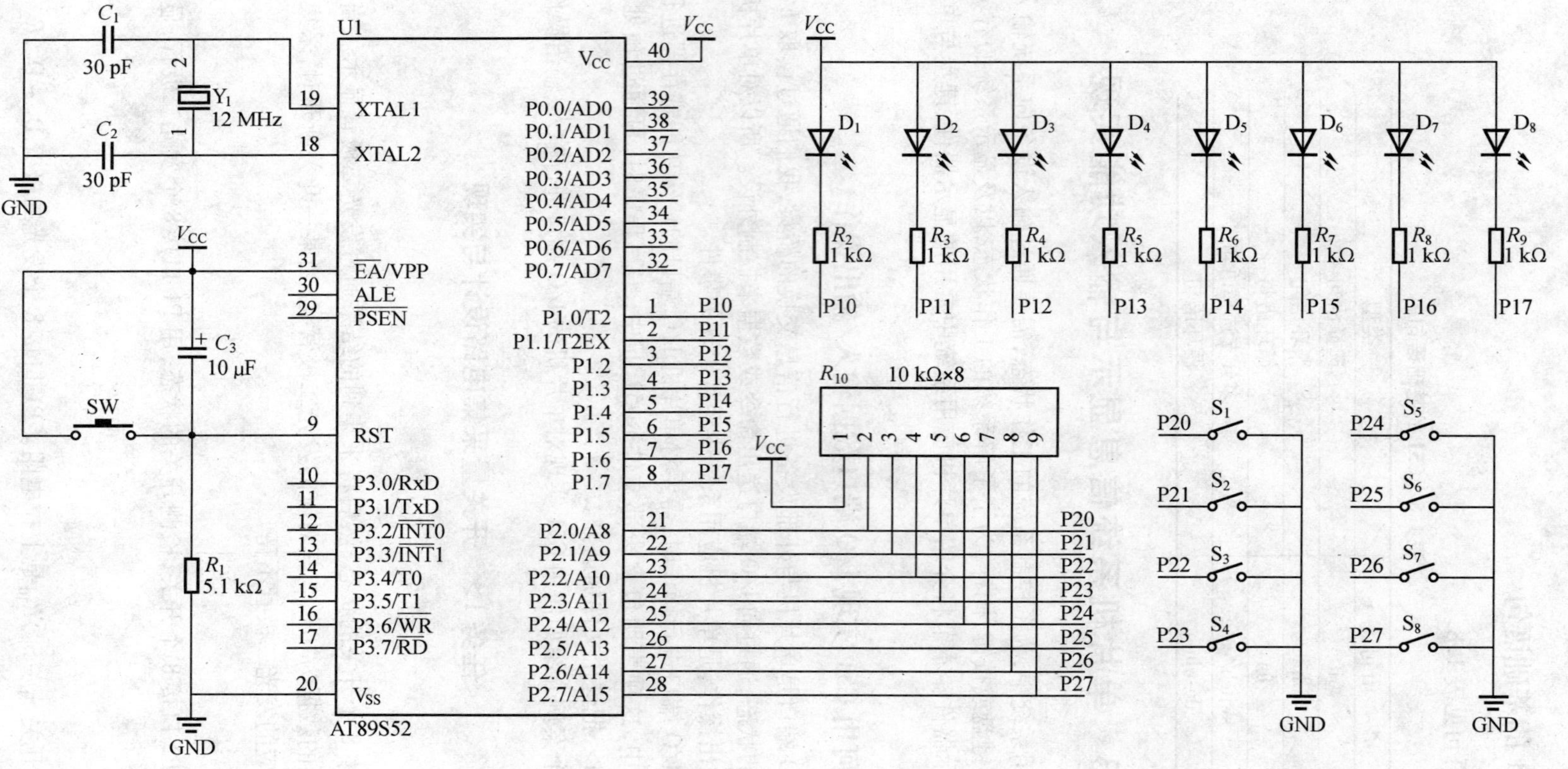

图 1.10　开关量采集电路原理图

表 1.9　开关量采集电路元器件清单

元器件名称	参数	数量	元器件名称	参数	数量
单片机	AT89S52	1	电阻 2	1 kΩ	8
IC 插座	DIP40	1	电阻 3	10 kΩ×8	1
晶体振荡器	12 MHz	1	按钮		1
瓷片电容	30 pF	2	开关		8
电解电容	10 μF	1	发光二极管	红色 Φ3	8
电阻 1	5.1 kΩ	1			

由于单片机 I/O 端口的灌电流负载能力远大于拉电流负载能力，在低电平时，吸入电流最大可达 20 mA，具有一定的驱动能力；而为高电平时，输出电流仅数十 μA 甚至更小(电流实际上是由引脚的上拉电流形成的)，基本上没有驱动能力。所以单片机在与发光二极管连接时，要采用灌电流负载连接方式。如果一定要高电平驱动时，可在单片机与发光二极管之间加驱动电路，如 74LS04、74LS244 等。

3. 程序设计

```
#include <reg51.h>
main( )
{
    char i;
    while(1)
        {
            i=P1;  //输入 P1 口数据到变量 i
            P2=i;  //将变量 i 送至 P2 口
        }
    }
```

程序中的语句 i=P2；和 P1=i；实现的就是端口数据输入、输出操作。

【用 C51 实现 I/O 端口数据输入/输出操作归纳】

输入操作：

用语句

变量=PX；

实现输入操作。其中 X=0、1、2、3，X 为单片机的端口编号。

输出操作：

用语句

PX =变量；

或

PX =数据；

实现输出操作。

<任务2> 16路流水灯电路设计与实现

任务描述：

用单片机控制16个发光二极管进行花样显示，显示规律为：①16个LED依次左移点亮；②16个LED依次右移点亮，然后再从①进行循环。

1. 设计分析

用单片机的P1、P2口接16个发光二极管，当P1、P2口的某个引脚为低电平时，与该引脚连接的发光二极管亮，电路在任意时刻只有一个发光二极管点亮。

实现发光二极管依次点亮，可以使用移位运算符“>>”、“<<”实现；也可以用C51提供的库函数“unsigned char _crol_(unsigned char val ,unsigned char n)”(左移 n 位函数)、“unsigned char _cror_(unsigned char val ,unsigned char n)”(右移 n 位函数)实现；又可以用位操作或字节操作实现。本设计采用的是建立一个字符型数组，将数组中的元素依次送到P1、P2口，实现把16个发光二极管依此轮流点亮。

2. 电路设计

P1、P2口各接8个发光二极管，$R_2 \sim R_{17}$ 是限流电阻。16路流水灯电路原理图如图1.11所示，元器件清单见表1.10。

表1.10 16路流水灯电路元器件清单

元器件名称	参数	数量	元器件名称	参数	数量
单片机	AT89S52	1	电阻1	5.1 kΩ	1
IC插座	DIP40	1	电阻2	1 kΩ	16
晶体振荡器	12 MHz	1	按钮		1
瓷片电容	30 pF	2	发光二极管	红色 Φ3	16
电解电容	10 μF	1			

3. 程序设计

```
#include<reg52.h>
#define uchar unsigned char
#define uint unsigned int
uchar tab1[ ] = {0xfe,0xfd,0xfb,0xf7,0xef,0xdf,0xbf,0x7f,0xff,0xff,0xff,0xff,0xff,0xff,0xff,0xff};//
uchar tab2[ ] = {0xff,0xff,0xff,0xff,0xff,0xff,0xff,0xff,0xfe,0xfd,0xfb,0xf7,0xef,0xdf,0xbf,0x7f};//
uchar tab3[ ] = {0x7f,0xbf,0xdf,0xef,0xf7,0xfb,0xfd,0xfe,0xff,0xff,0xff,0xff,0xff,0xff,0xff,0xff};//
uchar tab4[ ] = {0xff,0xff,0xff,0xff,0xff,0xff,0xff,0xff,0x7f,0xbf,0xdf,0xef,0xf7,0xfb,0xfd,0xfe};//
void delay( )
{
  uint i,j;
  for(i=0;i<200;i++)
    for(j=0;j<124;j++);
```

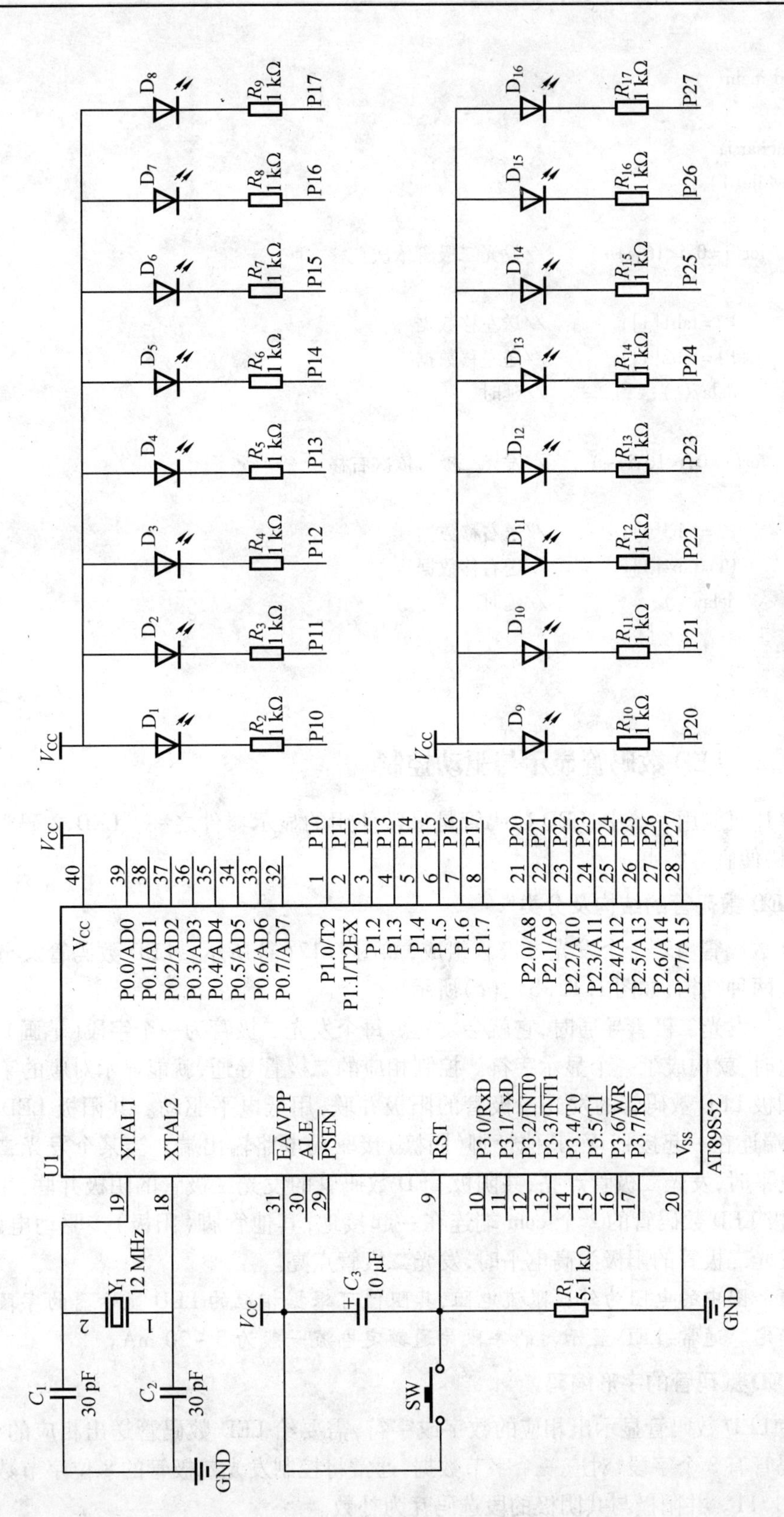

图 1.11　16 路流水灯电路原理图

```
}
void main( )
{
   uchar i;
   while(1)
   {
     for(i=0;i<16;i++)        //发光二极管依次左移
     {
        P2=tab1[i];           //送左移数据
        P1=tab2[i];           //送左移数据
        delay( );             //延时
     }
     for(i=0;i<16;i++)        //发光二极管依次右移
     {
        P2=tab3[i];           //送右移数据
        P1=tab4[i];           //送右移数据
        delay( );             //延时
     }
   }
}
```

1.3.2　LED 数码管显示与驱动控制

在单片机应用系统中,LED 数码管是最常使用的显示器件之一。LED 数码管具有结构简单、价格便宜等特点。

1. LED 数码管的结构及分类

LED 数码管由若干个发光二极管组成,如图 1.12(a)所示。LED 数码管又分为共阳极和共阴极两种结构,如图 1.12(b)、(c)所示。

当某一发光二极管导通时,它就会发光。每个发光二极管为一个字段(笔画),若干个二极管导通时,就构成了一个显示字符。控制相应的二极管导通,就能显示对应的字符。

共阳极 LED 数码管的发光二极管的阳极并联,用低电平驱动。共阳极 LED 数码管的 2 个 com端连在一起接+5 V,其他管脚(阴极)接驱动电路输出端。当某个发光二极管的阴极为低电平时,发光二极管点亮;共阴极 LED 数码管的发光二极管的阴极并联,用高电平驱动,共阴极 LED 数码管的 2 个 com 端连在一起接地,其他管脚(阳极)接驱动电路输出端。当某个发光二极管的阳极为高电平时,发光二极管点亮。

注意　图中的电阻为外接限流电阻,其阻值可根据相应的 LED 显示器的字段导通额定电流来确定。通常,LED 显示器的字段导通额定电流一般为 5 ~ 20 mA。

2. LED 数码管的字形编码

若使 LED 数码管显示出相应的数字或字符,需要给 LED 数码管送出相应的字形编码。LED 数码管有 8 个字段,对应一个字节数据,通常将控制发光二极管的 8 位字节数据称为段码,见表 1.11。共阳极与共阴极的段选码互为补数。

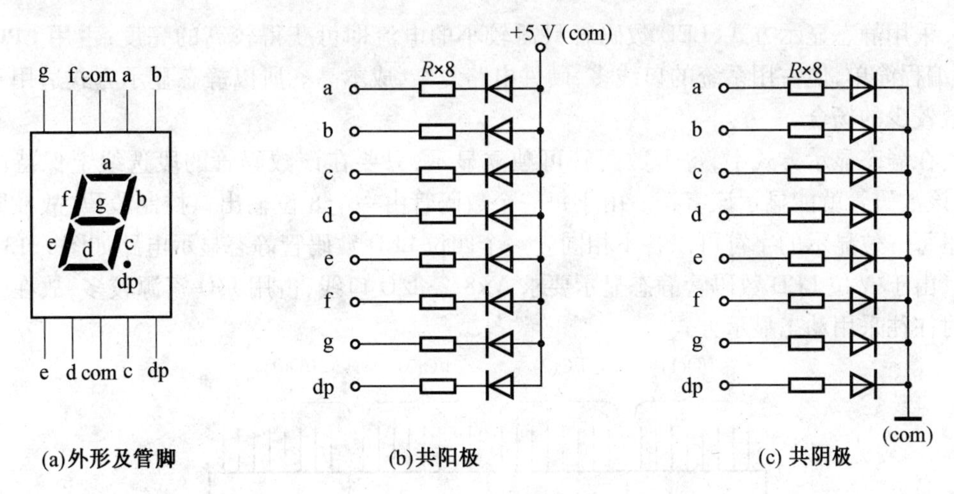

图 1.12　LED 数码管

段码各位的定义为：D_0 与 a 字段对应，D_1 与 b 字段对应，D_2 与 c 字段对应，D_3 与 d 字段对应，D_4 与 e 字段对应，D_5 与 f 字段对应，D_6 与 g 字段对应，D_7 与 dp 字段对应。

表 1.11　LED 数码管字形编码(段码)

显示字符	共阳极段码	共阴极段码	显示字符	共阳极段码	共阴极段码
0	C0H	3FH	C	C6H	39H
1	F9H	06H	d	A1H	5EH
2	A4H	5BH	E	86H	79H
3	B0H	4FH	F	8EH	71H
4	99H	66H	P	82H	73H
5	92H	6DH	H	89H	76H
6	82H	7DH	L	C7H	38H
7	F8H	07H	U	C1H	3EH
8	80H	7FH	Y	91H	6EH
9	90H	6FH	—	BFH	40H
A	88H	77H	·	7FH	80H
b	83H	7CH	灭	FFH	00H

3. LED 数码管的显示方式

LED 数码管有静态显示和动态显示两种方式，与之对应的接口电路也会随之不同。

(1)LED 数码管静态显示方式

静态显示方式，是指数码管显示某一字符时，相应的发光二极管恒定地导通或截止，直到显示字符改变为止。

LED 数码管工作在静态显示方式下，每个 LED 显示器公共端(com)连接在一起接地(共阴极)或接+5 V(共阳极)；每个 LED 数码管的段选线(a～dp)与一个 8 位并行口相连。

静态显示方式的特点：

采用静态显示方式，LED 数码管只需较小的电流即可获得较高的亮度；占用 CPU 时间少，编程简单，但占用系统的口线多，硬件电路复杂，成本高。所以静态显示方式适用于显示位数较少的场合。

在静态显示方式中，每个数码管可独立显示，只要在该数码管的段选线上保持段码电平，该数码管就能显示该字符。由于每一个数码管由一个 8 位输出口控制段码，故在同一时间里每一位显示的字符可以各不相同。一个四位 LED 数码管静态显示电路如图 1.13 所示。

由于 N 位 LED 数码管静态显示要求 N×8 条 I/O 口线，占用 I/O 资源较多，故在位数较多时往往采用动态显示方式。

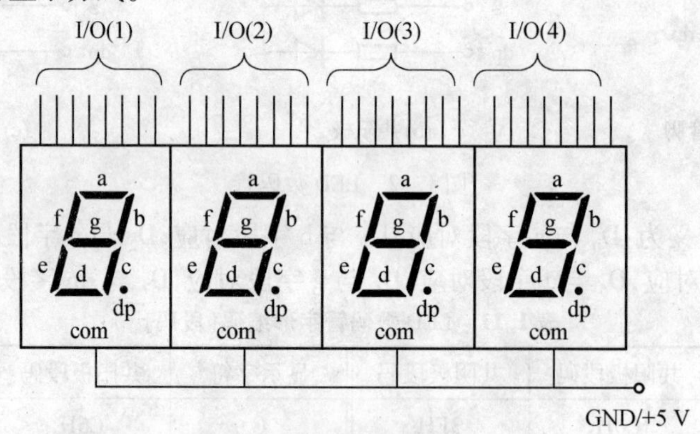

图 1.13　LED 数码管静态显示电路

(2)LED 动态显示方式

所谓动态显示方式，就是一位一位地轮流点亮每个数码管，这种逐位点亮数码管的方式称为扫描。

在动态显示方式中，将所有数码管的段选线并联在一起，由一个 8 位 I/O 口控制，从该 I/O 口输出段码，此 I/O 口称为段选口或字形口；而每个数码管的 com 端则分别由另一 I/O 口的口线控制，该 I/O 称为扫描口或位选口。对于每个数码管，每一时刻只能有 1 个数码管被点亮，每隔一段时间点亮一次，每个数码管依次轮流被点亮。由于人眼的视觉暂留效应和发光二极管熄灭时的余晖，人们感觉到的是所有的数码管“同时”显示字符。为了使每个数码管能够充分被点亮，每个数码管应持续导通一段时间。通过适当调整每个数码管导通的时间间隔及导通电流，即可实现亮度较高和稳定的显示。一般每隔 20 ms 扫描一遍所有数码管。一个四位 LED 数码管动态显示电路如图 1.14 所示。

LED 数码管动态显示电路需要两个 I/O 口，其中一个输出段码，另一个控制位选。由于所有数码管的段码由一个 I/O 口控制，因此在每个瞬间，所有 LED 数码管只可能显示相同的字符。若要每位显示不同的字符，必须采用扫描显示方式，即在每一瞬间只使某一位数码管显示相应的字符。在此瞬间，段选控制口即 I/O(1)输出相应字符的段码，位选控制口即 I/O(2)，在该显示位送入选通电平(共阴极送低电平、共阳极送高电平)以保证该位显示相应字符。如此循环，使每位显示由段选控制口送入的段选码相对应的字符，并保持一段时间，以造成视觉暂留效果。段选码、位选码每送入一次后延时 1～5 ms。

采用动态显示方式比较节省 I/O 口，硬件电路也比静态显示方式简单，但在显示位数较多时，CPU 要依次扫描，占用 CPU 较多的时间。

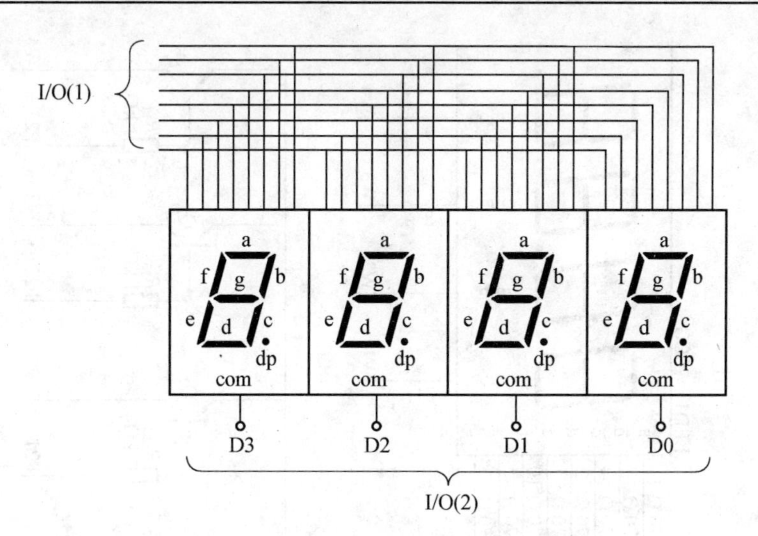

图 1.14　LED 数码管动态显示器电路

<任务 3>　LED 数码管显示电路设计与实现

任务描述：

设计一个 LED 数码管显示电路。该电路能显示 4 位十进制数，数值范围 0 ~ 999.9（只保留 1 位小数），若数值的最高位为 0，则对应的数码管熄灭不予显示。

1. 设计分析

由于显示的数值范围为 0 ~ 999.9，可选用 4 位一体 LED 数码管来显示 4 位十进制数，采用动态显示方式，P0 口做段选口，输出段码，P2 口做位选口，输出位选信号。在软件设计上，首先要对数值进行分离，得到千、百、十、个位的数值；然后对数值进行分析，若数值的最高位为 0，则对应的数码管熄灭。

2. 电路设计

LED 数码管显示电路原理图如图 1.15 所示，元器件清单见表 1.12。在图 1.15 中，电阻 R_3 ~ R_{10} 是数码管的限流电阻，三极管 Q_1 ~ Q_4、电阻 R_{11} ~ R_{14} 组成数码管驱动电路。

表 1.12　LED 数码管显示电路元器件清单

元器件名称	参数	数量	元器件名称	参数	数量
单片机	AT89S52	1	电阻 2	1 kΩ	4
IC 插座	DIP40	1	电阻 3	670 Ω	8
晶体振荡器	12 MHz	1	电阻排	10 kΩ	1
瓷片电容	30 pF	2	按钮		1
电解电容	10 μF	1	4 位一体数码管	共阳极	1
电阻 1	5.1 kΩ	1	三极管	PNP	4

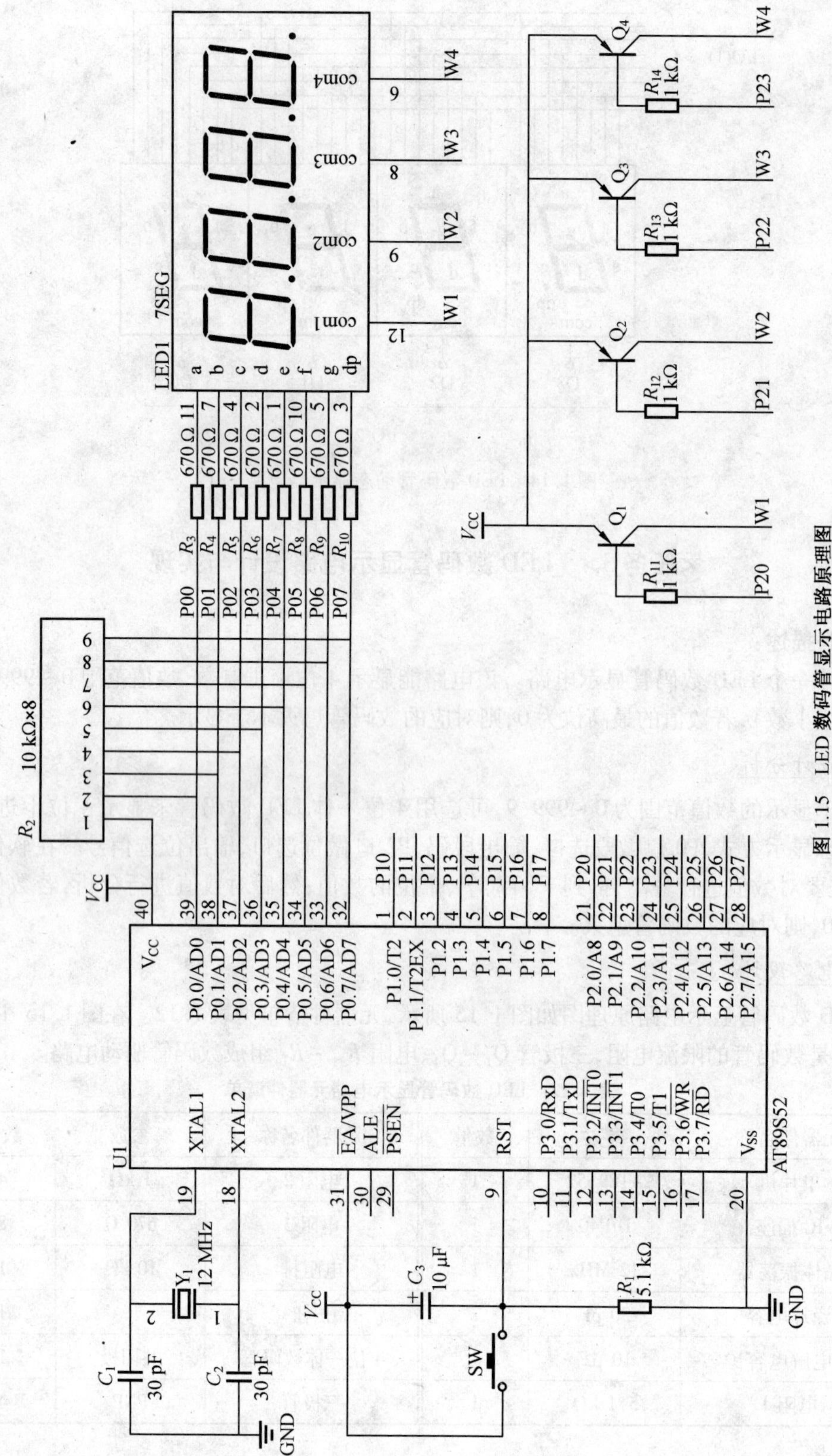

图 1.15 LED 数码管显示电路原理图

3. 程序设计

这里假设要显示的数值为45.6,数值含有小数部分,由于单片机不具有小数的运算能力,如果一定要计算,将占用单片机中大量的内存单元和CPU时间。这里可以采用一种简单的算法,由于显示的数值只保留1位小数,所以将要显示的数值扩大10倍,而在显示数值时,再把小数点放在个位数后面,其数值并没有改变。程序如下:

```
#include<reg51.h>
#define uchar unsigned char
#define uint unsigned int
uchar seg[]={0xc0,0xf9,0xa4,0xb0,0x99,0x92,0x82,0xf8,0x80,0x90}; //共阳极数码管0~9编码
uchar bai,shi,ge,xiao; //
void delay()  //延时函数
{
  uint i;
  for(i=0;i<200;i++);
}
void display(void)
{
  if(bai==0)   //如果数值的最高位为0,则不予显示
  {
    P0=0xff;  //对应的数码管不显示任何信息
    P2=0xfe;
    delay();
    P2=0xff;
  }
  else          //否则,显示数值的最高位
  {
    P0=seg[bai];  //送数值最高位的字型编码
    P2=0xfe;      //选通数码管
    delay();      //延时
    P2=0xff; //关断所有位选
  }
if((bai==0)&&(shi==0))  //如果数值最高位和次高位同时为0,则最高位和次高位不予显示
{
   P0=0xff;  //对应的数码管不显示任何信息
   P2=0xfd;
   delay();
   P2=0xff;
}
else
{
   P0=seg[shi];
```

```
        P3 = 0xfd;
        delay( );
        P3 = 0xff;
    }
    P0 = seg[ge]&0x7f;  //显示个位数值,同时显示小数点
    P2 = 0xfb;
    delay( );
    P2 = 0xff; //
    P0 = seg[xiao];    //显示小数部分
    P2 = 0xf7;
    delay( );
    P2 = 0xff;
}
void main( )
{
    uint a=456;    //设显示的数值为45.6,这里将显示的数值放大了10倍
    while(1)       //无限循环
    {
        bai = a/1000;       //数值最高位
        shi = a%1000/100;   //数值次高位
        ge = a%100/10;      //数值个位
        xiao = a%10;        //数值小数部分
        display( );         //调用显示函数
    }
}
```

1.3.3 键盘检测及接口技术

键盘是由若干个按键组成的,它是单片机常用的输入设备。操作人员通过键盘向应用系统输入数据或命令,实现人机对话。

1. 按键及去抖动措施

键盘通常由机械触点式开关组成,当键按下时,相当于开关闭合;当按键松开时,相当于开关断开。当键闭合或断开时,由于机械弹性作用的影响,触点会存在抖动现象(抖动的时间一般为 5 ~ 10 ms),抖动现象如图 1.16 所示。

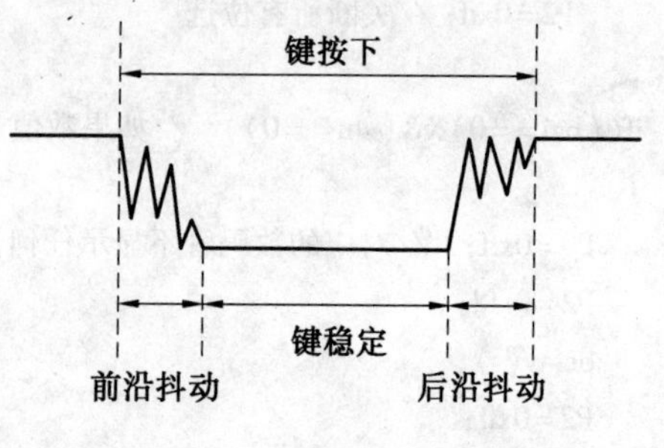

图 1.16 按键的抖动现象

在按键抖动期间检测按键闭合或断开,将导致判断出错,即按键一次闭合或释放会被错误地认为有多次操作。为了克服按键的触点机械抖动所致的检测错误,必须采取去除抖动措施。当按键数较少时,可采用硬件去除抖动;而当按键数较多时,采用软件消除抖动。

采用软件去抖动的方法是:当在检测到有键按下时,执行一个 10 ms 的延时后再确认该键电平是否仍保持闭合状态电平,如保持闭合状态电平则确认为该键按下(闭合),从而消除了抖动的影响。

2. 独立式按键

独立式按键是指每个按键单独占有一根 I/O 口线,每根 I/O 口线上按键的工作状态不会影响其他 I/O 口线的工作状态。独立式按键电路如图 1.17 所示。

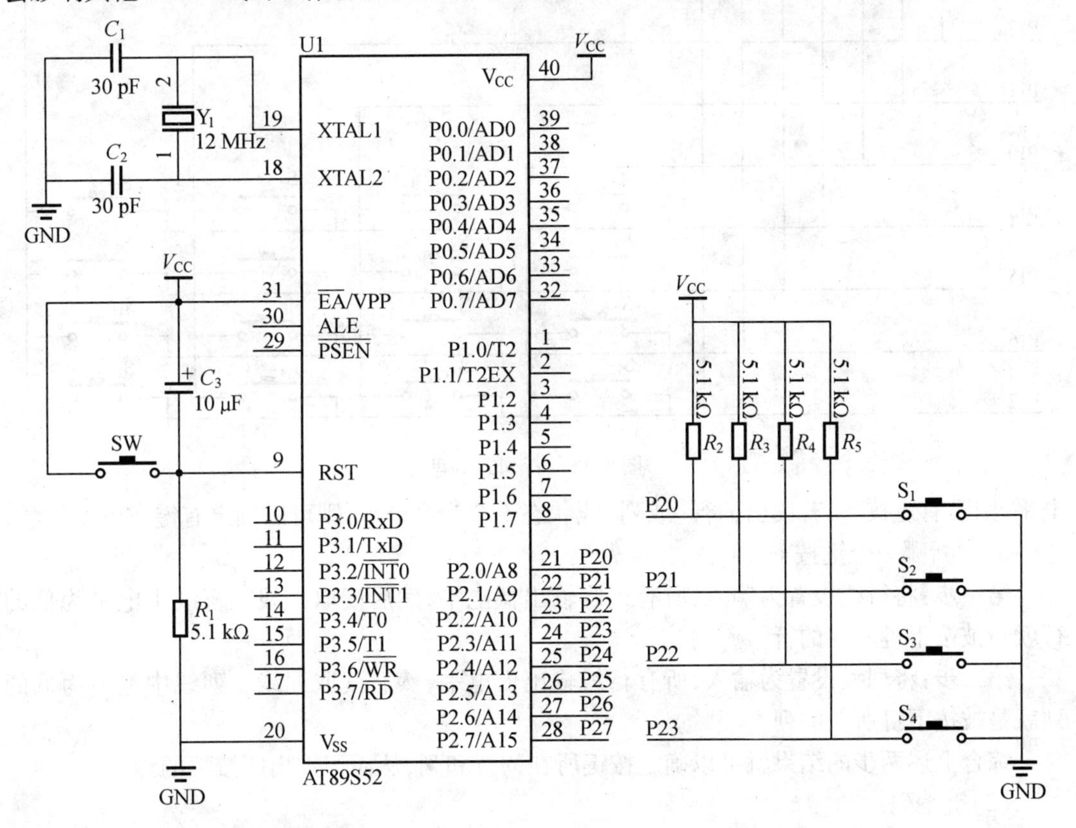

图 1.17 独立式按键电路

独立式按键电路配置灵活,软件结构简单,但每个按键必须占用一根 I/O 口线,在按键数量较多时,占用 I/O 口线太多。所以,在按键数量不多时,常采用独立式按键电路。

3. 行列式键盘

行列式键盘又称矩阵式键盘,是用 I/O 口线组成行、列结构,按键设置在行列的交点上。在应用系统按键数量较多的情况下,采用行列式键盘可以节省 I/O 口线。

(1)键盘工作原理

行列式键盘示例电路原理如图 1.18 所示。按键设置在行、列的交点上,行线、列线分别接到按键开关的两端,行线、列线都通过上拉电阻接+5 V,行线、列线均呈现高电平。

判断键盘有无键按下及按下的是哪一个键的方法如下:

◈ 判断有无键按下

将所有列(或行)线置为低电平,然后读所有行(或列)线的状态。若行(或列)线均为高

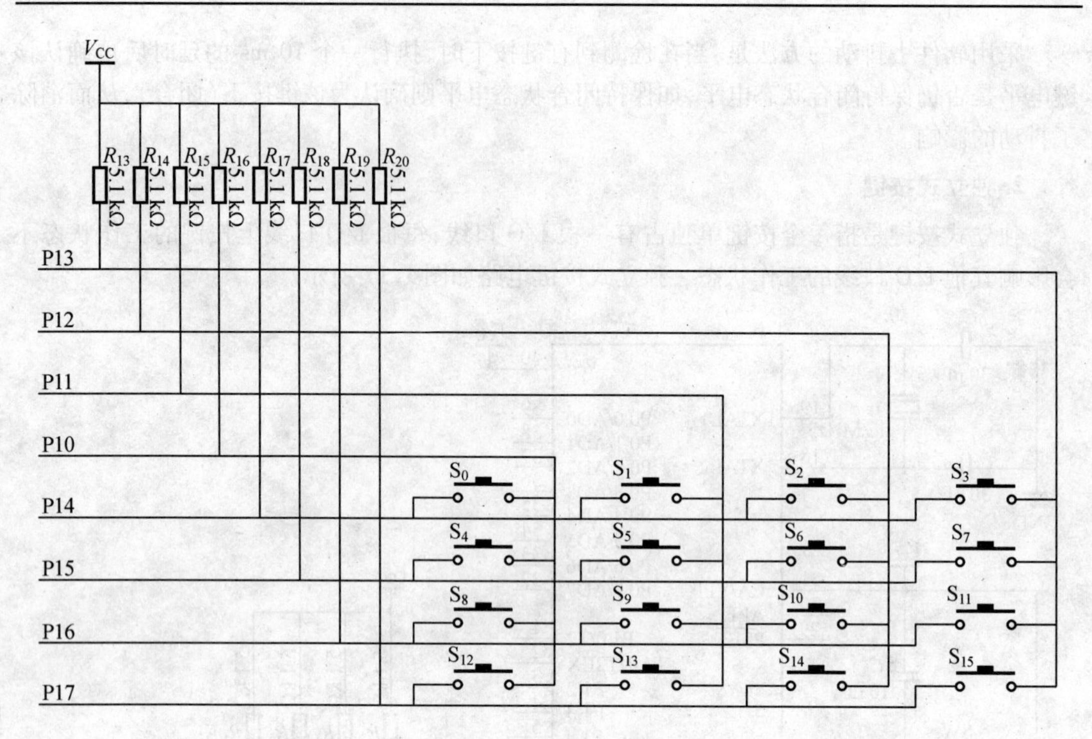

图 1.18　行列式键盘

电平,则没有键按下;若读出的行(或列)线状态不全为高电平,则可以判定有键按下。

◈ 判断哪一个键按下

第一步:将行线设置为输入,所有列线输出低电平,然后读取行线。行线中电平为低的行就是被按下键所在的行。

第二步:将列线设置为输入,所有行线输出低电平,然后读取列线。列线中电平为低的列就是被按下键所在的列。

综合上述两步的结果就可以确定按键所在的行和列,从而识别出所按下的键。

(2)键编码

键盘上的每个按键都有一个键值。对于独立式按键键盘,因按键数量少,其按键的编码可根据按键的位置采用二进制或十六进制数的组合表示。

对于行列式键盘,按键的位置由行号和列号唯一确定。行列式键盘的编码方法有多种。在图 1.18 所示的行列式键盘电路原理中,假设 S_3 键被按下。第一步 P1 口输出 0xf0,读取 P1 口后得到 0xe0;第二步 P1 口输出 0x0f,读取 P1 口后得到 0x07。将两次读取的数据 0xe0 和 0x07 相“或”合并为一个字节数据,得到的结果 0xe7 就是按键 S_3 的编码。按照上述方法,按键 S_0 ~ S_{15} 的编码见表 1.13。

表1.13　行列式键盘键值编码

键值	编码	键值	编码	键值	编码	键值	编码
S_0(0)	0xee	S_4(4)	0xde	S_8(8)	0xbe	S_{12}(C)	0x7e
S_1(1)	0xed	S_5(5)	0xdd	S_9(9)	0xbd	S_{13}(D)	0x7d
S_2(2)	0xeb	S_6(6)	0xdb	S_{10}(A)	0xbb	S_{14}(E)	0x7b
S_3(3)	0xe7	S_7(7)	0xd7	S_{11}(B)	0xb7	S_{15}(F)	0x77

(3)键盘扫描

一般情况下,在单片机应用系统中,键盘扫描只是CPU工作的一部分。为了能及时响应键盘的输入,CPU必须不断地调用键盘扫描函数,对键盘进行扫描。

键盘扫描函数一般包括以下几个部分:

① 判断键盘有无键按下;

② 消除按键时产生的机械抖动;

③ 扫描键盘,通过计算获得按下键的键号(或键值);

④ 键闭合一次只进行一次键功能操作,然后返回。

<任务4>　键盘指示器设计与实现

任务描述:

设计一个4×4的行列式键盘,当按下某一个按键时,在LED数码管上显示该按键的键号。本任务中的按键S_0~S_{15}对应的键编号为0~F。

1.设计分析

单片机的P1口连接4×4行列式键盘,其中P1.0~P1.3作为键盘的列线,P1.4~P1.7作为键盘的行线。软件主要完成判断键盘有无键按下、扫描键盘、确定按键号、显示键号任务。

2.电路设计

键盘指示器电路原理图如图1.19所示,元器件清单见表1.14。

表1.14　LED数码管显示电路元器件清单

元器件名称	参数	数量	元器件名称	参数	数量
单片机	AT89S52	1	电阻3	670 Ω	8
IC插座	DIP40	1	电阻排	10 kΩ	1
晶体振荡器	12 MHz	1	按钮		17
瓷片电容	30 pF	2	数码管	共阳极	1
电解电容	10 μF	1	三极管	PNP	2
电阻1	5.1 kΩ	1	蜂鸣器		1
电阻2	1 kΩ	10			

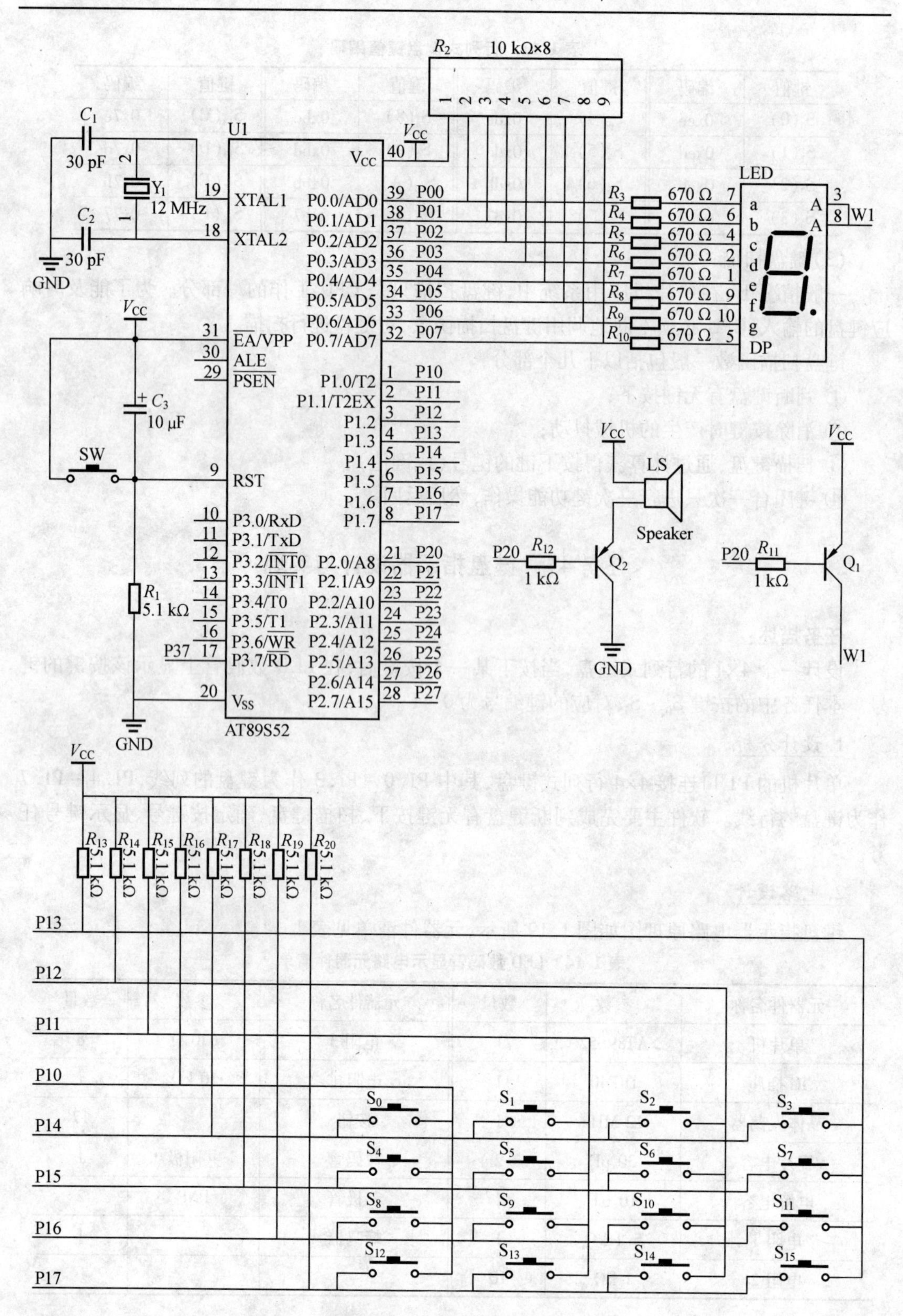

图 1.19　键盘指示器电路原理图

3. 程序设计

```
#include<absacc.h>
#define uchar unsigned char
#define uint unsigned int
uchar seg[ ] = {0xc0,0xf9,0xa4,0xb0,0x99,0x92,0x82,0xf8,0x80,
                0x90,0x88,0x83,0xc6,0xa1,0x86,0x8e};  //共阳极 LED 数码管 0 ~ F 字型编码
sbit P20=P2^0; //数码管位选控制端
uchar com1,com2;
void delay(uint ms)
{
    uint i,j;
    for(i=0;i<ms;i++)
      for(j=0;j<124;j++);
}
uchar key_scan( )
{
    uchar temp;
    uchar com;
    delay(10);      //延时消抖
    P1=0xf0;        // 再次检测键盘有无键按下(行送高电平,列送低电平)
    if(P1! =0xf0) // 确实有键按下
    {
          com1=P1; //读取第一次采集的数据
          P1=0x0f; //行送低电平,列送高电平
          com2=P1; //读取第二次采集的数据
    }
    P1=0xf0;
      while(P1! =0xf0);        //等待按键松开
      temp=com1|com2;          //得到按键编码
      if(temp= =0xee)com=0;  //得到键值
      else if (temp= =0xed)com=1;
      else if(temp= =0xeb)com=2;
      else if(temp= =0xe7)com=3;
      else if(temp= =0xde)com=4;
      else if(temp= =0xdd)com=5;
      else if(temp= =0xdb)com=6;
      else if(temp= =0xd7)com=7;
      else if(temp= =0xbe)com=8;
      else if(temp= =0xbd)com=9;
      else if(temp= =0xbb)com=10;
      else if(temp= =0xb7)com=11;
      else if(temp= =0x7e)com=12;
```

```
        else if(temp = =0x7d)com=13;
        else if(temp = =0x7b)com=14;
        else if(temp = =0x77)com=15;
        return(com);
}
void main()
{
    uchar dat;
    while(1)
    {
      P1=0xf0;                //检测键盘有无键按下(行送高电平,列送低电平)
      while(P1! =0xf0)    //若无键按下,则继续检测
      {
          dat=key_scan(); //有键按下,调用键盘检测函数获取键值
          P0=seg[dat];   // 键值送数码管显示
        P20=0;  // 选通数码管
      }
    }
}
```

1.4 AT89C51 中断系统

中断系统是单片机内部的重要资源。

1.4.1 中断的概念

什么是中断?在回答这个问题之前,我们先看一下日常生活中的事例:假如你正在读书,这时候电话铃响了,你把书放下,然后和对方通话,通话完毕,你继续读书。这就是生活中的“中断”现象,表现为正常的工作过程(读书)被突发事件(电话铃声)打断了。

中断是指 CPU 在处理某一事件 A 时,发生了另一事件 B,请求 CPU 迅速去处理(中断发生);CPU 暂时停止当前的工作(中断响应),转去处理事件 B(中断服务);待 CPU 将事件 B 处理完毕后,再回到原来事件 A 被中断的地方继续处理事件 A(中断返回),这一过程称为中断,其流程如图 1.20 所示。

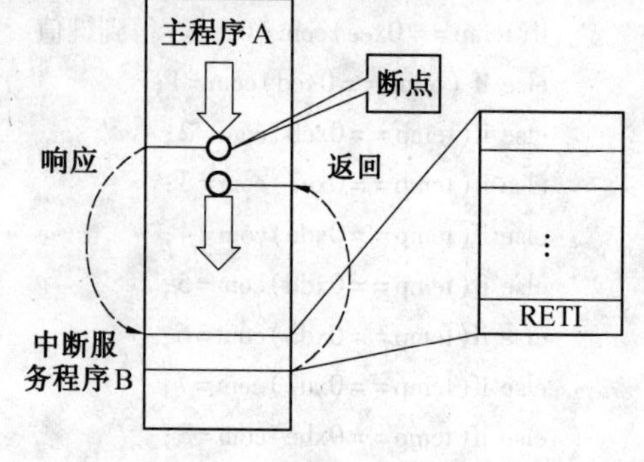

图 1.20 中断过程示意图

引起中断的事件,称为中断源。中断源向 CPU 提出的处理请求,称为中断请求或中断申请。CPU 暂时中断原来的事物 A,转去处理事件 B 的过程,称为 CPU 的中断响应过程。对事件 D 的整个处理过程,称为中断服务(或中断处理)。处理完毕后,再回到原来被中断的地方(断点),称为中断返回。实现上述中断功能

的部件称为中断系统(中断机构)。

计算机具有实时处理能力,能对内部或外界发生的事件进行及时处理,是通过中断系统实现的。

计算机采用中断技术的意义:

(1)实现分时操作

采用中断技术后,CPU 和外设可以同时工作。CPU 在启动外设工作后,就继续执行主程序,同时外设也在工作。当外设需要和 CPU 交换数据时,向 CPU 发出中断申请,CPU 响应中断,暂停主程序的执行,和外设交换数据,当 CPU 处理完后,恢复执行主程序,外设也继续工作。这样就大大提高了 CPU 的效率。

(2)实现实时处理

当计算机用于实时控制时,中断是一个十分重要的功能。在实时控制过程中,要求计算机能对现场的各个参数做出快速响应。采用中断技术,计算机可实现实时处理。

(3)故障处理

计算机在运行过程中,往往会出现一些异常情况或故障,如电源突然掉电、运算溢出等,采用中断技术,计算机就可以利用中断系统自行处理,从而使系统的可靠性提高。

1.4.2　AT89C51 单片机中断系统

1. AT89C51 单片机中断系统结构

AT89C51 单片机中断系统结构如图 1.21 所示。

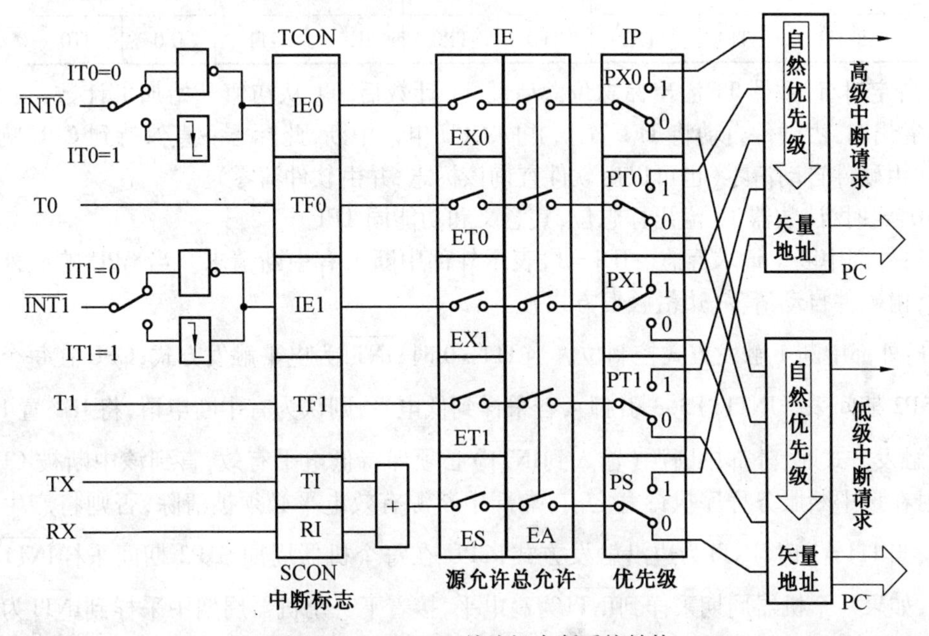

图 1.21　AT89C51 单片机中断系统结构

AT89C51 单片机有 5 个中断源,提供 2 个中断优先级,每个中断源都可以设置为高优先级或低优先级。与中断系统有关的特殊功能寄存器有:中断允许寄存器 IE,中断优先级寄存器 IP,中断标志寄存器 TCON、SCON。

2. 中断源

AT89C51 单片机的 5 个中断源如下：

①$\overline{\text{INT0}}$——外部中断 0 请求信号，由 P3.2 引脚输入，下降沿或低电平有效。

②$\overline{\text{INT1}}$——外部中断 1 请求信号，由 P3.3 引脚输入，下降沿或低电平有效。

I/O 设备中断请求信号、异常事件中断请求信号都可以作为外部中断连接到 P3.2 或 P3.3 引脚上。

③T0——定时/计数器 T0 溢出中断。

④T1——定时/计数器 T1 溢出中断。

定时/计数器 T0 或 T1 计数溢出后都可向 CPU 发出中断请求。

⑤串行口中断——串行口发送或接收一帧信息后，向 CPU 发出中断请求。

3. 中断标志

AT89C51 单片机的每个中断源都有一个中断标志位，当中断源有中断请求发生时，由系统硬件将这些中断请求锁存在特殊功能寄存器 TCON 和 SCON 中。

(1)定时/计数器控制寄存器 TCON

TCON 为定时/计数器 T0、T1 的控制寄存器，同时锁存 T0、T1 的溢出标志和外部中断 $\overline{\text{INT0}}$和$\overline{\text{INT1}}$的中断标志。TCON 的格式及和中断有关的各位见表 1.15。

表 1.15　TCON 的格式及和中断有关的各位

TCON	D7	D6	D5	D4	D3	D2	D1	D0
(88H)	TF1	TR1	TF0	TR0	IE1	IT1	IE0	IT0

TF1：定时/计数器 T1 溢出标志位。启动 T1 计数后，T1 从初值开始加 1 计数，当 T1 计数产生溢出时，由硬件自动将 TF1 置 1，并向 CPU 申请中断，此标志一直保持到 CPU 响应中断时，才由硬件自动清零(也可以由软件查询该标志，并由软件清零)。

TF0：定时/计数器 T0 溢出标志位，其意义和功能同 TF1。

IE1：外部中断 1 请求标志。IE1 = 1，表示外部中断 1 有中断请求。当 CPU 响应外部中断 1 时，由硬件自动清零(边沿触发方式)。

IT1：外部中断 1 触发方式控制位。当 IT1 = 0 时，$\overline{\text{INT1}}$为电平触发方式，CPU 在每个机器周期 S5P2 期间采样$\overline{\text{INT1}}$(P3.3 引脚)，若采样到低电平，则认为有中断申请，将 IE1 置 1。采用电平触发方式时，外部中断源(输入到$\overline{\text{INT1}}$)必须保持低电平有效，直到该中断被 CPU 响应，同时在该中断服务程序执行完之前，外部中断源有效电平必须被清除，否则将产生另一次中断；当 IT1 = 1 时，$\overline{\text{INT1}}$为边沿触发方式，CPU 在每个机器周期 S5P2 期间采样$\overline{\text{INT1}}$的输入电平，如果一个机器周期采样到$\overline{\text{INT1}}$为高电平，接着下一个机器周期中采样到$\overline{\text{INT1}}$为低电平，则置 IE1 = 1，表示外部中断 1 正向 CPU 申请中断，直到该中断被 CPU 响应时，IE1 由硬件自动清零。CPU 在每个机器周期都要采样一次$\overline{\text{INT1}}$，因此采用边沿触发方式时，外部中断源输入的高电平和低电平时间必须保持 12 个振荡周期以上，才能保证 CPU 检测到由高到低的负跳变(下降沿)。

IE0:外部中断0请求标志。其意义和功能同IE1。

IT0:外部中断0触发方式控制位。其意义和功能同IT1。

(2)串行口控制寄存器SCON

SCON为串行口控制寄存器,其低两位锁存串行口的发送和接收标志为TI和RI。串行口的接收中断RI和发送中断TI逻辑“或”以后作为一个串行口中断源。SCON中和串行口中断有关的各位见表1.16。

表1.16 串行口控制寄存器SCON

SCON	D7	D6	D5	D4	D3	D2	D1	D0
(98H)							TI	RI

TI:串行口发送中断标志。CPU将一个字符数据写入发送缓冲器SBUF后,就启动发送。当串行口发送完一帧信息后,由内部硬件置位发送中断标志TI。

RI:串行口接收中断标志。在串行口允许接收时,每接收完一帧信息后,由内部硬件置位接收中断标志RI。

注意 CPU响应串行中断时,并不清除中断标志TI和RI,必须由软件清除。

AT89C51单片机复位后,TCON和SCON的各位均为0,在应用时要注意各位的状态。

4.中断控制

(1)中断的允许和禁止

AT89C51单片机中断系统对中断源的开放或禁止(屏蔽)、每一个中断源是否被允许,是由中断允许寄存器IE控制的。IE的状态可通过软件设定。中断允许控制寄存器IE的格式见表1.17。

表1.17 中断允许控制寄存器IE

IE	D7	D6	D5	D4	D3	D2	D1	D0
(A8H)	EA	×	×	ES	ET1	EX1	ET0	EX0

IE的各位定义如下:

EA:CPU的中断总允许控制位。EA=1,CPU允许中断;EA=0,CPU屏蔽所有的中断请求。

ES:串行中断允许位。ES=1,允许串行口中断;ES=0,禁止串行口中断。

ET1:定时/计数器T1的溢出中断允许位。ET1=1,允许T1中断;ET1=0,禁止T1中断。

EX1:外部中断1($\overline{\text{INT1}}$)的中断允许位。EX1=1,允许外部中断1中断;EX1=0,禁止外部中断1中断。

ET0:定时/计数器T0的溢出中断允许位。ET0=1,允许T1中断;ET0=0,禁止T0中断。

EX0:外部中断0($\overline{\text{INT0}}$)的中断允许位。EX0=1,允许外部中断0中断;EX0=0,禁止外部中断0中断。

(2)中断的优先级设定

AT89C51单片机有两个中断优先级:高优先级和低优先级。每一个中断源都可通过对中断优先级寄存器IP的设置,确定为高优先级或低优先级。中断优先级寄存器IP的格式见

表 1.18。

表 1.18　中断优先级寄存器 IP

IP	D7	D6	D5	D4	D3	D2	D1	D0
(B8H)	×	×	×	PS	PT1	PX1	PT0	PX0

IP 的各位定义如下。

PS:串行口中断优先级控制位。PS=1,设定串行口为高优先级中断;PS=0,设定串行口为低优先级中断。

PT1:定时/计数器 T1 中断优先级控制位。PT1=1,设定 T1 为高优先级中断;PT1=0,设定 T1 为低优先级中断。

PX1:外部中断 1($\overline{\text{INT1}}$)中断优先级控制位。PX1=1,设定外部中断 1 为高优先级中断;PX1=0,设定外部中断 1 为低优先级中断。

PT0:定时/计数器 T0 中断优先级控制位。PT0=1,设定 T0 为高优先级中断;PT0=0,设定 T0 为低优先级中断。

PX0:外部中断 0($\overline{\text{INT0}}$)中断优先级控制位。PX0=1,设定外部中断 0 为高优先级中断;PX0=0,设定外部中断 0 为低优先级中断。

AT89C51 单片机复位后,IP 全部清零,所有中断源均设定为低优先级。

用户可通过中断优先级寄存器 IP 把各个中断源的优先级分为高低两级。当多个中断源同时向 CPU 申请中断时,中断系统遵循以下 3 条基本原则:

①CPU 同时接收到几个中断时,首先响应优先级别高的中断请求;

②低优先级中断可被高优先级所中断,反之则不能;

③正在进行的中断过程不能被新的同级或低优先级的中断请求所中断。

在 51 系列单片机中,高优先级中断能够打断低优先级中断以形成中断嵌套。若几个同级中断同时向 CPU 请求中断响应,在没有设置中断优先级情况下,按照自然优先级响应中断,在设置中断优先级后,则按设置顺序确定响应的先后顺序。这样,可使中断的使用更加方便、灵活。

AT89C51 单片机 5 个中断源的自然优先级如下:

同一优先级的中断优先权排队,由中断系统硬件确定。

1.4.3　中断函数的编写

单片机的中断系统十分重要,可以用 C51 来声明中断和编写中断函数(服务程序)。中断过程通过使用 interrupt 关键字和中断编号 0 ~ 31 来实现。

C51 的中断函数格式如下：

```
void 函数名( )interrupt n [using m]
{
中断服务程序内容
}
```

说明：

①中断函数不能返回任何值，所以最前面用 void，后面紧跟函数名。

②中断函数不带任何参数，所以函数名后面的小括号为空。

③interrupt 和 using——C51 的关键字。

④n——中断号，是指单片机中几个中断源的序号，这个序号是编译器识别不同中断的唯一符号，因此在写中断服务程序时务必要写正确。n 的取值范围为 0～31。

⑤m——这个中断函数使用单片机内存中 4 组工作寄存器中的哪一组，C51 编译器在编译程序时会自动分配工作组，也可以由用户通过 using m 来指定。m 的取值范围为 0、1、2、3，对应 4 组工作寄存器。

AT89C51 单片机的中断源及中断编号见表 1.19。

表 1.19　中断源对应的中断编号

中断源	中断编号	入口地址
外部中断 0	0	0003H
定时/计数器 T0	1	000BH
外部中断 1	2	0013H
定时/计数器 T1	3	001BH
串行口	4	0023H

<任务 5>　8 路抢答器设计与实现

任务描述：

抢答器同时供 8 名选手（或 8 个代表队）比赛，编号分别是 S_1～S_8，各用一个抢答按钮；设置一个系统抢答控制开关 REST，该开关由主持人控制；抢答器具有数据锁存和显示功能，抢答开始以后，若有选手按动抢答按钮，编号便立即锁存，并在 LED 数码管上显示出选手的编号，输入回路封锁，禁止其他选手抢答。优先抢答的选手的编号一直保持到主持人将系统清零时为止。

1. 设计分析

8 个抢答器按键连接 74LS373 锁存器的输入端，锁存器的输出端接 1 个 8 输入端的与非门 74LS30，同时锁存器的输出端接 AT89C51 的 P1 口，74LS30 的输出一方面经反相器 74LS04 连接到 AT89S52 的外部中断源 INT0，作为中断请求信号，另一方面和主持人的复位按钮 REST 经与非门 74LS00 作为 74LS373 的锁存信号。数码管显示抢答选手编号，由 P0 口输出。

2. 电路设计

8 路抢答器电路原理图如图 1.22 所示，元器件清单见表 1.20。

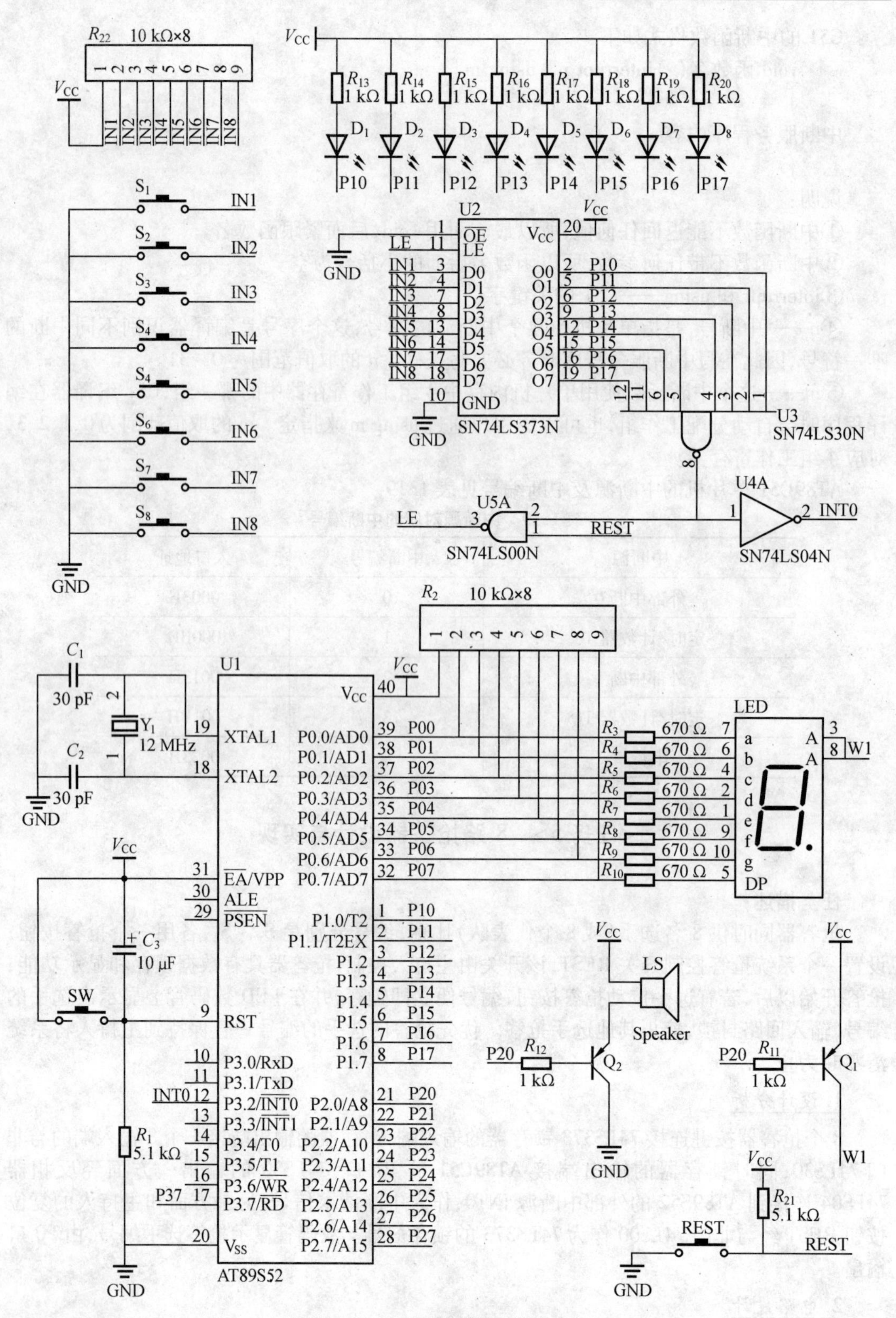

图 1.22 8 路抢答器电路原理图

表1.20　8路抢答器电路元器件清单

元器件名称	参数	数量	元器件名称	参数	数量
单片机	AT89S52	1	按钮		10
IC插座	DIP40	1	数码管	共阳极	1
晶体振荡器	12 MHz	1	三极管	PNP	2
瓷片电容	30 pF	2	蜂鸣器		1
电解电容	10 μF	1	8路锁存器	SN74LS373	1
电阻1	5.1 kΩ	2	8输入与非门	SN74LS30	1
电阻2	1 kΩ	10	2输入与非门	SN74LS00	1
电阻3	670 Ω	8	反相器	SN74LS04	1
电阻排	10 kΩ	2	发光二极管	红色Φ3	8

8路抢答器电路的工作原理如下：

主持人按下REST按钮时，REST端为低电平“0”，此时与非门74LS00输出为高电平“1”，锁存器74LS373的锁存允许端LE为高电平“1”，允许选手开始抢答，然后主持人释放REST按钮后，REST端为高电平“1”。假设选手3先按下抢答按钮，则IN3为低电平“0”，由于74LS373的三态允许控制端OE接地为低电平“0”，Q2也为低电平“0”，与非门74LS30的输出为高电平“1”，反相器74LS04输出为低电平“0”，向单片机申请中断；同时，74LS00的输出LE为低电平“0”，74LS373的锁存允许端LE为低电平“0”，选手3被锁存器74LS373锁存，即Q2为低电平“0”，指示灯发光二极管D3也被点亮，而此时若有其他选手即使按下抢答按钮，由于LE为低电平“0”，锁存器74LS373也不能接收新的数据，禁止了其他选手抢答。单片机响应中断请求后，查询P1口的状态，然后将选手的编号显示在数码管上，直到主持人再次按下复位按钮REST，进入新的一轮抢答。

3. 程序设计

```
#include<reg52.h>
#define uint unsigned int
#define uchar unsigned char
sbit P10=P1^0;//
sbit P11=P1^1;
sbit P12=P1^2;
sbit P13=P1^3;
sbit P14=P1^4;
sbit P15=P1^5;
sbit P16=P1^6;
sbit P17=P1^7;
sbit P20=P2^0;
uchar num;
uchar code   tab[]={0xc0,0xf9,0xa4,0xb0,0x99,0x92,0x82,0xf8,0x80,0x90,0xff}; //
void delay(uchar z)
```

```
{
uchar j,i;
for(i=z;i>0;i--)
for(j=20;j>0;j--);
}
void main()
{
EA=1;
EX0=1;
IT0=0;
while(1)
{
    P0=tab[num]; //送选手编号段码
    P20=0;       //选通数码管
    delay(100);  //延时
}
}
//****************按键扫描*****************//
//当允许抢答有效后,有选手按下按钮,才会进入中断//
//***************************************//
void int_0() interrupt 0
{
EA=0;          //关中断
if(P10==0)num=0x01; //送选手编号
else if(P11==0)num=0x02;
else if(P12==0)num=0x03;
else if(P13==0)num=0x04;
else if(P14==0)num=0x05;
else if(P15==0)num=0x06;
else if(P16==0)num=0x07;
else if(P17==0)num=0x08;
else num=0x0a;  // 否则熄灭数码管
IE0=0;          //清除中断请求标志
EA=1;     //开中断
}
```

1.5　AT89C51 定时/计数器

在单片机应用系统中,常常会有定时控制和计数控制的需求,如定时输出、定时检测、对外部事件进行计数等,这就要求应用系统中要有能实现定时、计数的功能部件。AT89C51 单片机内部就有两个 16 位的定时/计数器,既可以用来实现定时,也可以用来进行计数。

1.5.1　定时与计数

在认识单片机的定时/计数器之前,让我们先看一个脉冲计数器的例子。有一个脉冲计数器,其计数范围为0~999,量程为1 000(模数为1 000),我们分别给这个脉冲计数器送入频率固定和频率不固定的脉冲串,且送入的脉冲个数相同、脉冲计数器的初始值也相同(都是500),如图1.23所示。

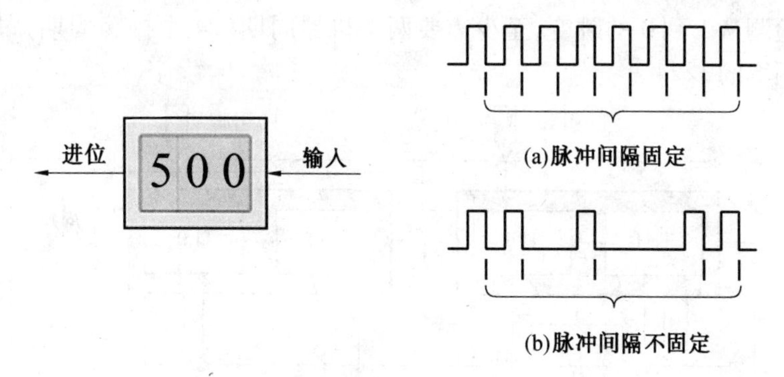

图1.23　脉冲计数器

1. 脉冲频率固定

假设加入到计数器的脉冲频率为100 Hz,计数器从初值500开始对送入的脉冲进行计数,每来1个脉冲,计数器加1,当计数器从初值500累加到999,再来1个脉冲时,此时计数器的值为0、有进位产生,这种情况称为溢出(也称计数器回零)。从初值500开始计数,到发生溢出,这期间所经历的时间为5 s,所统计的脉冲个数为1 000-500=500。由此可见,计数器不仅能计数,也具有定时功能。

2. 脉冲频率不固定

假设加入到计数器的脉冲间隔不固定,计数器也是从初值500开始对送入的脉冲进行计数,每来1个脉冲,计数器加1,当计数器从初值500累加到999,再来1个脉冲时,此时计数器的值为0,有进位产生。从初值500开始计数,到发生溢出,这期间所统计的脉冲个数为1000-500=500,但所经历的时间不确定,确定的是统计的脉冲个数。

由此可见,计数器除了计数功能外,也可以具有定时器功能,但前提条件是:计数脉冲的间隔必须是固定的。

如果我们给计数器预置的初值不同,从开始计数到发生溢出所用的时间也就不同。因此,通过软件设置不同的初值,就可以实现不同的定时时间。

进一步,计数器的量程越大,定时时间就越长;量程越小,定时时间就越短。

通过上面的讨论,我们对定时、计数的概念有了一定的认识,那么单片机中的定时/计数器又是怎样的?

AT89C51单片机内部有两个16位可编程的定时/计数器T0和T1,它们都是16位的加1计数器,既有定时功能又有计数功能,其逻辑结构如图1.24所示。

T0由两个8位特殊功能寄存器TH0和TL0组成,T1由两个8位特殊功能寄存器TH1和TL1组成。通过对特殊功能寄存器TMOD的设置,T0、T1都可以作定时器或计数器使用。

定时/计数器 T0、T1 的实质是加 1 计数器,其计数脉冲有两个来源,一个是系统的时钟源(频率为系统时钟的 1/12),另一个是 T0 或 T1 引脚输入的外部脉冲。

用于定时器方式时,加 1 计数器对机器周期计数,当计数器从某一初值开始计数到发生溢出时,则表明定时时间到。

用于计数器方式时,计数器对外部事件进行计数。当检测到 T0 或 T1 引脚发生一个负跳变时,计数器加 1,当计数器从某一初值开始计数到发生溢出时,则表明计数已满。由于单片机内部电路检测从 1 到 0 的跳变,至少需要两个机器周期(24 个振荡周期),所以最高计数频率是振荡频率的 1/24。

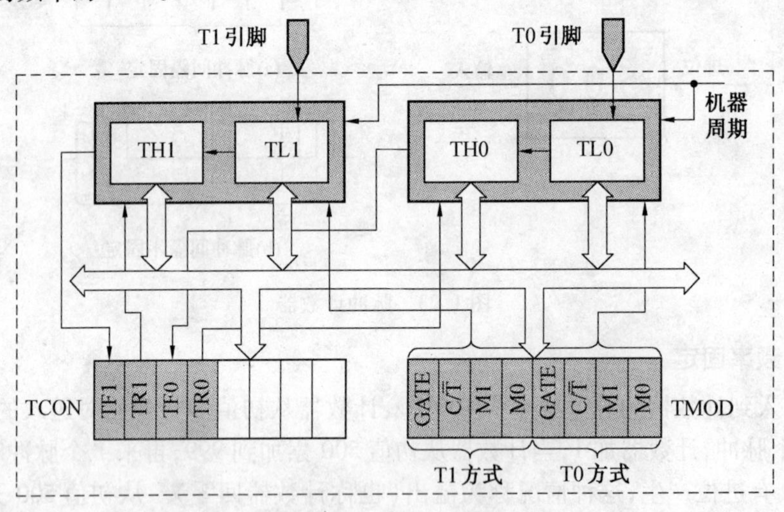

图 1.24 AT89C51 单片机定时/计数器结构图

需要说明的是,当启动定时/计数器 T0 或 T1 工作时,T0 或 T1 都会按设定的工作方式独立运行,不占用 CPU 的时间,只有在溢出时,才向 CPU 发出中断请求信号。

1.5.2 定时/计数器的设置

在使用 AT89C51 单片机的定时/计数器 T0、T1 时,需要对两个特殊功能寄存器进行 TMOD 和 TCON 设置。

1. 定时/计数器工作方式寄存器 TMOD

工作方式寄存器 TMOD 用于设置定时/计数器的工作方式,其格式见表 1.21。TMOD 的低 4 位 D3 ~ D0 位用于设置定时器 T0、高 4 位 D7 ~ D4 位用于设置定时器 T0,它们的含义完全相同。

表 1.21 定时/计数器工作方式寄存器 TMOD

TMOD	D7	D6	D5	D4	D3	D2	D1	D0
(89H)	GATE	$C/\overline{T}$	M1	M0	GATE	$C/\overline{T}$	M1	M0

TMOD 的各位含义如下。

GATE:门控位。当 GATE=0 时,定时/计数器的启动仅由寄存器 TCON 中的 TR0 或 TR1 控制,即软件启动方式;当 GATE=1 时,定时/计数器的启动由寄存器 TCON 中的 TR0 或 TR1

和外部中断引脚($\overline{INT0}$或$\overline{INT1}$)共同控制。

C/$\overline{T}$:功能选择位。C/$\overline{T}$=0 时,定时/计数器为定时器工作方式;C/$\overline{T}$=1 时,定时/计数器为计数器工作方式。

M1M0:工作方式选择位。其含义见表 1.22。

表 1.22　定时/计数器的 4 种工作方式

M1	M0	工作方式	说　明
0	0	方式 0	13 位定时/计数器
0	1	方式 1	16 位定时/计数器
1	0	方式 2	初值自动重装的 8 位定时/计数器
1	1	方式 3	仅适用于 T0。T0 分成两个 8 位计数器,T1 停止计数

2. 定时/计数器控制寄存器 TCON

定时/计数器控制寄存器 TCON 的作用是控制定时/计数器的启动和停止、锁存定时/计数器的溢出标志、外部中断触发方式的控制位。这里只说明控制定时/计数器启动和停止的 TR1 和 TR0,TCON 的其他各位含义见表 1.15。

TR1:定时/计数器 T1 运行控制位。当 GATE=0 时,TR1=1,启动 T1 工作,TR1=0,停止 T1 工作。当 GATE=1,且$\overline{INT1}$为高电平时,TR1 置 1,启动 T1 工作,其他情况 T1 都停止计数。

TR0:定时/计数器 T0 运行控制位,同 TR1。

1.5.3　定时/计数器的工作方式

AT89C51 单片机的定时/计数器 T0、T1 都具有定时和计数两种功能,每种功能包括了 4 种工作方式。在实际使用过程中,可根据应用系统的需要选择其中的一种。下面将对定时/计数器的 4 种工作方式逐一进行讨论。为便于说明,以下以定时/计数器 T0 为例进行介绍。

1. 方式 0

当 M1M0=00 时,定时/计数器工作在方式 0。定时/计数器工作在方式 0 时的逻辑结构如图 1.25 所示。

T0 工作在方式 0 时,是一个 13 位的定时/计数器。在方式 0 下,16 位加 1 计数器(TH0 和 TL0)只用了 13 位,其中,TH0 为高 8 位,TL0 为低 5 位(高 3 位未用),量程为 2^{13}=8 192。当 TL0 低 5 位溢出时自动向 TH0 进位,而 TH0 溢出时,置位 TCON 中的 TF0 标志,向 CPU 发出中断请求。

当设置 C/$\overline{T}$ 为 1 时,T0 为 13 位定时器,对机器周期计数;若设置 C/$\overline{T}$ 为 0 时,T0 为 13 位计数器,对引脚 T0 输入的脉冲计数。

由于定时/计数器是加 1 计数器,所以不论是用于定时,还是用于计数,都需要设置初值,加 1 计数器在初值的基础上进行加 1 计数,直到计数器溢出,表明定时时间到或计数次数到。下面分别讨论定时方式和计数方式的初值计算、初值装入。

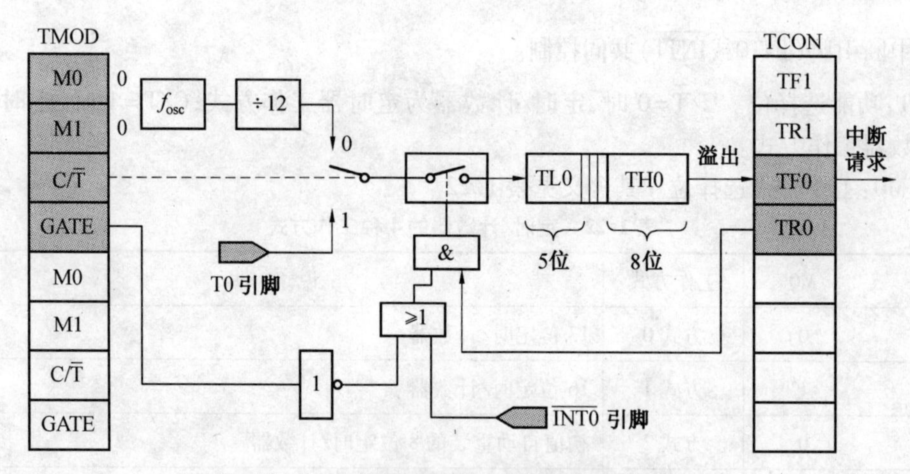

图 1.25　定时/计数器方式 0 逻辑结构图

◈ 计数方式 0 的初值计算

设需要统计的脉冲个数为 X，初值为 Y。计数器在初值 Y 的基础上进行加 1 计数，当计入 X 个脉冲后，计数器发生溢出，即 $X+Y=2^{13}$，所以初值 $Y=2^{13}-X$。

◈ 定时方式 0 的初值计算

由于定时/计数器工作在定时方式时，加 1 计数器对机器周期计数，因此当初值设为 X、定时时间设为 T 时，则有 $T=(2^{13}-X)\times$机器周期。

◈ 方式 0 下的初值装入

不论是定时还是计数，当计算出初值后，需要将初值送入 TH0 和 TL0 中。由于方式 0 下的初值为 13 位二进制数，所以需将初值的高 8 位装入 TH0、低 5 位装入 TL0。

◈ 初值重新装入

在方式 0 下，当计数器发生溢出时，计数器的值自动复位为 0，若要进行新的一轮计数，则必须重置计数初值。所以在编写应用程序时，一定要格外重视，否则出错。

◈ 最大计数次数及定时时间

在方式 0 下，最大的计数次数为 8 192；最大的定时时间为 8 192×机器周期（假设晶振频率为 12 MHz），则 1 个机器周期为 1 μs，那么最大的定时时间为 8. 192 ms。

2. 方式 1

当 M1M0＝01 时，定时/计数器工作在方式 1。定时/计数器工作在方式 1 时的逻辑结构如图 1.26 所示。

T0 工作在方式 1 时，是一个 16 位的定时/计数器，最大计数值为 65 536，最大定时时间为 65. 536 ms（晶振频率为 12 MHz）。由于 T0 工作在方式 1 时的结构和操作与方式 0 完全相同，不同之处就是二者计数位数不同，故不再赘述。

3. 方式 2

当 M1M0＝10 时，定时/计数器工作在方式 2。定时/计数器工作在方式 2 时的逻辑结构如图 1.27 所示。

在方式 0 和方式 1 中，当计数溢出时，计数器复位为 0，因此要进行新一轮计数或定时操作时，必须重置计数初值，既影响到定时精度，又导致编程麻烦。

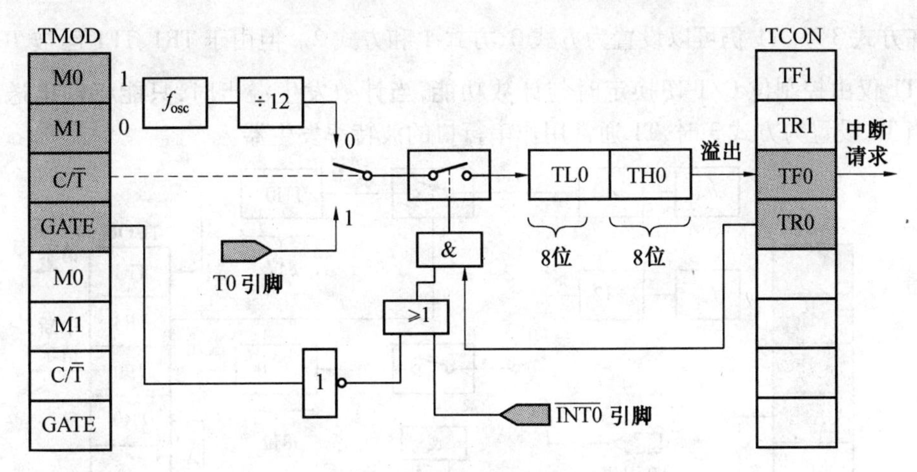

图1.26 定时/计数器方式1逻辑结构图

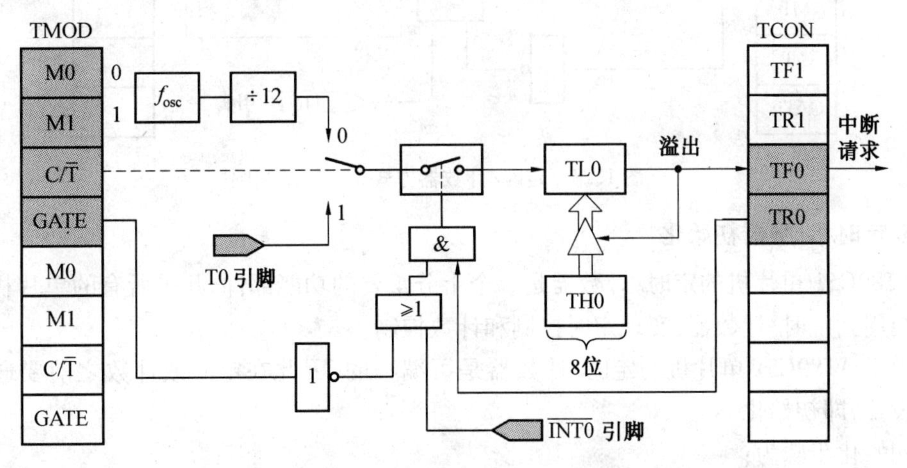

图1.27 定时/计数器方式2逻辑结构图

方式2也被称为8位初值自动重装的8位定时/计数器，TH0保存初值，TL0为8位计数器。当TL0计数发生溢出时，在溢出标志TF0置1的同时，TH0中保存的初值将自动装入TL0，使TL0从初值开始重新计数。这样，就避免了人为软件重装初值所带来的时间误差，从而提高了定时精度。

由于方式2为8位定时/计数器，无论在定时时间上，还是计数次数上，都比方式0和方式1要短或少。方式2下最大计数次数为256，最大定时时间为0.256 ms（晶振频率为12 MHz）。

4. 方式3

当M1M0=11时，定时/计数器工作在方式3。定时/计数器工作在方式3时的逻辑结构如图1.28所示。

方式3只适用于定时/计数器T0，若将T1设置为方式3时，T1不工作。

在方式3时，T0被分成两个独立的计数器TL0和TH0。TL0占用T0的TR0、TF0、C/$\overline{T}$、GATE、T0引脚（P3.4）及$\overline{INT0}$（P3.2）引脚。在这种情况下，TL0为8位的定时/计数器，其功能及操作与方式1完全相同。TH0占用T1的TF1、TR1，此时，TH0只能用作定时器。

在方式 3 下,T1 仍可以设置为方式 0、方式 1 和方式 2。但由于 TR1、TF1 已被 T0 占用,因此,T1 仅由控制位 $C/\overline{T}$ 切换定时与计数功能,当计数发生溢出时,只能将输出送至串行口。当 T0 设置为方式 3 时,T1 通常用作串行口的波特率发生器。

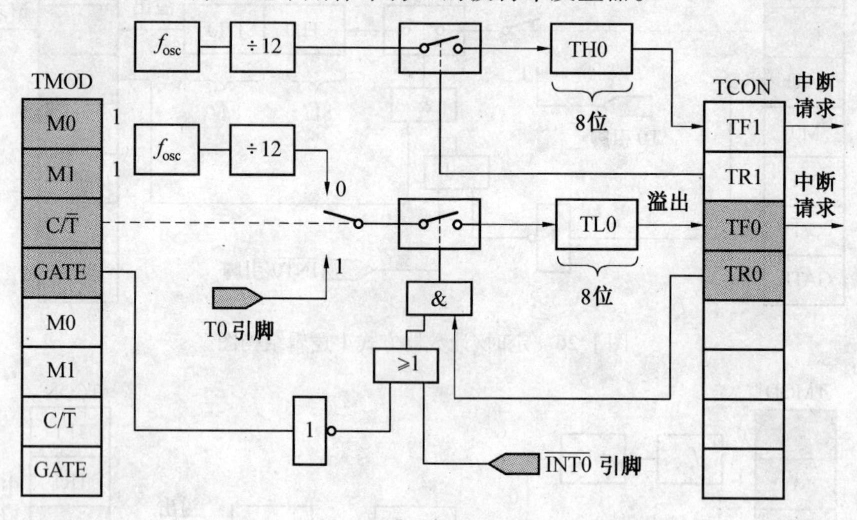

图 1.28　定时/计数器方式 3 逻辑结构图

5. 定时/计数器初始化

AT89C51 单片机的定时/计数器是一个十分重要的功能部件,几乎所有的单片机应用系统都会用到定时/计数器,实现定时控制和计数控制。

由于 AT89C51 单片机的定时/计数器是可编程的,因此在定时或计数之前要通过软件进行设置,即初始化。

初始化步骤为:

①确定工作方式后,对工作方式寄存器 TMOD 进行设置。

②计算初值,将初值送入 TH0、TL0 或 TH1、TL1 中。

③根据需要对中断允许寄存器 IE、中断优先寄存器 IP 进行设置,即开放中断、设置优先级。

④启动定时/计数器 T0 或 T1 工作。

当定时/计数器发生溢出时,如何确认,是采用中断方式处理,还是采用查询方式,也需要选择其中的一种方式。同时,初值是否需要重新装入也需要考虑。

<任务 6>　基于霍尔传感器的转速测量系统设计与实现

任务描述:

设计一个基于霍尔传感器 3144 的电机转速测量系统,测速范围为 0 ~ 9 999 r/min。用 LED 数码管显示转速值,设计出硬件电路,编写出应用程序。

1. 霍尔传感器简介

霍尔传感器是一种磁传感器。用它可以检测磁场及其变化,可在各种与磁场有关的场合中使用。霍尔传感器以霍尔效应为其工作基础,是由霍尔元件和它的附属电路组成的集成传感器。霍尔传感器在工业生产、交通运输和日常生活中有着非常广泛的应用。霍尔传感器分为线性型霍尔传感器和开关霍尔传感器两种。开关型霍尔传感器3144应用霍尔效应原理,采用半导体集成技术制造磁敏电路,它是由电压调整器、霍尔电压发生器、差分放大器、史密特触发器、温度补偿电路和集电极开路的输出级组成的磁敏传感电路,其输入为磁感应强度,输出是一个数字电压信号。霍尔传感器3144的外形引脚图与磁电转换特性如图1.29所示。

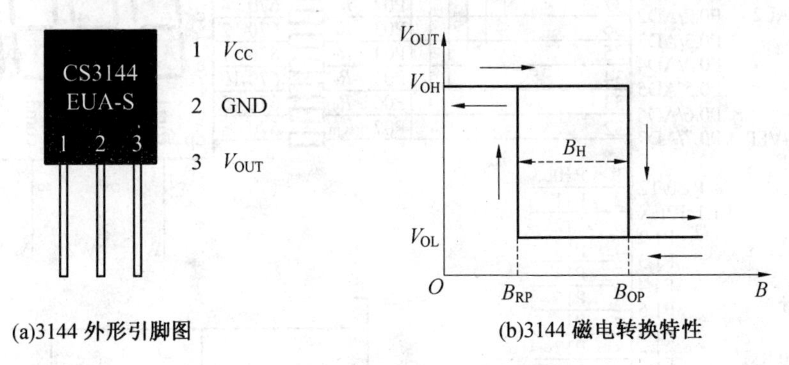

(a)3144外形引脚图　(b)3144磁电转换特性

图1.29　3144外形引脚图与磁电转换特性

从图1.29可以看出,霍尔传感器3144只对一定强度的磁场起作用,抗干扰能力强,因此不会受周边环境的影响。

注意　霍尔传感器3144集电极开路的输出,在使用时,需外接上拉电阻。

2. 设计分析

采用霍尔传感器3144测量电机的转速,具体实现方法是:把一粒小磁铁安装在电机的转轴上,让霍尔传感器3144靠近磁铁,就会输出一个脉冲。电机旋转时,霍尔传感器3144就会不断地产生脉冲信号。把3144的输出引脚接入单片机的外部脉冲计数端T1引脚上,并将定时器T1设置为计数方式、T0设置为定时方式,单片机通过计算单位时间内的脉冲个数,就可以计算出电机的转速。如果在电机的转轴上粘上多粒磁铁,可以实现旋转一周获得多个脉冲输出,测量的精度就会大幅度提高。

在硬件上,P0口接4位一体位数码管显示电机转速,P2口作为数码管的位选口。在程序设计上,T0设定为定时器,工作在方式1,以50 ms为基本定时单位;T1设定为计数器,工作在方式1,初始值设定为0。当1 s时间到后,T1停止计数,这时将TH1和TL1中数值乘以60,就得到电机的转数,再根据电机转轴的半径计算出电机的转速。这里,我们测量电机的转数。

3. 电路设计

P0口接4位一体共阳极数码管,P2口作为数码管的位选;霍尔传感器3144的输出引脚接入单片机的外部脉冲计数端T1引脚上。电机转数测量电路原理图如图1.30所示,元器件清单见表1.23。

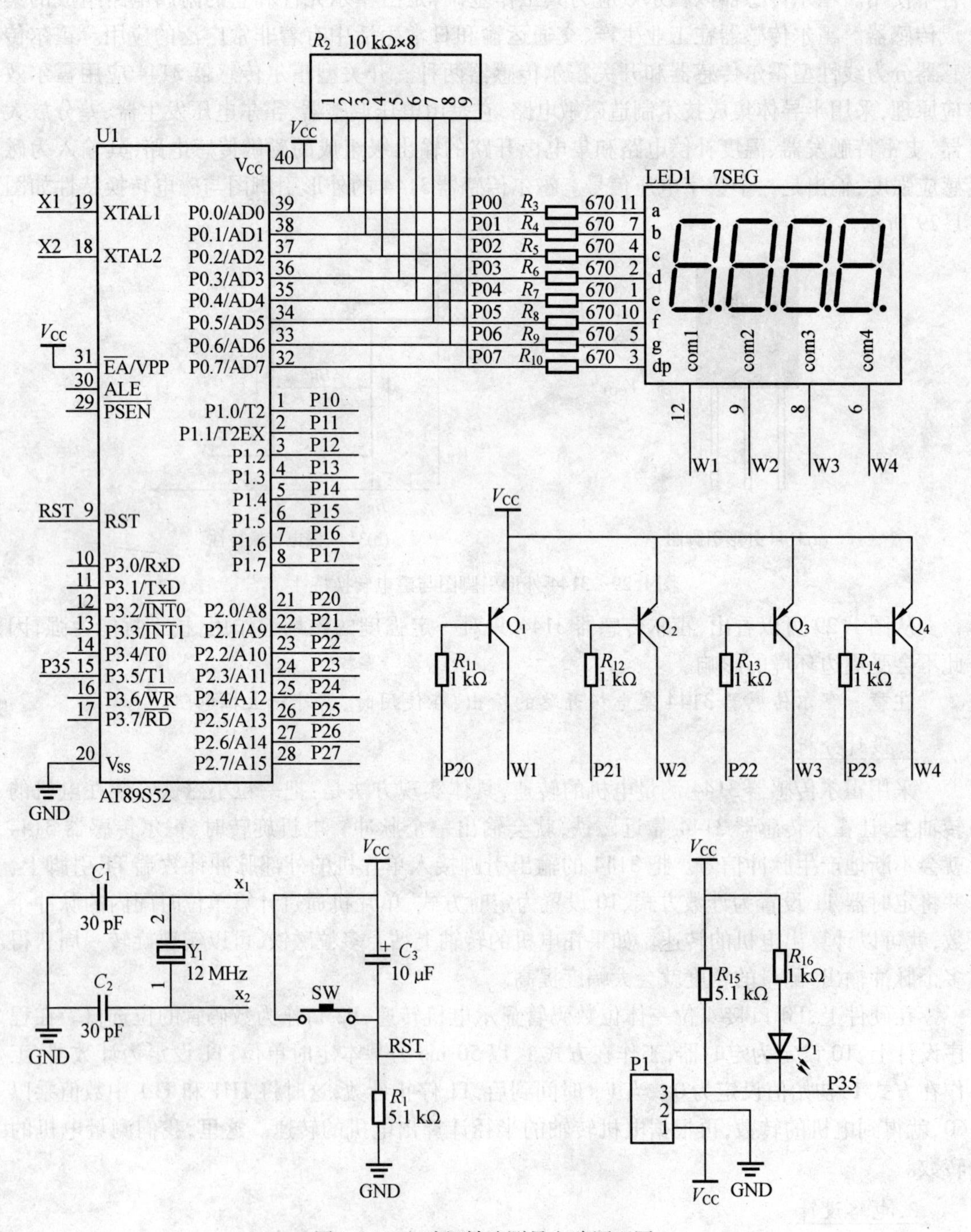

图 1.30　电动机转速测量电路原理图

表1.23 电动机转速测量电路元器件清单

元器件名称	参数	数量	元器件名称	参数	数量
单片机	AT89S52	1	电阻2	1 kΩ	5
IC插座	DIP40	1	电阻3	670 Ω	8
晶体振荡器	12 MHz	1	电阻排	10 kΩ	1
瓷片电容	30 pF	2	按钮		1
电解电容	10 μF	1	4位一体数码管	共阳极	1
霍尔传感器	CS3144	1	三极管	PNP	4
电阻1	5.1 kΩ	2			

3. 程序设计

```
#include <reg52.h>
#include <absacc.h>
#include<intrins.h>
#define  uchar unsigned char
#define  uint  unsigned int
sbit HE=P3^5;      //T1 输入引脚,霍尔传感器信号线
uchar second=0,counter=0;
uint djzs=0;
uchar code table[]={0xc0,0xf9,0xa4,0xb0,0x99,0x92,0x82,0xf8,0x80,0x90}; //共阳极数码管显示数据表
uchar temp_zs[]={0x00,0x00,0x00,0x00};
//*************************************//
//延时函数
//*************************************//
void delay_smg(void)
{
  uint a;
  for(a=0;a<200;a++);
}
//*************************************//
//数码管显示函数
//*************************************//
void display()
{
  P0=temp_zs[0];
  P2=0xfe;
  delay_smg();
  P2=0xff;  //
  P0=temp_zs[1];
```

```
    P2 = 0xfd;
    delay_smg( );
    P2 = 0xff;  //
    P0 = temp_zs[2];
    P2 = 0xfb;
    delay_smg( );
    P2 = 0xff;  //
    P0 = temp_zs[3];
    P2 = 0xf7;
    delay_smg( );
    P2 = 0xff;  //
}
//*****************************************//
//主函数
//*****************************************//
void main( )
{
    P3 = 0xff;
    TMOD = 0x51;  //T1 计数方式 1、T0 定时方式 1
    TH1 = 0x00;
    TL1 = 0x00;
    TH0 = 0x3c;  //定时 50 ms
    TL0 = 0xb0;
    EA = 1;  //CPU 中断允许
    ET0 = 1;  //T0 中断允许
    TR0 = 1;  //启动 T0
    TR1 = 1;  //启动 T1
    while(1)
    {
      temp_zs[0] = table[djzs/1000];          //除以 1 000 得到的商,为转数的千位
      temp_zs[1] = table[djzs%1000/100];  //1 000 取余再除以 100 得到的商,为转数的百位
      temp_zs[2] = table[djzs%100/10];      // 十位
       temp_zs[3] = table[djzs%10];          // 个位
display( );              //显示转数
    }
}
void time_0( ) interrupt 1 using 1
{
    TH0 = 0x3c;  //重装初值
    TL0 = 0xb0;
    counter++;
    if(counter = = 20) // 1 s 时间到
```

```
    {
      counter=0;
   TR1=0;          // 停止 T1 计数
   djzs=TH1;
   djzs<<=8;        //左移 8 位
   djzs=djzs|TL1; //组合为 1 个字
   djzs=djzs*60;  //计算出每分钟转数
   TH1=0x00;
   TL1=0X00;
   TR1=1;
    }
  }
```

1.6　串行口与串行通信

1.6.1　串行通信基本知识

1. 串行通信与并行通信

计算机之间的通信有并行和串行两种方式。在单片机应用系统中,信息的交换多采用串行通信方式。

(1)并行通信方式

并行通信是将数据的各位用多条数据线同时传送,每一位数据都需要一条传输线,如图1.31所示。8位数据总线的通信系统,一次传送8位数据,需要8条数据线,此外,还需要若干控制信号线。这种通信方式仅适合于短距离的数据传输。

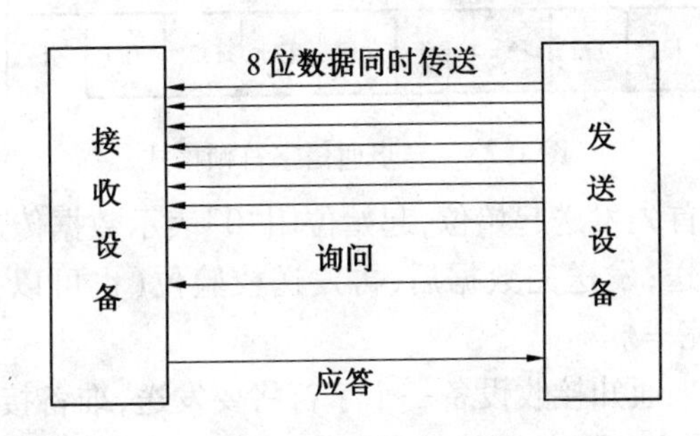

图1.31　并行通信方式

并行通信的特点是控制简单、传输速度快,但由于传输线较多,长距离传送成本高,而且通信双方的各位同时接收和发送存在困难。

(2)串行通信方式

串行通信是将数据分成一位一位的形式在一条传输线上依次传送,这种传送方式只需要一条数据线、一条公共信号底线和若干条控制信号线。因为一次只能传送一位,所以对于一个字节的数据,至少要传送8次才能完成一个字节数据的传送,如图1.32所示。

串行通信的必要过程是:发送时,需把并行数据转换成串行数据发送到传输线上,接收时,要把串行数据再转换成并行数据,这样计算机才能处理,因为计算机内部的数据总线是并行的。

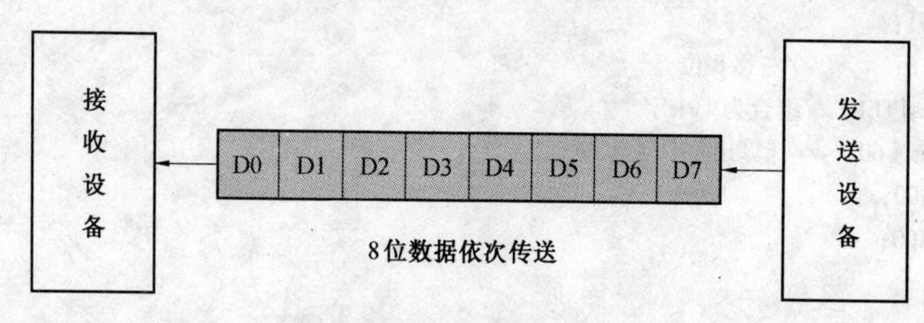

图 1.32　串行通信方式

串行通信的特点是传输线少,长距离传送成本低,但数据的传送控制比并行通信复杂。串行通信又分成两种方式:异步通信和同步通信。

①异步通信方式。异步通信是指通信的发送与接收设备使用各自的时钟控制数据的发送和接收过程。

在异步通信方式中,数据是以字符(构成的帧)为单位进行传输的,字符与字符之间的间隙(时间间隙)是任意的,但每个字符中的各位是以固定的时间传送的,即字符之间不一定有"位间隙"的整数倍关系,但同一字符内的各位之间的距离均为"位间隔"的整数倍。

异步通信方式中,一帧信息由四部分组成:起始位、数据位、校验位和停止位,如图 1.33 所示。

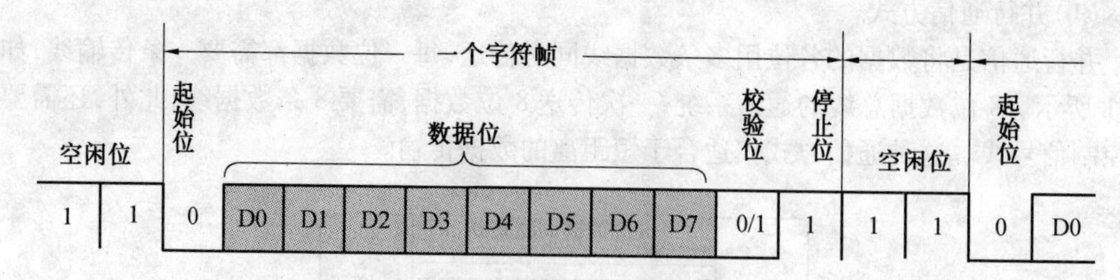

图 1.33　异步通信字符帧格式

在异步通信方式中,首先发送起始位,起始位用"0"表示数据传送的开始;然后再发送数据,从低位到高位逐位传送;发送完数据后,再发送校验位(也可以省略);最后发送停止位"1",表示一帧信息发送完毕。

起始位占用一位,用来通知接收设备一个字符将要发送,准备接收。线路上不传送数据时,应保持为"1"。接收设备不断检测线路的状态,若在连续收到"1"以后,又收到一个"0",就准备接收数据。

数据位可根据情况取 5 位、6 位、7 位或 8 位,但通常情况下为 8 位,发送时低位在前,高位在后。

校验位(通常是奇偶校验)占用一位,在数据传送中也可不用,由用户自己决定。

停止位用于向接收设备表示一帧字符信息发送完毕。停止位通常可取 1 位、1.5 位或 2 位。

在异步通信方式中,两相邻字符帧之间可以没有空闲位,也可以有若干空闲位,由用户决定。

异步通信的特点是不要求收发双方时钟严格一致,实现容易,设备开销小,但每个字符要附加2~3位,用于起始位、校验位和停止位,各帧之间还可能有间隙,因此传输效率不高。

在单片机与单片机之间,单片机与计算机之间通信时,通常采用异步串行通信。

②同步通信。同步通信时要建立发送方时钟对接收方时钟的直接控制,使双方达到完全同步。

在同步通信中,数据开始传送前先用同步字符使收发双方取得同步,然后传送数据。同步传送时,字符与字符之间没有间隙,也不用起始位和停止位,仅在数据块开始时用同步字符SYN(ASCII码为16H)指示,CRC是校验码。同步通信数据帧格式如图1.34所示。

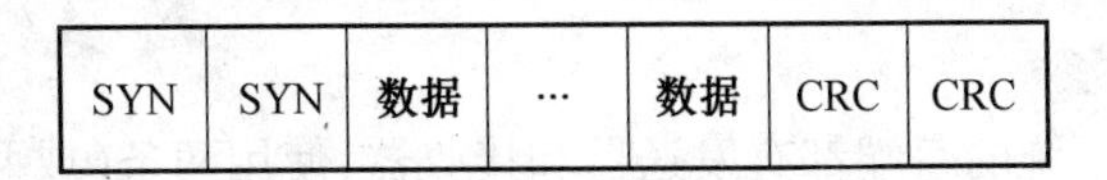

图1.34　同步通信数据帧格式

在同步传送时,要求用时钟来实现发送端和接收端之间的同步,为了保证接收正确,发送方除了传送数据外,同时还要传送时钟信号。同步传送的优点是传送速率高,但硬件比较复杂。

异步通信方式由于不传送同步时钟,所以实现起来比较简单。但因每个字符都要建立一次同步,传输速度较低,适合于低速的串行通信。

(5)波特率

波特率(Baud Rate),即数据传送率,表示每秒传送二进制数码的位数,它的单位是波特baud(bit/s)。在串行通信中,波特率是一个很重要的指标,它反映了串行通信的速率。

假如在异步传送方式中,数据的传送率是每秒240字符,每个字符由1个起始位、8个数据位和1个停止位组成,则传送波特率为

$$10\times240=2\,400\ (\text{bit/s})=2\,400\ (\text{baud})$$

一般异步通信的波特率在50~9 600 baud之间,同步通信可达56K baud或更高。

2. 串行通信的制式

在串行通信中,按照数据传送方向,串行通信有单工、半双工和全双工三种制式。

(1)单工制式

在单工制式下,通信线的一端接发送器,一端接接收器,只允许一个方向传输数据,不能实现反向传输,如图1.35所示。

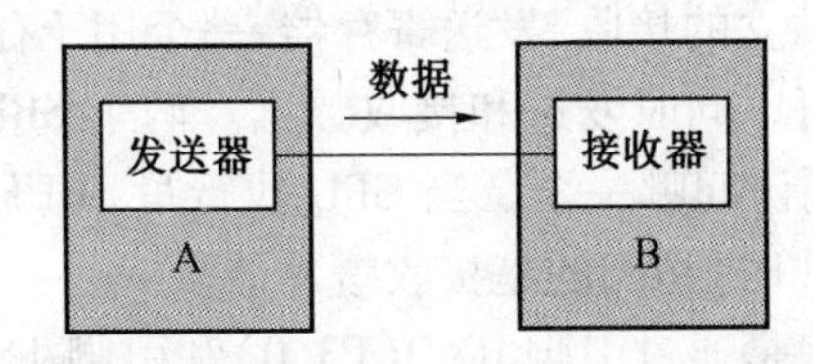

图1.35　单工

(2)半双工制式

在半双工制式下,系统的每个通信设备都由一个发送器和一个接收器组成,使用一条

(或一对)传输线,如图 1.36 所示。半双工制式允许两个方向传输数据,但不能同时传输,需要分时进行,如当 S_1 闭合时,数据从 A 到 B;当 S_2 闭合时,数据从 B 到 A。

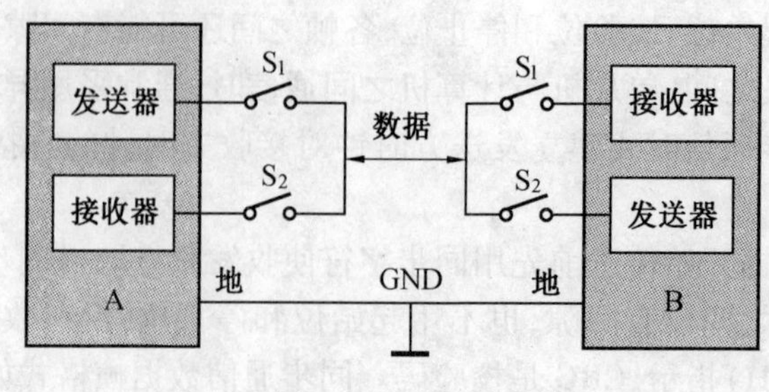

图 1.36　半双工

(3)全双工制式

全双工制式通信系统的每端都有发送器和接收器,使用两条(或两对)传输线,允许两个方向同时进行数据传输,如图 1.37 所示。

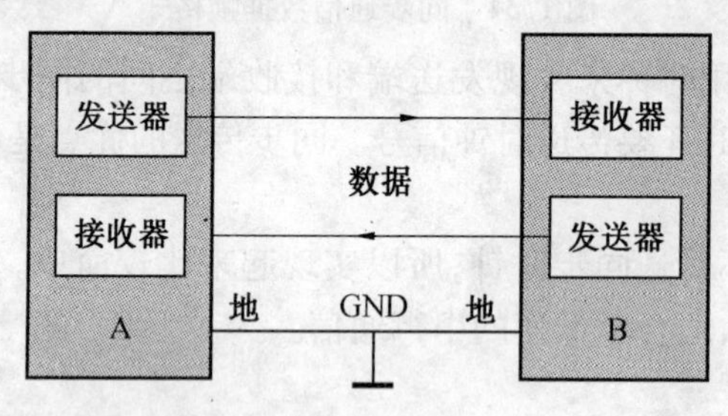

图 1.37　全双工

1.6.2　AT89C51 单片机串行口

AT89C51 单片机的串行口是一个可编程全双工的串行通信接口,具有 UART(通用异步收发器)的全部功能,既可以同时进行数据的接收和发送,也可以作为同步移位寄存器使用。串行口有 4 种工作方式,通过编程设置,使其处于任一种工作方式,以满足不同的应用场合。

1. 串行口结构

AT89C51 单片机的串行口主要由两个独立的 SBUF(一个发送缓冲器、一个接收缓冲器)、发送控制器、接收控制器、输入移位寄存器及若干控制门电路组成,串行口的结构如图 1.38 所示。

(1)串行口数据缓冲器 SBUF

SBUF 是两个在物理上独立的接收、发送寄存器,一个用于存放接收到的数据,另一个用于存放待发送的数据,它们可以同时发送和接收数据。两个 SBUF 共用一个地址 99H,通过对 SBUF 的读、写操作来区别访问哪一个。当 CPU 执行写 SBUF 操作时,访问的是发送缓冲器;当 CPU 执行读 SBUF 操作时,访问的是接收缓冲器。

串行口接收或发送数据,是通过引脚 RXD(P3.0)和引脚 TXD(P3.1)与外界进行通信,因此,串行口可构成全双工的通信制式。

(2)串行口控制寄存器 SCON

串行口控制寄存器 SCON 是特殊功能寄存器,字节地址为 98H,可位寻址。SCON 用来

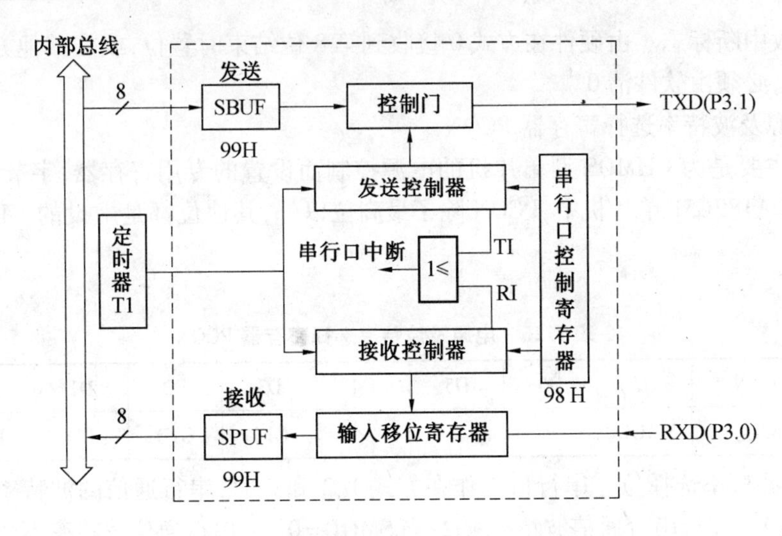

图1.38　串行口结构

设定串行口的工作方式、接收/发送控制及设置状态标志等，其格式见表1.24。

表1.24　定时/计数器控制寄存器 TCON

SCON	D7	D6	D5	D4	D3	D2	D1	D0
(98H)	SM0	SM1	SM2	REN	TB8	RB8	TI	RI

SM0、SM1：串行口工作方式选择位。

串行口有4种工作方式，它们由SM0、SM1设定，具体见表1.25。

表1.25　串行口工作方式

SM0	SM1	方式	功　能	波特率
0	0	方式0	8位同步移位寄存器方式	$f_{osc}/12$
0	1	方式1	10位UART	可变
1	0	方式2	11位UART	$f_{osc}/64$ 或 $f_{osc}/32$
1	1	方式3	11位UART	可变

SM2：多机通信控制位，主要用于方式2和方式3。在方式2和方式3处于接收方式时，若SM2=1且接收到的第9位数据RB8为0时，不激活RI；若SM2=1且RB8=1，则置RI=1。在在方式2和方式3处于发送方式时，若SM2=0，则不论接收到的第9位数据RB8是0还是1，TI、RI都以正常方式被激活。在方式1下，当SM2=0时，RB8是接收到的停止位；若SM2=1，则只有收到有效的停止位，才会激活RI。在方式0下，SM2应为0。

REN：允许串行接收位，由软件允许/禁止。REN=1，允许串行接收；REN=0，禁止串行接收。

TB8：在方式2和方式3下，TB8是发送的第9位数据，可用软件置1和置0。

RB8：在方式2和方式3下，RB8是接收到的第9位数据；在方式1时，如SM2=0，RB8是接收到的停止位；在方式0时，不使用RB8。

TI：发送中断标志。由硬件在方式0串行发送第8位结束时置位，或在其他方式串行发送停止位的开始时置位，必须由软件清0。

RI:接收中断标志。由硬件在方式0接收到第8位结束时置位,或在其他方式接收到停止位时置位,必须由软件清0。

(3)电源及波特率选择寄存器PCON

PCON主要是为CHMOS型单片机的电源控制而设置的专用寄存器,字节地址为87H。在HMOS的AT89C51单片机中,PCON除了最高位以外,其他位都是虚设的。PCON的格式见表1.26。

表1.26 电源及波特率选择寄存器PCON

PCON	D7	D6	D5	D4	D3	D2	D1	D0
(87H)	SMOD	×	×	×	GF1	GF0	PD	IDL

SMOD:波特率选择位。串行口工作在方式1、2和3时,串行通信的波特率与SMOD有关。当SMOD=1时,串行通信波特率乘2;当SMOD=0时,串行通信波特率不变。

由于PCON的其他各位用于电源管理,在此不再赘述。

2. 串行口的工作方式

(1)方式0

在方式0下,串行口作为同步移位寄存器使用,数据从RXD(P3.0)引脚串行输入或输出,TXD(P3.1)引脚输出移位时钟脉冲,波特率为振荡频率的1/12,即每一个机器周期输出或输入一位。这种方式通常用于扩展I/O口。

① 方式0输出。在TI=0的情况下,当一个数据写入串行口发送缓冲器时,串行口就把SBUF中的8位数据以$f_{osc}/12$的波特率从RXD引脚串行输出,TXD引脚输出同步信号,发送完毕置中断标志TI=1。若中断是开放的,就可以申请串行口发送中断;若中断没有开放,则可用查询的方式查询TI是否为1,以确定是否发送8位数据。当TI=1时,可用软件使TI清0,然后再发送下一个数据。

② 方式0输入。在RI=0的情况下,用软件置位REN后,就启动串行口开始接收数据,此时RXD引脚为数据接收端,TXD引脚输出同步信号,波特率也是$f_{osc}/12$。当串行口收到8位数据时,将中断标志RI置1。若中断是开放的,同样可以发出串行口接收中断申请;若中断没有开放,则可用查询的方式查询RI是否为1,以确定是否接收完8位数据。RI=1表示接收的数据已装入SBUF,CPU可以从SBUF中读取数据。RI必须由软件清0,以准备接收下一个数据。

(2)方式1

在方式1下,串行口为10位异步通信接口,其中起始位1位(0),8个数据位,一个停止位(1),波特率可变(由SMOD位和定时器T1的溢出率决定)。RXD引脚为数据接收端,TXD引脚为数据发送端。方式1的帧格式如图1.39所示。

① 方式1发送。串行口以方式1发送时,数据由TXD引脚输出。在发送中断标志TI=0时,任何一次“写入SBUF”的操作,都可启动一次发送,串行口自动在数据前插入一个起始位(0)向TXD引脚输出,然后在移位脉冲作用下,数据依次由TXD引脚发出,在数据全部发

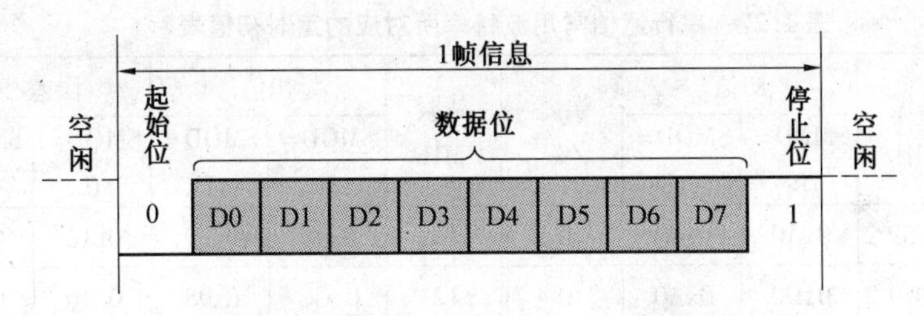

图1.39　串行口方式1的帧格式

送完毕后,TXD=1(作为停止位)、TI=1(用以通知CPU数据已发送完毕)。

② 方式1接收。串行口以方式1接收时,数据从RXD引脚输入。在允许接收的条件下(REN=1),当检测到RXD端出现由“1”到“0”的跳变时,即启动一次接收。当8位数据接收完,并满足下列条件:

※ RI=0

※ SM2=0或接收到的停止位为1

则将接收到的8位数据装入SBUF、停止位装入RB8,并置位RI。如果不满足上述两个条件,就会丢失已接收到的一帧信息。

在计算机通信中,波特率通常都是一些固定的值,如1 200、2 400、4 800、9 600等,所以人们都是根据所要使用的波特率来求定时器初值,而不是依据定时器初值求波特率。

在使用单片机串行口进行通信时,单片机晶振的选择是一个非常关键的要素,一般选择晶振的频率为11.059 2 MHz,而不是我们在前面常常采用的12 MHz或6 MHz。其原因是:若晶振采用12 MHz或6 MHz,计算出的T1初值不是一个整数,这样,在通信时会产生累积误差,进而产生波特率误差,影响串行通信的同步性能。解决的方法是调整单片机的时钟频率f_{osc},采用11.059 2 MHz晶振,这样就能非常准确地计算出T1初值,保证了串行通信的同步性能。

在系统晶振为12 MHz和11.059 2 MHz两种情况下,串行通信时常用的波特率所对应定时器T1工作在定时方式2的初值,以及所产生的误差见表1.27。用户可根据表1.27所列出的波特率,直接得到T1的初值,而不必去自己计算。

当串行口工作在方式1时,需要进行一些设置,主要是设置产生波特率的定时器T1、串行口控制和中断控制。具体操作的步骤如下:

①确定T1的工作方式(设置TMOD寄存器)。

②计算T1的初值,送入TH1、TL1。

③启动T1计时(置TR1=1)。

④设置串行口为工作方式1(设置SCON寄存器)。

⑤串行口工作采用中断方式时,要进行中断设置(IE、IP寄存器)。

表 1.27　串行通信常用波特率所对应的定时初值表

波特率/bps	晶振/MHz	初值		误差/%	晶振/MHz	初值		误差/%	
		SMOD=0	SMOD=1			SMOD=0	SMOD=1	SMOD=0	SMOD=1
300	11.059 2	0xA0	0x40	0	12	0x98	0x30	0.16	0.16
600	11.059 2	0xD0	0xA0	0	12	0xCC	0x98	0.16	0.16
1 200	11.059 2	0xE8	0xD0	0	12	0xE6	0xCC	0.16	0.16
1 800	11.059 2	0xF0	0xE0	0	12	0xEF	0xDD	2.12	-0.79
2 400	11.059 2	0xF4	0xE8	0	12	0xF3	0xE6	0.16	0.16
3 600	11.059 2	0xF8	0xF0	0	12	0xF7	0xEF	-3.55	2.12
4 800	11.059 2	0xFA	0xF4	0	12	0xF9	0xF3	-6.99	0.16
7 200	11.059 2	0xFC	0xF8	0	12	0xFC	0xF7	8.51	-3.55
9 600	11.059 2	0xFD	0xFA	0	12	0xFD	0xF9	8.51	-6.99
14 400	11.059 2	0xFE	0xFC	0	12	0xFE	0xFC	8.51	8.51
19 200	11.059 2	—	0xFD	0	12	—	0xFD	—	8.51
28 800	11.059 2	0xFF	0xFE	0	12	0xFF	0xFE	8.51	8.51

(3)方式 2 和方式 3

在方式 2 和方式 3 下,串行口为 11 位异步通信接口,一帧信息为 11 位,其中,起始位 1 位(0),8 个数据位(第一位为最低位),1 位附加的可程控为 1 或 0 的第 9 位数据,一个停止位(1)。方式 2 和方式 3 的唯一区别是波特率不同。TXD 引脚为数据发送端,RXD 引脚为数据接收端。方式 2 和方式 3 的帧格式如图 1.40 所示。

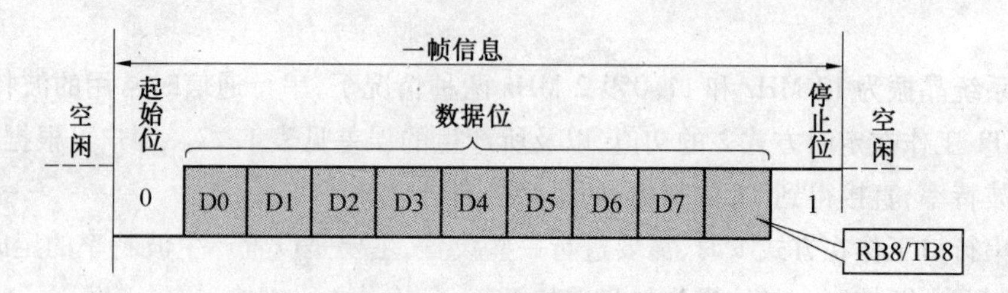

图 1.40　串行口方式 2 或方式 3 帧格式

① 方式 2 或方式 3 发送。串行口以方式 2 或方式 3 发送时,数据由 TXD 端输出,发送一帧信息为 11 位,附加的第 9 位数据是 SCON 中的 TB8,因而必须在启动发送之前把要发送的第 9 位数据值装入 SCON 中的 TB8 位。第 9 位数据起什么作用,串行口不作规定,完全由用户来安排,因此,它可以是奇偶校验位,也可以是其他控制位,可以用软件使该位置 1 或清 0。

当发送中断标志 TI=0 时,任何一条"写入 SUBF"的操作,都可启动一次发送,串行口自动把 TB8 取出并装入第 9 位数据的位置。发送完一帧信息,将 TI 置 1。

② 方式 2 或方式 3 接收。串行口以方式 2 或方式 3 接收时,数据从 TXD 端输入。在允许接收的条件下(REN=1),当检测到 RXD 端出现由"1"到"0"的跳变时,即启动一次接收。

当接收完一帧信息后,并满足下列条件:

※ RI=0

※ SM2=0 或 SM2=1 且接收到的第9个数据位是1

则将接收到的8位数据装入SBUF,第9位数据装入RB8,并置位RI。如果不满足上述两个条件,就会丢失已接收到的一帧信息。

方式2或方式3有一个专门的应用领域,即多机通信。

◆ **单片机多机通信原理**

单片机串行口的工作方式2或方式3,提供了单片机多机通信的功能。其原理是利用方式2或方式3中的第9个数据位。为什么第9个数据位可用于多机通信呢?其关键技术在于利用SM2和接收到的第9个附加数据位的配合。当串行口以方式2或方式3工作时,若SM2=1,此时仅当串行口接收到的第9位数据RB8为"1"时,才对中断标志RI置"1",若收到的RB8为"0",则不产生中断标志,收到的信息被丢失,即用接收到的第9位数据作为多机通信中的地址/数据标志位。应用这个特点,就可实现多机通信。

◆ **单片机多机通信协议**

单片机构成的多机系统常采用总线型主从式结构。所谓主从式,即由多个单片机组成的系统,只有一个是主机,其余的都是从机,从机要服从主机的调动、支配。

多机通信时,通信协议要遵守以下原则:

① 主机向从机发送地址信息,其第9个数据位必须为1;主机向从机发送数据信息(包括从机下达的命令),其第9位规定为0。

② 从机在建立与主机通信之前,随时处于对通信线路监听的状态。在监听状态下,必须令SM2=1,因此只能收到主机发布的地址信息(第9位为1),非地址信息被丢失。

③ 从机收到地址后应进行识别,是否主机呼叫本机,如果地址符合,确认呼叫本机,从机应解除监听状态,令SM2=0,同时把本机地址发回主机作为应答,只有这样才能收到主机发送的有效数据。其他从机由于地址不符,仍处于监听状态,继续保持SM2=1,所以无法接收主机的数据。

④ 主机收到从机的应答信号,比较收与发的地址是否相符,如果地址相符,则清除TB8,正式开始发布数据和命令;如果不符,则发出复位信号(发任一数据,但TB8=1)。

⑤ 从机收到复位命令后再次回到监听状态,再置SM2=1,否则正式开始接收数据和命令。

1.6.3　串行通信总线标准与接口电路

在单片机应用系统中,数据通信主要采用串行异步通信。在设计通信接口电路时,并不是简单地将单片机串行口引脚通过传输信号线连接起来就大功告成了,这样构成的通信电路在实际应用中是不可能正常工作的,其原因有多个方面,如信号在传输过程中混入了噪声和干扰如何解决？长距离通信时，由于单片机串行口的驱动能力不足导致通信质量差如何解决？单片机和 PC 机如何进行通信？这些问题在设计通信接口电路时都必须要考虑。

串行异步通信常用的标准接口有 RS-232C、RS-422 和 RS-485 等。采用标准接口，能方便快捷地把各种计算机、外部设备、测量仪器等有机地连接起来，构成一个测控系统。

1. RS-232C 通信总线标准与接口电路

(1) RS-232C 通信总线标准

RS-232C 是目前最常用的串行通信总线接口标准，用来实现计算机与计算机之间、计算机与外设之间的数据通信。该标准包括了按位串行传输的电气和机械方面的规定，适用于数据终端设备(DTE)和数据通信设备(DCE)之间接口。

RS-232C 是美国电子工业协会(EIA)1962 年公布、1969 年最后修订而成的。其中 RS 表示 Recommended Standard，232 是该标准的标志号，C 表示最后一次修订。

①RS-232C 信号特性。RS-232C 的电气标准采用负逻辑，规定+3 ~ +15 V 之间的任意电压表示逻辑“0”，-3 ~ -15 V 之间的任意电压表示逻辑“1”。数据采用串行传输，最高的数据速率为 19.2 kbps。RS-232C 标准的电缆长度最大为 15 m。

由于 RS-232C 采用负逻辑，因此，RS-232C 接口不能和 TTL/CMOS 电平接口直接相连，两者必须进行电平转换。

②RS-232C 信息格式标准。RS-232C 规定：数据帧的开始为起始位“0”，数据位数为 5 ~ 8 位，1 位奇偶检验位，数据帧的结束位为停止位“1”。数据帧之间用“1”表示空闲位。

③RS-232C 接口信号规定。一个完整的 RS-232C 接口有 22 根线，采用标准的 25 线 D 形连接器(DB25)(保留 3 个管脚)。目前广泛应用的是一种 9 芯的 RS-232C 接口(DB9)，外观也是 D 形的。DB9 连接器各引脚的排列如图 1.41 所示，各引脚的定义见表1.28。

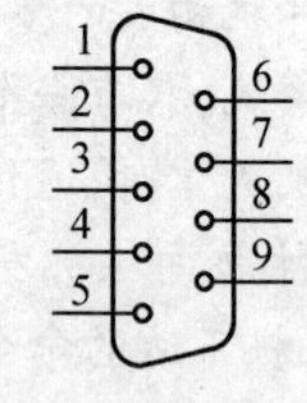

图 1.41　DB9 连接器

表 1.28　DB9 连接器引脚定义

引脚	信号名称	功　能	信号方向
1	DCD	载波检测	DCE →DTE
2	RXD	接收数据(串行输入)	DCE →DTE
3	TXD	发送数据(串行输出)	DTE →DCE
4	DTR	DTE 就绪(数据终端准备好)	DTE →DCE
5	SG(GND)	信号地	
6	DSR	DCE 就绪(数据建立就绪)	DCE →DTE
7	RTS	请求发送	DTE →DCE
8	CTS	允许发送	DCE →DTE
9	RI	振铃指示	DCE →DTE

标准的 RS-232C 最初用于计算机远程通信时的调制解调器上,表 1.28 中的所有信号都要用到。现在我们用 RS-232C 标准进行两个单片机之间通信时,只需用到表中的三条线:RXD、TXD 和 GND。

(2)RS-232C 接口芯片 MAX232

目前计算机都配置有 RS-232C 接口(DB9)。由于单片机信号为 TTL 电平,因此单片机和 PC 机想通信时,必须要进行信号电平转换。

MAX232 芯片是 MAXIM 公司生产的、包含两路接收器和驱动器的 IC 芯片,它能将 TTL/COMS 电平和 RS-232C 电平进行相互转换,因此被广泛地应用在单片机与计算机通信接口电路中。MAX232 芯片的引脚定义如图 1.42 所示,MAX232 芯片内部功能及外围电路连接如图 1.43 所示。

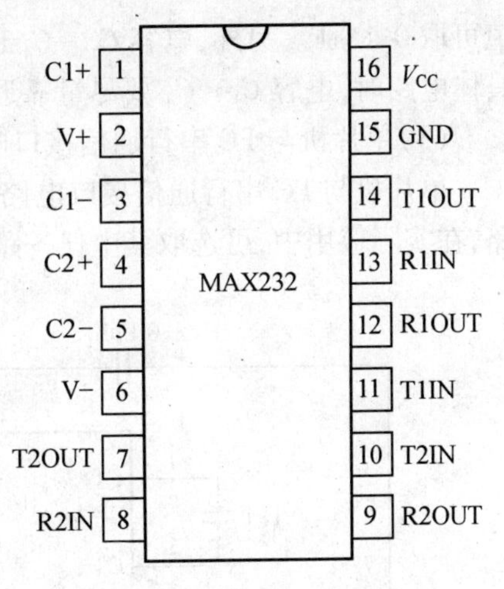

图 1.42　MAX232 引脚图

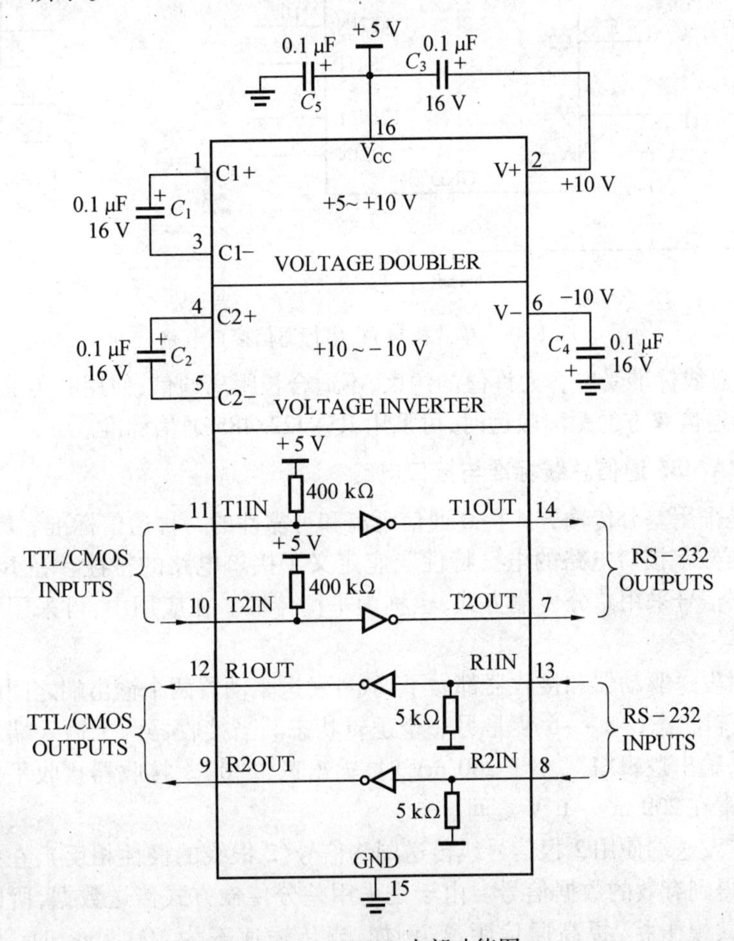

图 1.43　MAX232 内部功能图

在实际应用中,MAX232 芯片对电源噪声很敏感,因此,芯片必须接对地去耦电容 C_5,其值可取 0.1 μF。另外,电容 $C_1 \sim C_4$ 也可以选用非极性瓷片电容代替电解电容,而且在设计具体电路时,电容 $C_1 \sim C_4$ 要尽量靠近 MAX232 芯片,以提高抗干扰能力。

(3)单片机与 PC 串行通信接口电路

单片机与 PC 串行通信接口电路如图 1.44 所示。MAX232 芯片中有两路发送、接收电路,在实际应用中,可选取其中任一路使用。

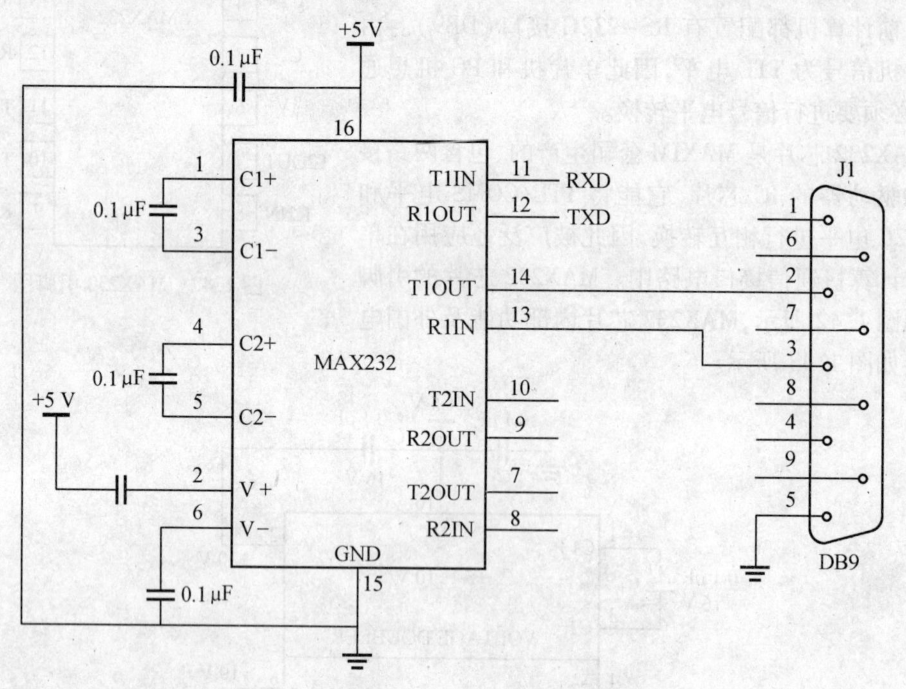

图 1.44　单片机与 PC 串行通信接口电路

RS-232C 总线标准受电容允许值的约束,不适合长距离通信,使用时传输距离一般不要超过 15 m。当通信双方的距离较远时,可采用 RS-422/485 通信标准。

2. RS-422A/485 通信总线标准与接口电路

RS-422 是采用差分传输方式提高通信距离和可靠性的一种通信标准。RS-422 标准全称是"平衡电压数字接口电路的电气特性",它定义了接口电路的特性。在 RS-422 串行通信标准中,数据信号采用差分传输方式,也称为平衡传输。在应用中,可采用平衡双绞线传输一对差分信号。

RS-422 对发送驱动器和接收器都做了规定:发送驱动器两个输出端之间的电压在+2 ~ +6 V 是一个逻辑状态,-2 ~ -6 V 是另一个逻辑状态。当接收器两个输入端之间的电压大于+200 mV 时,输出逻辑"1",小于 200 mV 时,输出逻辑"0"。接收器接收平衡线上的电压绝对值范围通常在 200 mV ~6 V 之间。

RS-422 在发送端使用 2 根信号线传送同一信号(2 根线的极性相反),在接收端对差分信号进行处理得到有效的数据信号。由于是采用差分传输方式传送数据,所以这种方式可以有效地抑制共模干扰,提高通信距离,例如,当传输速率为 100 kbps 时,通信距离可达 1 200 m。RS-422 的传输速率与传输线的长度成反比,在 100 kbps 速率以下才能达到最大传输距离。

RS-422需要一终端电阻,其阻值约等于传输电缆的特性阻抗,终端电阻接在传输电缆的最远端。在短距离(300 m以下)传输时,可以不接终端电阻。

采用RS-422实现两点之间远程全双工通信时,其连接方式如图1.45所示。在图1.45中,SN75174、SN75175是平衡差分线驱动器、接收器,采用+5 V的单电源供电,SN75174和SN75175可通过双绞线传输信号。SN75175可以区分0.2 V以上的电位差,因此,可有效地抑制共模干扰。

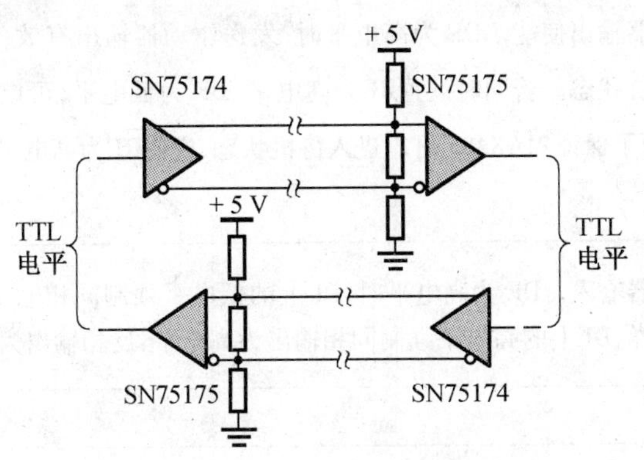

图1.45　RS-422双机通信接口电路

RS-485是从RS-422基础上发展而来的,所以RS-485的电气标准与RS-422完全相同。RS-422适用于全双工通信方式,而RS-485则适用于半双工方式通信。RS-485是一种多发送器标准,在通信线路上最多可以使用32对差分驱动器/接收器。如果在一个网路中连接的设备超过32个,还可以使用中继器。

RS-485的信号传输采用两线间的电压来表示逻辑"1"和逻辑"0"。由于发送方需要两条传输线,接收方也需要两条传输线,传输线采用差动信道,所以它的干扰抑制性极好。RS-485最大传输距离为1 200 m,传输速率可达1 Mbps。

RS-485需要两个终端电阻,其阻值要求等于传输电缆的特性阻抗,终端电阻接在传输电缆的两端。在短距离(300 m以下)传输时,可以不接终端电阻。

在RS-485中还有一"使能"端,而在RS-422中是可用可不用的。"使能"端是用于控制发送驱动器与接送器的工作状态的。

在单片机应用系统中,常用的RS-485接口芯片是MAX485,其内部结构及引脚如图1.46所示。

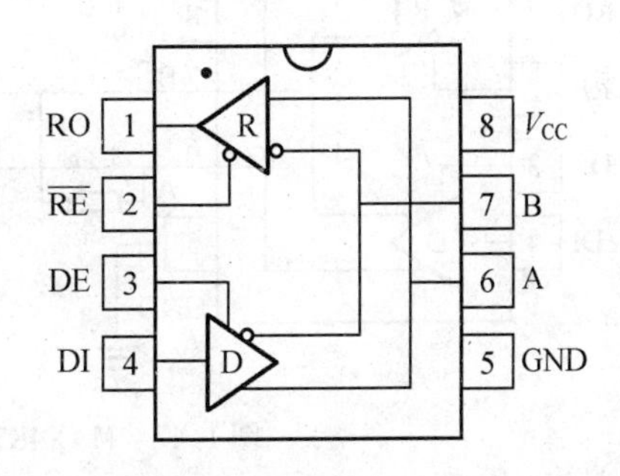

图1.46　MAX485内部结构及引脚图

MAX485是+5.0 V供电,内部有一路发送驱动器D和一路接收器R,用于半双工串行通信。MAX485引脚功能见表1.29。

表 1.29　MAX485 引脚功能

引脚	名称	功　能
1	RO	接收器输出。$\overline{\text{RE}}$为低电平时，若(A－B)≥50 mV 时，RO 输出高电平；若(A－B)≤－200 mV时，RO 输出低电平
2	$\overline{\text{RE}}$	接收器输出使能。$\overline{\text{RE}}$为低电平时，RO 输出有效；$\overline{\text{RE}}$为高电平时，RO 为高阻抗状态
3	DE	发送驱动器输出使能。DE 为高电平时，发送驱动器输出有效；DE 为低电平时，发送驱动器为高阻抗状态。若同时设置$\overline{\text{RE}}$为高电平、DE 为低电平，可以使 MAX485 进入低功耗待机状态，为了保证 MAX485 可靠进入待机状态，应使$\overline{\text{RE}}$为高电平、DE 为低电平的时间不少于 600 ns
4	DI	发送驱动器输入。DE 为高电平时，DI 上的低电平强制同相输出为低电平，反相输出为高电平。同样，DI 上的高电平强制同相输出为高电平，反相输出为低电平
5	GND	地
6	A	接收器同相输入和驱动器同相输出
7	B	接收器反相输入和驱动器反相输出
8	V_{CC}	电源

采用 MAX485 芯片实现两点之间远程半双工串行通信接口电路如图 1.47 所示。其中，R_t 为终端匹配电阻，典型值为 120 Ω。传输线采用普通的双绞线。MAX485 芯片对电源噪声也很敏感，同样，芯片必须接对地去耦电容，其值可取 0.1 μF。

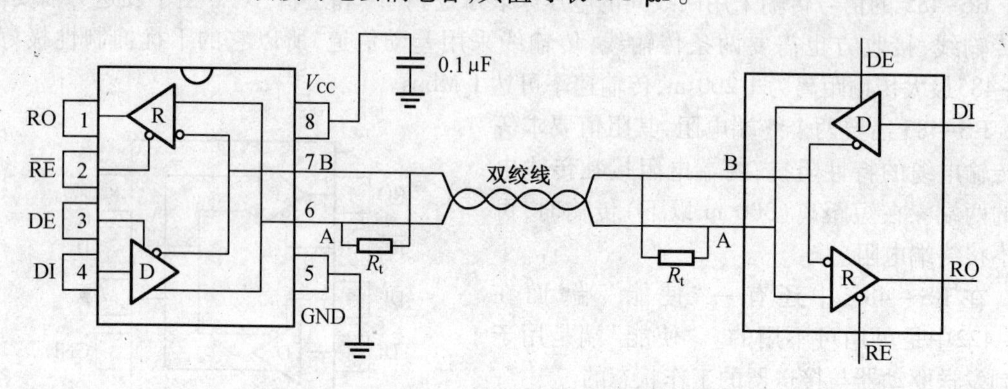

图 1.47　MAX485 远程半双工串行通信接口电路

标准 RS-485 接收器的输入阻抗为 12 kΩ（1 个单位负载），标准驱动器可最多驱动 32 个单位负载。由 MAX485 芯片构成的典型半双工 RS-485 网络如图 1.48 所示。可以应用图 1.48 网络构成一个主从式多机通信系统。

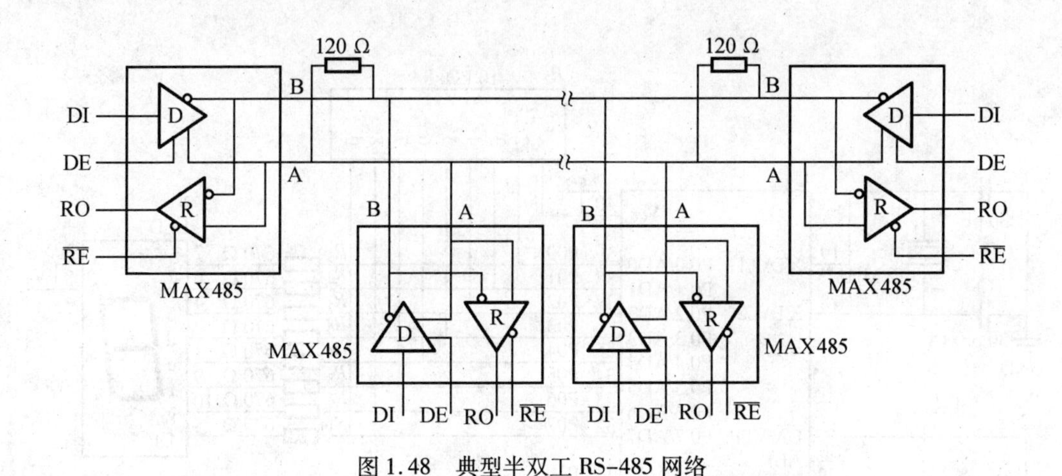

图1.48　典型半双工RS-485网络

<任务7>　主从式远程多机通信系计与实现

任务描述：

构建一个小型主从式单片机远程多机通信系统，1个主机，2个从机，主机和从机采用MAX485芯片通过双绞线连接。主机通过2个按钮分别向2个从机发送信息，从机收到主机的呼叫后，通过各自端口所连接LED数码管显示该从机号，以示收到主机的信息。

1.设计分析

单片机主机和从机串行口都设置为方式3，波特率为9 600 bps。主机和从机的串行口各自接一个MAX485芯片，然后通过双绞线连接起来，在通信线路的两端接2个终端电阻，阻值为120 Ω。主机的MAX485设置为发送状态，各从机的MAX485设置为接收状态。主机不断地检测控制按钮的状态，然后根据控制按钮的状态向相应的从机发送数据；从机不断查询串行口的接收标志RI，从机收到主机发来的数据后，通过LED数码管主机发来的数据。

2.电路设计

主机和从机的RXD、TXD分别和MAX485芯片的RO、DI引脚相连，主机的P1口接2个按钮开关，一个代表1#从机，另一个代表2#从机，P0口接LED数码管；1#和2#从机的P0口各自连接一个LED数码管。主机、从机电路原理图分别如图1.49～1.51所示，元器件清单见表1.30。

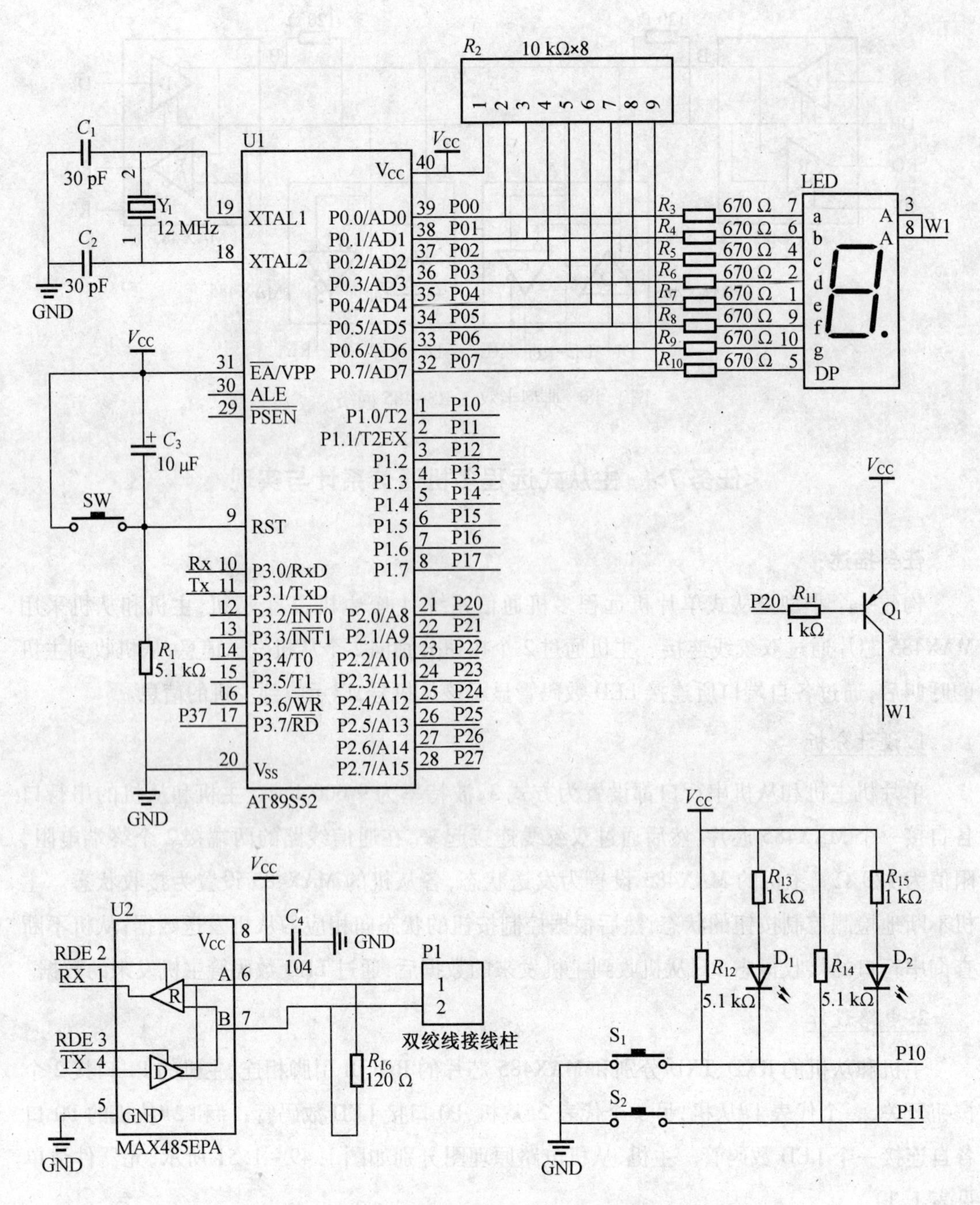

图 1.49　主从式远程多机通信主机电路原理图

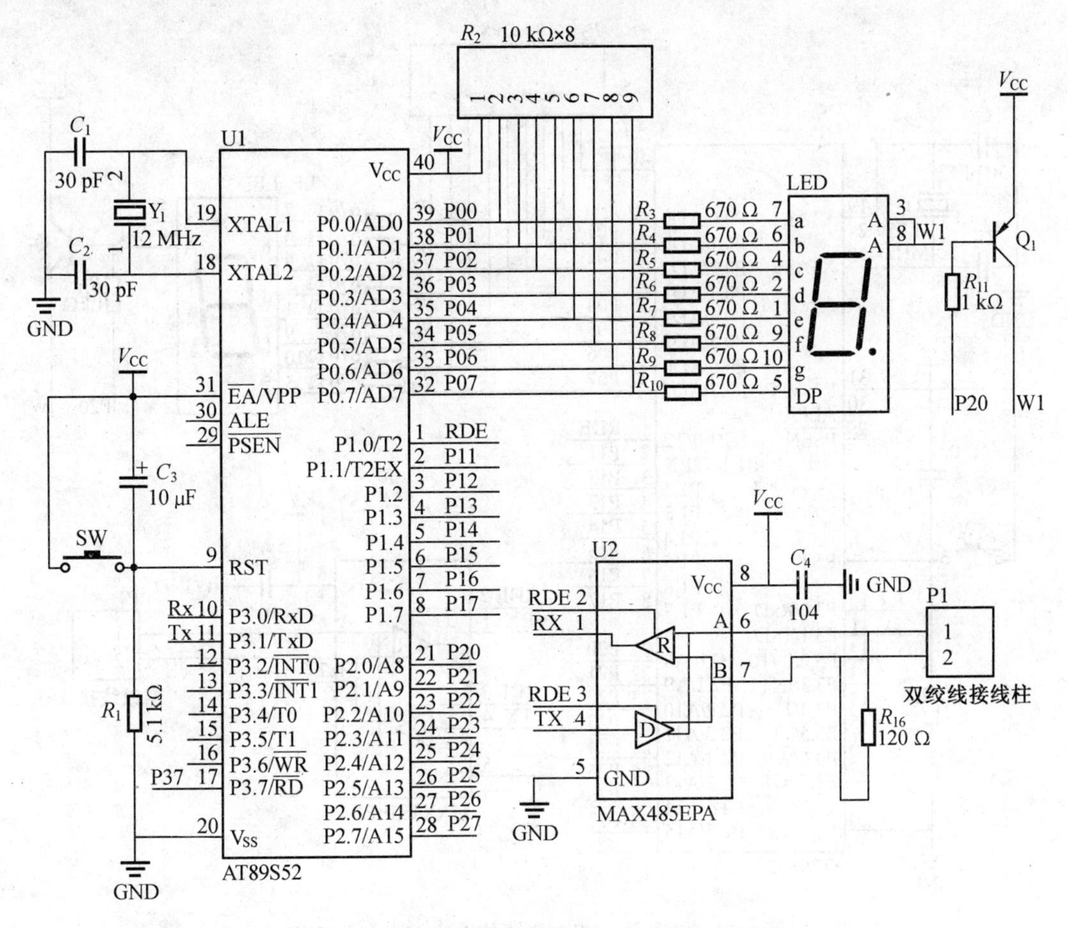

图 1.50　主从式远程多机通信电路 1#从机原理图

表 1.30　主从式远程多机通信电路元器件清单

元器件名称	参数	数量	元器件名称	参数	数量
单片机	AT89S52	3	电阻 4	120 Ω	2
IC 插座	DIP40	3	电阻排	10 kΩ	3
晶体振荡器	11.059 2 MHz	3	数码管	共阳极	3
瓷片电容	30 pF	6	按钮		3
瓷片电容	0.1 μF	3	三极管	PNP	3
电解电容	10 μF	3	差分驱动器/接收器	MAX485	3
电阻 1	5.1 kΩ	5	发光二极管	红色 Φ3	2
电阻 2	1 kΩ	5	2 端接线柱		3
电阻 3	670 Ω	24	双绞线		

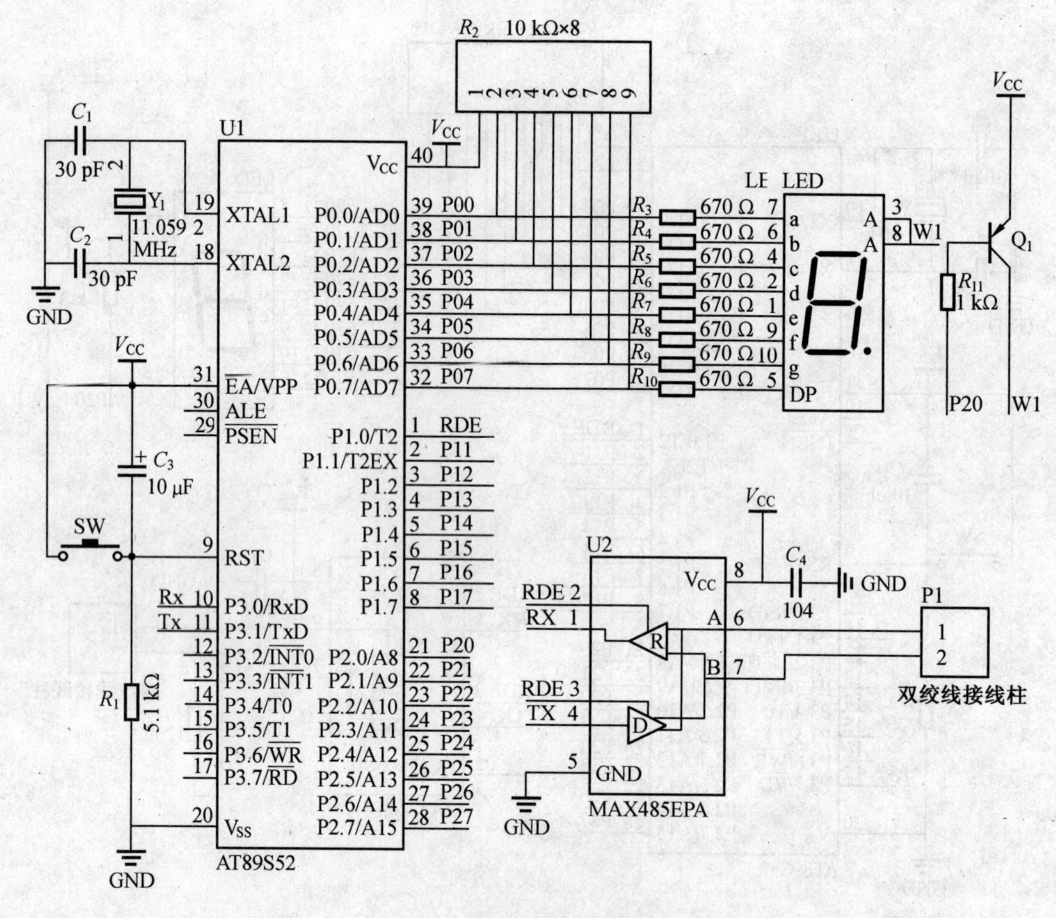

图 1.51　主从式远程多机通信电路 2#从机原理图

3. 程序设计

(1)主机程序

```
#include <reg51. h>
#define uchar unsigned char
#define uint unsigned int
uchar seg[ ] = {0xc0,0xf9,0xa4,0xb0,0x99,0x92,0x82,0xf8,0x80,0x90};  //共阳极 LED 段码
#define ADDR1 0x01   //1#从机地址
#define ADDR2 0x02   //2#从机地址
sbit P1_0 = P1^0;
sbit P1_1 = P1^1;
sbit RDE = P1^2; //
delay( )
{
  uint i,j;
  for(i = 0;i<1000;i++)
  for(j = 0;j<124;j++);
  }
```

```
void main( )
{
  uchar i=0;
  TMOD=0x20;//T1 定时器、方式 2
  TH1=0xfd; //波特率 9 600 bps
  TL1=0xfd;
  SCON=0xd8; //方式 3,允许接收,TB8=1
  PCON=0X00;
  TR1=1; //启动 T1
  while(1)
  {
   if( (P1_0|P1_1)= =0){continue;}//如果两个按钮同时按下,则继续检测
   if(P1_0= =0)
   {
     TB8=1;  //发送地址
     RDE=1;  //允许主机发送
     SBUF=ADDR1;  //发送 1#从机地址
     while(! TI);   //查询发送标志,未发送完等待
     TI=0;   //清除发送标志
     RDE=0;  //允许主机接收
     while(! RI);  //等待从机应答
     RI=0;        //清除接收标志
  if(SBUF= =ADDR1)
   {
    TB8=0;  //发送数据
    RDE=1;  //允许主机发送
    SBUF=0x01;//发送数据 1
    while(! TI); //等待发送完毕
    TI=0;  //清除发送标志
    P0=seg[1]; // 发送的数据送 P0
    P2=0xfe;   //选通数码管
    delay( );//延时
   }
}
if(P1_1= =0)
{
    TB8=1;   //发送地址
    RDE=1;  //允许主机发送
    SBUF=ADDR2;  //发送 1#从机地址
    while(! TI);   //查询发送标志,未发送完等待
    TI=0;   //清除发送标志
    RDE=0;  //允许主机接收
```

```
    while(! RI);   //等待从机应答
    RI=0;          //清除接收标志
    if(SBUF==ADDR2)
    {
      TB8=0;  //发送数据
      RDE=1;  //允许主机发送
      SBUF=0x02;//发送数据 2
      while(! TI);//等待发送完毕
      TI=0;  //清除发送标志
      P0=seg[2];// 发送的数据送 P0
      P2=0xfe;    //选通数码管
      delay( );//延时
    }
   }
  }
}
```

(2)1#从机程序

```
#include <reg51.h>
#define uchar unsigned char
#define uint unsigned int
uchar seg[]={0xc0,0xf9,0xa4,0xb0,0x99,0x92,0x82,0xf8,0x80,0x90};  //共阳极 LED 段码
#define ADDR1 0x01
sbit RDE=P1^0;
void main( )
{

  TMOD=0x20;//T1 定时器、方式 2
  TH1=0xfd;//波特率 9 600 bps
  TL1=0xfd;
  SCON=0xf0;//方式 3,允许接收,SM2=1
  PCON=0X00;
  RDE=0;         //允许从机接收
  TR1=1;  //启动 T1
  while(1)
  {
    while(! RI);//接收地址
    RI=0;//清除接收标志
    if(SBUF==ADDR1)
    {
  RDE=1;//允许从机发送
  SM2=0;//准备接收数据
  SBUF=ADDR1;//发送本机地址
```

```
    while(! TI);//等待发送完毕
    TI=0;        // 清除发送标志
    RDE=0;         // 允许从机接收
    while(! RI);//等待接收主机发送的数据
    RI=0;   //清除接收标志
    P0=seg[SBUF];   //显示接收信息
    P2=0xfe;    //选通数码管
    SM2=1;        //返回监听状态
      }
    }
}
```

(3)2#从机程序

```
#include <reg51.h>
#define uchar unsigned char
#define uint unsigned int
uchar seg[ ]={0xc0,0xf9,0xa4,0xb0,0x99,0x92,0x82,0xf8,0x80,0x90};  //共阳极 LED 段码
#define ADDR1 0x02
sbit RDE=P1^0;
void main( )
{
    TMOD=0x20; //T1 定时器、方式 2
    TH1=0xfd; //波特率 9 600 bps
    TL1=0xfd;
    SCON=0xf0; //方式 3,允许接收,SM2=1
    PCON=0X00;
    RDE=0;       //允许从机接收
    TR1=1;  //启动 T1
    while(1)
    {
      while(! RI);//接收地址
      RI=0;//清除接收标志
      if(SBUF==ADDR1)
      {
    RDE=1;  //允许从机发送
    SM2=0;  //准备接收数据
    SBUF=ADDR1;  //发送本机地址
    while(! TI);//等待发送完毕
    TI=0;        // 清除发送标志
    RDE=0;         // 允许从机接收
    while(! RI);//等待接收主机发送的数据
    RI=0;   //清除接收标志
    P0=seg[SBUF];   //显示接收信息
```

```
P2=0xfe;      //选通数码管
SM2=1;         //返回监听状态
  }
 }
}
```

习　题

1. 简述 AT89C51 单片机的组成及各功能部件的作用。

2. 简述 AT89C51 单片机的 I/O 端口的功能。

3. 简述构成单片机最小系统的必要组成部分。

4. 简述发光二极管与单片机连接的正确方法。

5. 简述如何用 C51 实现单片机 I/O 端口数据的输入/输出操作。

6. 什么是中断？中断有什么特点？

7. AT89C51 有几个中断源？如何设定它们的优先级？

8. 简述特殊功能寄存器 TCON、SCON、IE、IP 的作用及设置。

9. 简述定时与计数的区别。

10. 简述特殊功能寄存器 TMOD、TCON 的作用及设置。

11. 简述定时/计数器的 4 种工作方式。

12. 设系统的晶振频率为 12 MHz，定时/计数器在 4 种工作方式下的最大定时时间各是多少？如何获得更长时间的定时时间？

13. 应用 AT89C51 的定时/计数器设计一个能显示时、分、秒的数字钟。

14. 设计一个具有定时功能的 8 路抢答器。任务描述：抢答器同时供 8 名选手（或 8 个代表队）比赛，编号分别是 $S_1 \sim S_8$，各用一个抢答按钮；设置一个系统抢答控制开关 REST，该开关由主持人控制；抢答器具有数据锁存和显示功能，抢答开始以后，若有选手按动抢答按钮，编号便立即锁存，并在 LED 数码管上显示出选手的编号，输入回路封锁，禁止其他选手抢答。优先抢答的选手的编号一直保持到主持人将系统清零时为止。当主持人按下 REST 开关时，计时牌进行 20 s 倒计时显示；当主持人再次按下 REST 开关时，计时牌保持倒计时时间；当主持人再一次按下 REST 开关时，计时牌又从 20 s 开始进行倒计时。

15. 简述串行异步通信的帧格式。

16. 简述串行口 4 种工作方式的特点及应用场合。

17. 设计一个点对点的单片机远程通信系统。

第2章

单片机系统模拟量输入输出实现

单片机系统模拟量输入输出实现

- 单片机系统模拟量输入
  - A/D转换器ADC0804
  - ADC0804与外围电路
  - A/D转换器ADC0808
  - ADC0808的时钟电路
  - 任务8 简易数字电压表设计与实现
  - 任务9 多路模拟量采集系统设计与实现
- 单片机系统模拟量输出
  - D/A转换器DAC0832
  - DAC0832与单片机的连接方式
  - 任务10 波形发生器设计与实现

知识目标	1．ADC0804的功能 2．ADC0804与单片机接口电路 3．ADC0808／0809的功能 4．ADC0808／0809与单片机接口电路 5．DAC0832的功能 6．DAC0832与单片机接口电路
能力目标	1．能够根据任务要求选择A／D转换器、设计接口电路并编写应用程序 2．能够根据任务要求选择D／A转换器、设计接口电路并编写应用程序 3．能够设计出具有处理模拟量功能的单片机应用系统

我们知道,计算机所能处理的数据是数字量。而在自然界中,许多现象都是连续变化的模拟量(如温度、压力、流量、液位、速度等),若需要计算机处理模拟量信号,则必须将模拟量转换成数字量后,才能送入计算机进行处理。同样,计算机只能输出数字量,若用计算机去控制执行机构,常常需要输出模拟量,这就要求计算机系统应具有模拟量输出的功能。

完成模拟量到数字量的转换是通过 A/D 转换器实现的,而数字量到模拟量的转换则是由 D/A 转换器实现的。本节将介绍几种常用的 A/D、D/A 转换器,以及单片机系统的模拟量输入输出技术。

2.1　单片机系统模拟量输入实现

A/D 转换器是将模拟电压或电流转换成数字量的器件,它是一个模拟系统和计算机之间的接口。在数据采集和控制系统中,A/D 转换器得到了广泛的应用。

A/D 转换器的类型很多,常用的主要有逐次比较式和双积分式。在选择 A/D 转换器之前,通常要考虑分辨率、精度、转换时间等因素,以保证选用的 A/D 转换器能够满足系统的设计要求。

2.1.1　A/D 转换器的主要技术指标

A/D 转换器的主要技术指标如下:

(1)分辨率

A/D 转换器对输入信号的分辨能力。

A/D 转换器的分辨率以输出二进制数的位数表示。从理论上讲,n 位输出的 A/D 转换器可以分辨出 2^n 个不同等级的输入模拟电压,能分辨输入电压的最小值为满量程输入的 $1/2^n$。在最大输入电压一定时,输出位数越多,则分辨率越高。例如,A/D 转换器输出 8 位二进制数,输入电压最大值为 5 V,则这个 A.D 转换器应能分辨输入电压的最小值为 $5\ V/2^8 = 19.53\ mV$。由此可见,分辨率是 A/D 转换器对微小输入量变化的敏感程度。

(2)转换误差

A/D 转换器实际输出的数字量与理论输出数字量之间的差别。

转换误差一般用最低有效位 LSB 来表示。例如,给出相对误差小于等于±LSB/2,则表明实际输出的数字量和理论上应得到的数字量之间的误差小于最低有效位的二分之一。

(3)转换精度

反映了一个实际 A/D 转换器与理论 A/D 转换器在量化上的差值,可以表示成绝对精度和相对精度。转换精度常用数字量的位数作为度量绝对精度的单位,如精度最低位 LSB 的±1/2 位,即±1/2 LSB。如果满量程为 10 V,10 位 A/D 转换器的绝对精度为 4.88 mV。若表示为绝对精度与满量程的百分比则为相对精度,如 10 位 A/D 转换器的相对精度为 0.1 %。注意转换精度和分辨率是两个不同概念,转换精度为转换后所得结果相对实际值的准确度,而分辨率指的是对转换结果发生影响的最小输入量。

(4)转换时间

完成一次模拟量到数字量转换所需要的时间。

(5)数据输出方式

输出的数字量是并行方式还是串行方式。

(6)对基准电源要求

基准电源的精度对整个系统的精度有很大的影响,在设计时应考虑是否要外接精密基准电源。

在实际应用中,对A/D转换器的选择,主要是根据系统对精度的要求、转换时间等方面综合考虑而确定的。

温度为0~1 000 ℃,对应输出电压为0~5 V,经A/D转换后进行显示,要求保留1位小数。请选择满足要求的A/D转换器。

0~1 000 ℃对应0~5 V的模拟量,则0.005 V/℃,由此可得0.1 ℃对应0.000 5 V模拟量。为了实现显示0.1 ℃的要求,A/D转换器必须能分辨0.000 5 V的模拟量。由 $1/2^n<0.000\ 5$ 得出,$n>14$,故需选用14位以上的A/D转换器。

2.1.2　典型A/D转换器与外围连接电路

常用的A/D转换器主要有逐次比较式和双积分式,位数有8位、10位、12位和16位等。由于AT89C51为8位单片机,所以在系统对精度要求不高时,通常选用8位的A/D转换器为宜。

最常用的8位的A/D转换器是由美国芯片制造商National Semiconductor(国家半导体公司)生产的ADC系列芯片,其中ADC0804和ADC0808/0809最为常用,它们都是逐次比较式8位A/D转换器。下面针对这两款A/D转换器进行介绍。

1. ADC0804

ADC0804是一个8位CMOS型逐次比较式A/D转换器,其主要特性如下:

①分辨率:8位;

②非调整误差:±1 LSB;

③转换时间:100 μs;

④输入方式:单通道;

⑤具有三态数据输出锁存器;

⑤输入电压:0~5 V;

⑥单一+5 V供电。

ADC0804的特点是内部有时钟电路,只要外接一个电阻和一个电容就可自行提供时钟信号;允许模拟输入信号是差动的或不共地的电压信号。

ADC0804的引脚分布如图2.1所示。ADC0804的引脚定义见表2.1。

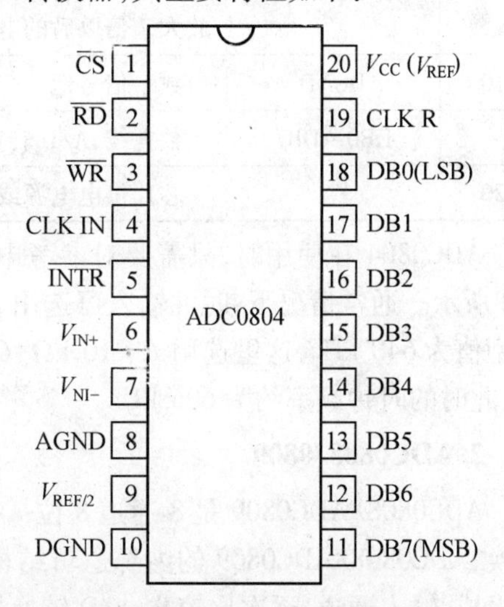

图2.1　ADC0804引脚图

表 2.1　ADC0804 引脚定义及功能

引脚	名称	功　能
1	$\overline{CS}$	片选信号输入端,低电平有效。$\overline{CS}$有效表明被选中,可启动工作
2	$\overline{RD}$	外部读取转换结果的控制信号。当$\overline{RD}$为高电平时,DB0 ~ DB7 为高阻抗状态;当$\overline{RD}$为低电平时,转换结果通过 DB0 ~ DB7 输出
3	$\overline{WR}$	A/D 转换器启动控制信号。当$\overline{WR}$引脚由高电平变为低电平时,转换器被清零;当$\overline{WR}$引脚由低电平变为高电平时,启动 A/D 转换
4	CLKIN	时钟信号输入端
19	CLKR	内部时钟发生器的外接电阻端。在 ADC0804 内部有时钟发生器,采用内部时钟时,在 CLKIN、CLKR 和地之间需连接 RC 电路。ADC0804 的工作频率为 100 ~ 1 460 kHz,其典型值为 640 kHz。若使用内部时钟,其振荡频率为 $1/(1.1RC)$,用户可依此选择电阻 R 和电容 C 的参数
5	$\overline{INTR}$	A/D 转换结束信号,低电平表示本次 A/D 转换已完成,只有转换结果被取走后,$\overline{INTR}$才会变为高电平
6、7	V_{IN+}、V_{IN-}	差动模拟电压输入端。若输入为单端正电压,V_{IN-}应接地;若差动输入,则输入信号直接加入 V_{IN+} 和 V_{IN-}
8	AGND	模拟信号地
9	$V_{REF/2}$	参考电压 1/2 输入,决定量化单位。若 ADC0804 的参考电压为+5 V,则该引脚可以悬空。若电路中需要使用的参考电压小于+5 V,即参考电压值的 1/2 小于 2.5 V,这时可将该引脚连接到需要的参考电压值(如 4 V)的 1/2 电压上(如 2 V)。在 ADC0804 芯片内部会自动判断参考电压的选择,当 VREF/2 引脚的电源值低于 2.5 V 时,芯片会自动选择由 VREF/2 引脚电压放大 2 倍以后的电压值作为参考电压
10	DGND	数字信号地
11 ~ 18	DB0 ~ DB7	数据线,A/D 转换结果的 8 位数字量输出端
20	V_{CC}	芯片供电电源或参考电压输入

ADC0804 在使用时,只需要对参考电压和时钟输入端进行设计即可,其典型接法如图 2.2 所示。通常情况下,时钟输入可选用 RC 谐振电路,ADC0804 进行 A/D 转换的时钟频率典型值为 640 kHz,这里选用 $R=10\ \text{k}\Omega$、$C=150\ \text{pF}$ 的谐振电路,利用公式 $1/(1.1\ RC)$ 计算后,此时的时钟频率约为 606 kHz。

2. ADC0808/0809

ADC0808/ADC0809 是 8 通道 8 位 A/D 转换器,可对 8 路 0 ~ 5 V 的模拟信号分时进行转换,ADC0808/ADC0809 的内部逻辑结构如图 2.3 所示。ADC0808/ADC0809 主要由 3 部分组成:输入通道、逐次比较式 A/D 转换器和三态输出锁存器,各部分功能如下:

① 输入通道包括 8 路模拟开关和地址锁存译码器。地址锁存译码器根据输入的通道地址(ADDC、ADDB 和 ADDA)控制 8 路模拟开关选通 8 路模拟输入信号中的一路。通道地址

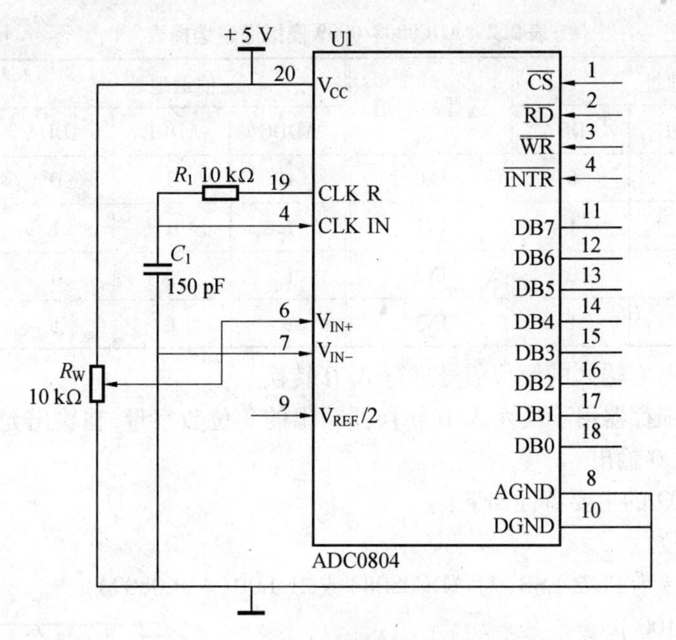

图 2.2　ADC0804 典型外围连接电路

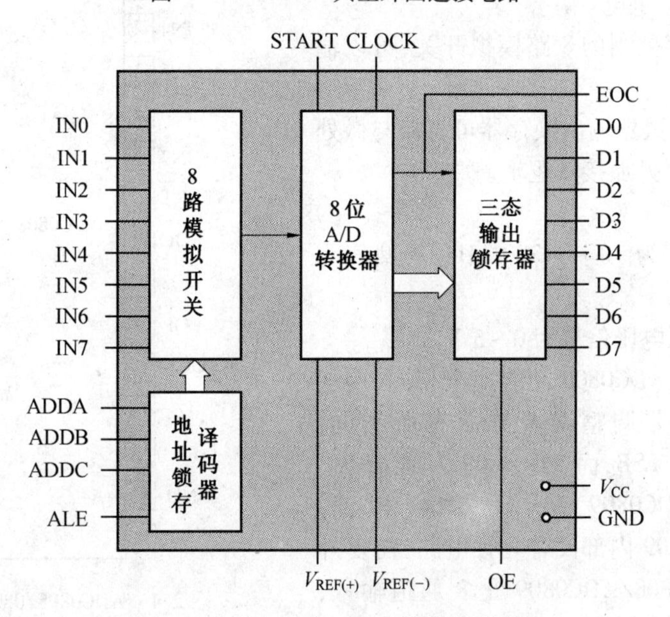

图 2.3　ADC0808/0809 内部逻辑结构

（ADDC、ADDB 和 ADDA）和 8 路模拟通道（IN0 ~ IN7）的关系见表 2.2。

表 2.2 ADC0808/0809 模拟通道选择表

信道地址			选择的通道	信道地址			选择的通道
ADDC	ADDB	ADDA		ADDC	ADDB	ADDA	
0	0	0	IN0	1	0	0	IN4
0	0	1	IN1	1	0	1	IN5
0	1	0	IN2	1	1	0	IN6
0	1	1	IN3	1	1	1	IN7

② A/D 转换器对输入的模拟信号进行 A/D 转换。

③ 三态输出锁存器用于锁存 A/D 转换器输出的 8 位数字量，在输出允许的情况下，可通过数据线 D7 ~ D0 输出。

ADC0808/0809 的主要特性如下：

① 分辨率 8 位。

② 非调整误差为±1/2 LSB（对 ADC0808）或±1 LSB（ADC0809）。

③ 转换时间 100 μs。

④ 单一+5 V 供电。

⑤ 具有锁存控制的 8 路模拟开关，可以输入 8 路模拟信号。

⑥ 具有三态数据输出锁存器可直接与微处理器相连，不需要另加接口逻辑。

⑦ 功耗≤15 mW。

⑧ 时钟频率为 10 ~ 1 280 kHz，典型值为 640 kHz。

⑨ 输入模拟电压信号为 0 ~ 5 V。

ADC0808 和 ADC0809 性能完全相同，用法也一样，只是在非调整误差方面有所不同，ADC0808 为±1/2 LSB，而 ADC0809 为±1 LSB。

ADC0808/ADC0809 和 ADC0804 相比，ADC0808/ADC0809 内部没有时钟电路，需要外接时钟源；ADC0808/ADC0809 是 8 通道输入，即能够分时对 8 路模拟信号进行 A/D 转换。

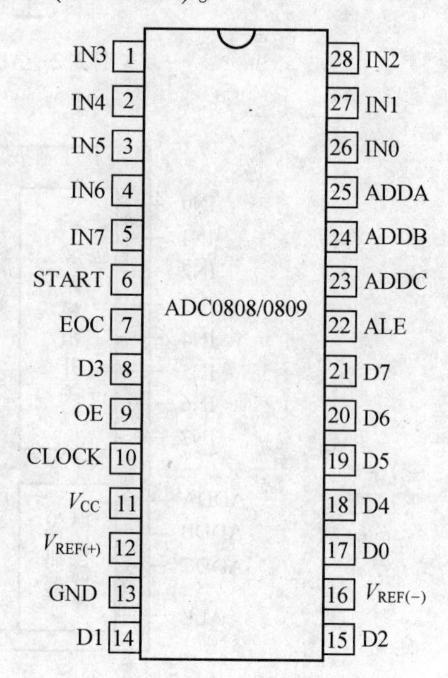

图 2.4 ADC0808/0809 引脚图

ADC0808/ADC0809 的引脚分布如图 2.4 所示。ADC0808/ADC0809 的引脚定义见表 2.3。

表 2.3　ADC0808/0809 引脚定义及功能

引脚	名称	功　能
5~1、28~26	IN7~IN0	8 个通道模拟信号输入端
25~23	ADDA、ADDB、ADDC	模拟通道地址输入端。用于选择 8 路模拟输入信号
10	CLOCK	时钟输入端
4	ALE	信道地址锁存允许。当 ALE=1 时，允许改变信道地址；当ALE=0 时，信道地址被锁存，防止在 A/D 转换期间改变信道地址
6	START	A/D 转换启动信号。START 上升沿复位 ADC0808/0809，下降沿启动芯片开始 A/D 转换。在 A/D 转换期间，START 应保持低电平
21~18、8、15、14、17	D7~D0	数据线，A/D 转换结果的 8 位数字量输出端
9	OE	输出允许信号。当 OE=1 时，D7~D0 引脚出现 A/D 转换数据；当 OE=0 时，D7~D0 呈现高阻抗状态
7	EOC	A/D 转换结束信号。EOC=0 表示正在转换，EOC =1 表示转换结束
12、16	$V_{REF(+)}$、$V_{REF(-)}$	参考电压输入端。一般情况下，$V_{REF(+)}$ 和 V_{CC} 连接，$V_{REF(-)}$ 和 GND 连接
11、13	V_{CC}、GND	芯片供电电源或参考电压输入和地线引脚

在应用 ADC0808/ADC0809 进行 A/D 转换时，一定要遵循 ADC0808/ADC0809 的工作时序，特别是编程时，更要注意相关控制信号的先后顺序，否则，尽管硬件电路正确也得不到 A/D 转换的结果。ADC0808/ADC0809 的工作时序如图 2.5 所示。

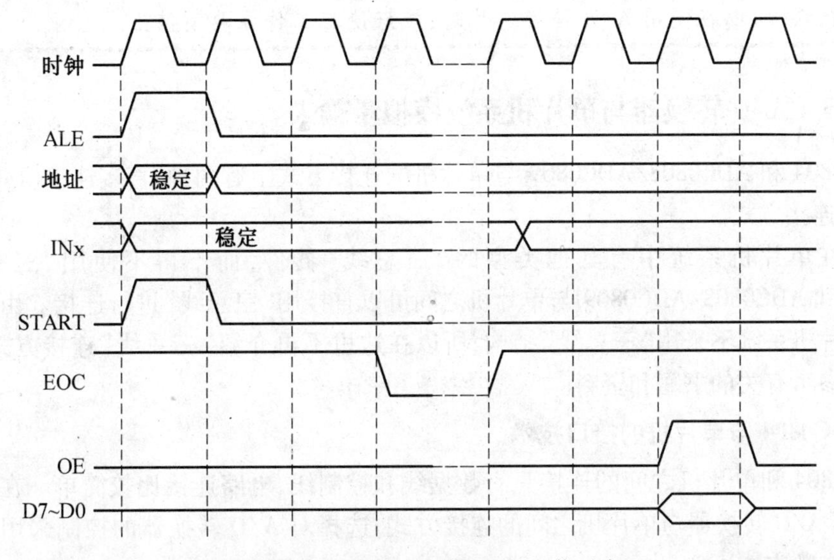

图 2.5　ADC0808/ADC0809 的工作时序

由于 ADC0808/ADC0809 内部没有时钟发生器，所以只能由外部提供时钟信号。通常情况下，利用单片机的 ALE 引脚作为分频电路的输入，分频电路的输出作为 ADC0808/ADC0809 的 CLOCK 信号即可。由 D 触发器构成的 4 分频电路如图 2.6 所示，这里假设单片机的晶振频率为 12 MHz,ALE 经过 4 分频后,电路所产生的时钟信号频率在 600 kHz 左右,接近 ADC0808/ADC0809 的典型值 640 kHz。需要注意的是,在实际应用中,分频电路的设计要考虑到系统所使用的晶振频率,如果选择的是 6 MHz,则可使用 2 分频电路;如果是 24 MHz,则需用 8 分频电路。

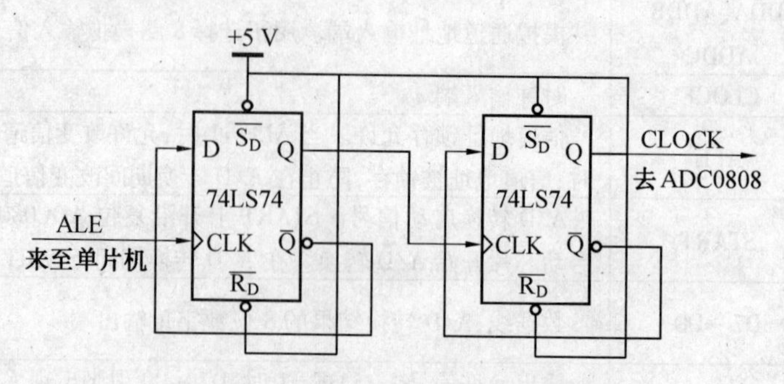

图 2.6 ADC0808/ADC0809 时钟电路

单片机的 ALE 引脚的功能是为“三总线”器件提供地址锁存信号,这个信号的频率比较稳定,是单片机晶振频率的 1/6(在单片机进行片外 RAM 的读写操作过程中会丢失一个脉冲信号,如果单片机系统中没有其他的“三总线”器件,丢失的这个脉冲信号不会影响 A/D 转换结果)。由于 ADC0808/ADC0809 允许的时钟频率为 10 ~ 1 280 kHz,典型值是 640 kHz,这样就可以应 ALE 信号经过一定倍数的分频得到 ADC0808/ADC0809 需要的时钟信号。

当 ADC0808/ADC0809 处于较高频率的时钟下进行 A/D 转换时,转换的结果有时会出现错误,所以在使用 A/D 转换芯片时,最好使其工作在典型值上。

2.1.3 A/D 转换器与单片机系统模拟量输入

ADC0804 和 ADC0808/ADC0809 与单片机的连接方式上有两种:直接连接(I/O)方式和“三总线”连接方式。

如果在单片机系统中有其他类型的“三总线”器件,而不得不使用“三总线”时,ADC0804 和 ADC0808/ADC0809 与单片机之间可以直接用“三总线”进行连接。由于现在的大部分单片机系统不采用“三总线”结构,所以在这里不再介绍“三总线”连接方式,感兴趣的读者可参考有关的书籍和资料。

1. ADC0804 与单片机的接口技术

ADC0804 和单片机之间的连接只有数据线和控制线,电路连接比较简单。在程序设计方面,根据 A/D 转换器与单片机之间的连接方式,选择对 A/D 转换器的控制采用程序查询方式还是中断方式。

所谓程序查询方式,就是单片机首先对 A/D 转换器发出启动控制信号,然后反复查询 A/D 转换结束信号,当查询的结果为“转换完成”,则从 A/D 转换器中读取转换后的数据;如果查询的结果为“未完成转换”,则继续查询。这种程序设计方法比较简单,但占用 CPU 时间较多(需要单片机反复查询 A/D 转换结束信号)。

在中断方式中,单片机可以在启动 A/D 转换器工作后,执行其他的任务,只有当 A/D 转换结束时,才会向单片机提出中断请求,单片机在允许的情况下将 A/D 转换的结果读取出来,然后再次启动 A/D 转换器。采用中断方式不会占用 CPU 过多的时间,但会占用单片机的 I/O 口线和一个中断源。

上述的两种方式各有其特点,用户可根据实际情况进行选择。

<任务 8>　简易数字电压表设计与实现

任务描述:

设计一个数字电压表,测量 0 ~ 5 V 的电压,用 4 位 LED 数码管显示测量值。测量最小分辨率为 0.019 6 V,测量误差为±0.02 V。

1. 设计分析

由于 ADC0804 是 8 位的 A/D 转换器,数值的变化范围是 0 ~ 255,模拟电压的输入范围是 0 ~ 5 V,每一个数码的变化对应的电压值的变化为 5 V/256 = 0.019 6 V,可以满足系统的要求,所以 A/D 转换器选用 ADC0804。4 位数码管采用动态扫描方式显示测量的电压值。对 A/D 转换器的控制采用中断方式。

2. 电路设计

P0 口接 4 位一体共阳极数码管,输出段码,P2 口控制数码管的位选,P1 口接 ADC0804 的数据线,P3 口接 ADC0804 控制信号线。简易数字电压表电路原理图如图 2.7 所示,元器件清单见表 2.4。

表 2.4　简易数字电压表元器件列表

元器件名称	参数	数量	元器件名称	参数	数量
单片机	AT89S52	1	电阻 2	1 kΩ	6
IC 插座	DIP40	1	电阻 3	670 Ω	8
晶体振荡器	12 MHz	1	电阻 4	10 kΩ	1
瓷片电容 1	30 pF	2	多圈电位器	10 kΩ	1
瓷片电容 2	150 pF	1	电阻排	10 kΩ	1
电解电容	10 μF	1	按钮		1
电阻 1	5.1 kΩ	1	4 位一体数码管	共阳极	1
三极管	PNP	4	2 端接线柱		1
A/D 转换器	ADC0804	1			

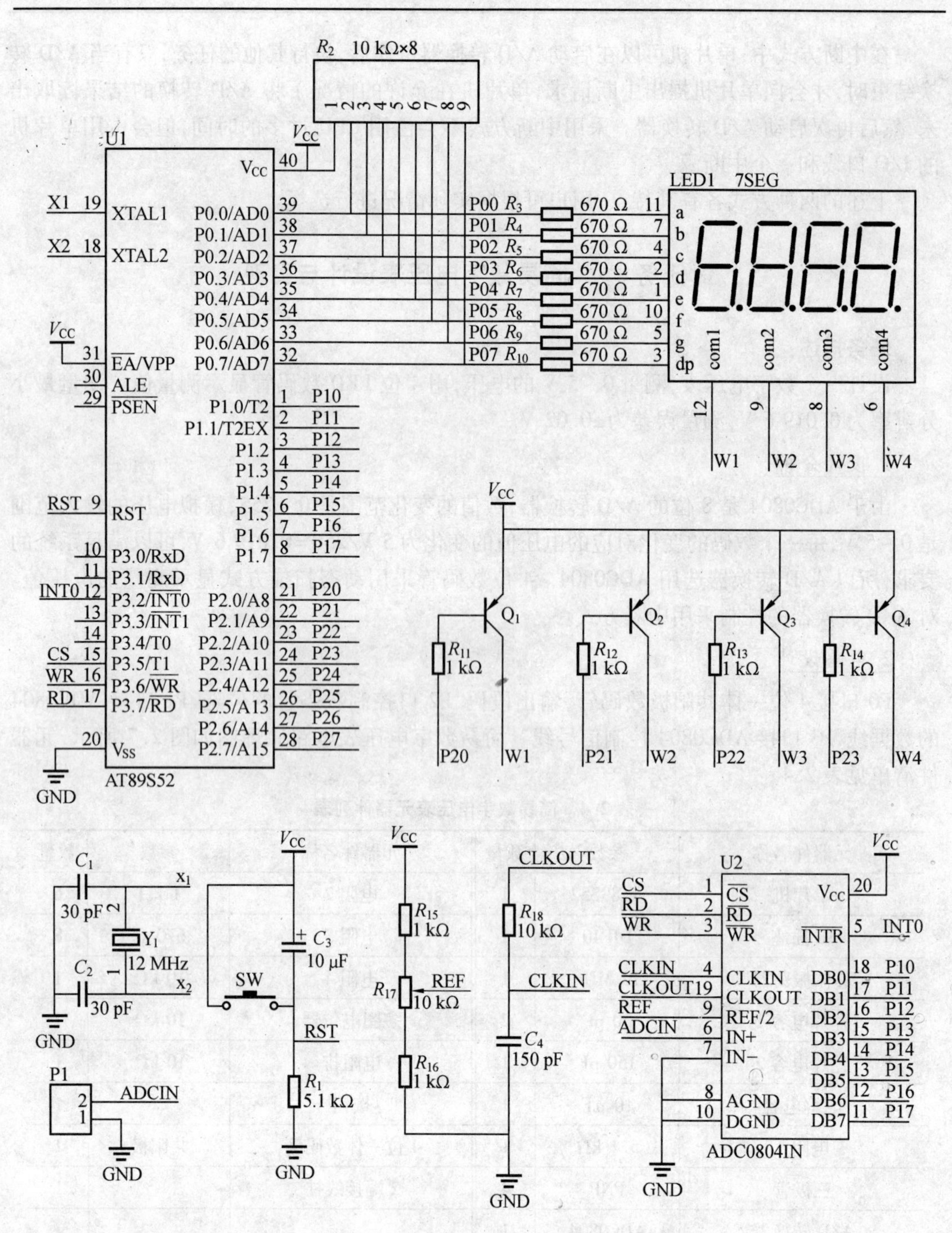

图 2.7　简易数字电压表电路原理图

3. 程序设计

程序设计的两个关键是模拟电压值的计算和显示码的转换。

(1)模拟电压值的计算

模拟电压值的计算可通过下面的计算公式得到:

$$V=D\times 0.0196$$

式中，V 为计算出的模拟电压值，D 为 A/D 转换器输出的 8 位数字量。

在编程时，若将读取到的 A/D 转换结果去乘以一个 0.019 6，得到的结果是一个带有小数的数，在计算机中称为浮点数。而对于 8 位单片机来说，不具有浮点运算能力，如果一定要计算浮点数，就将占有单片机大量的内存单元和 CPU 时间。在这里可以采用一种简单的算法：将从 A/D 转换器读取的数字量直接乘以 196，即进行整数运算，运算的结果是实际值的 10 000 倍，单片机对整数的运算其速度还是很快的，不会占用 CPU 过多的时间。

(2)显示码的转换

将从 A/D 转换器读入的数字量直接乘以 196，即进行整数运算，运算的结果是实际值的 10 000 倍，然后分别用 10 000、1 000、100、10 去除，得到电压（数字量）的个位（整数位）、十分位、百分位、千分位，然后在整数位上点亮小数点即可。

简易数字电压表程序如下：

```
#include<reg51.h>
#define uchar unsigned char
#define uint unsigned int
sbit  CS=P3^5;
sbit  WWR=P3^6;
sbit  RRD=P3^7;
uchar  code led[]={0xC0,0xF9,0xA4,0xB0,0x99,0x92,0x82,0xF8,0x80,0x90};
uchar ad_volt;
//*******************************************//
//延时函数
//*******************************************//
void delay(uchar n)
{   uchar i,j;
      for(i=0;i<n;i++)
         for(j=0;j<125;j++);
}
//*******************************************//
//显示函数
//*******************************************//
display()
{
    P0=led[temp/10000]&0x7f;;           //得到整数位并送显示,同时显示小数点
    P2=0xfe;                            //选通整数位数码管
    delay(3);                           //延时
    P2=0xff;                            //关显示
    temp=temp%10000;
    P0=led[temp/1000];                  //得到小数点后的第一位并送显示
    P2=0xfd;                            //选通小数点后的第一位数码管
    delay(3);                           //延时
```

```
    P2=0xff;                            //关显示
    temp=temp%1000;
    P0=led[temp/100];                   //得到小数点后的第二位并送显示
    P2=0xfb;                            //选通小数点后的第二位数码管
    delay(3);                           //延时
    P2=0xff;                            //关显示
    temp=temp%100;
    P0=led[temp/10];                    //得到小数点后的第三位并送显示
    P2=0xf7;                            //选通小数点后的第三位数码管
    delay(3);                           //延时
    P2=0xff;                            //关显示
}
//*******************************************//
//启动 ADC0804 转换函数
//*******************************************//
void ad_start( )
{
CS=0;                                   //片选有效
WWR=0;                                  //
WWR=1;                                  //启动 ADC0804
CS=1;                                   //
}
//*******************************************//
//主程序
//*******************************************//
main( )
{
  uint temp;
  IE=0x81;  //CPU 中断允许,外部中断 0 中断允许
  while(1)
  {
    ad_start( );
    temp=ad_volt;   //得到 A/D 转换结果
    temp=temp*196;  //放大 10 000 倍
    display( );
  }
}
//*******************************************//
//外部中断函数
//*******************************************//
void int0( ) interrupt 0
{
```

```
    CS=0;
    RRD=0;
    ad_volt=P1;   //读取 A/D 转换结果
    CS=1;
    RRD=1;
}
```

2. ADC0808/0809与单片机的接口技术

ADC0808/0809 和单片机之间的连接比 ADC0804 要复杂一些,除了数据线和控制线外,还要考虑 ADC0808/0809 的模拟通道选择所需的地址信号。另外,由于 ADC0808/0809 的转换结束信号 EOC 高电平代表转换结束,低电平表示正在转换,在采用中断方式时需要注意,因为 AT89C51 单片机的外部中断请求为低电平或脉冲下降沿有效。

<任务9> 设计一个多路模拟量采集系统

任务描述:

以 ADC0808 为 A/D 转换芯片,完成8路模拟量巡回采集,测量误差为±0.02 V,并用4位一体数码管显示,最高位显示模拟通道值,其余3位显示 A/D 转换结果。

1. 设计分析

ADC0808 和 AT89C51 采用直接连接方式。4位一体数码管采用动态扫描方式显示测量的模拟量,对8路模拟量每隔1 s进行一次采集,1 s的定时由定时/计数器完成,对 A/D 转换器的控制采用程序查询方式完成读取 A/D 转换结果。

2. 电路设计

P1 口接 ADC0808 的数据线,P0 口的 P1.0 ~ P1.2 作为 ADC0808 的模拟通道地址选择控制信号接 ADDA ~ ADDC,P3 口的 P3.0 ~ P3.2 接 ADC0808 控制信号线 OE、START 和 EOC。4位一体数码管的驱动选用74LS47 并由 P2 口控制。8路模拟量接 ADC0808 的IN0 ~ IN7。

多路模拟量采集电路原理图如图 2.8 所示,元器件清单见表 2.5。

表 2.5 多路模拟量采集系统元器件列表

元器件名称	参数	数量	元器件名称	参数	数量
单片机	AT89S52	1	电阻2	1 kΩ	4
IC 插座	DIP40	1	电阻3	670 Ω	8
晶体振荡器	12 MHz	1	电阻排	10 kΩ	1
瓷片电容1	30 pF	2	按钮		1
电解电容	10 μF	1	D 触发器	74LS74	2
A/D 转换器	ADC0808	1	三极管	PNP	4
4位一体数码管	共阳极	1	16 端接线柱		1
电阻1	5.1 kΩ	1			

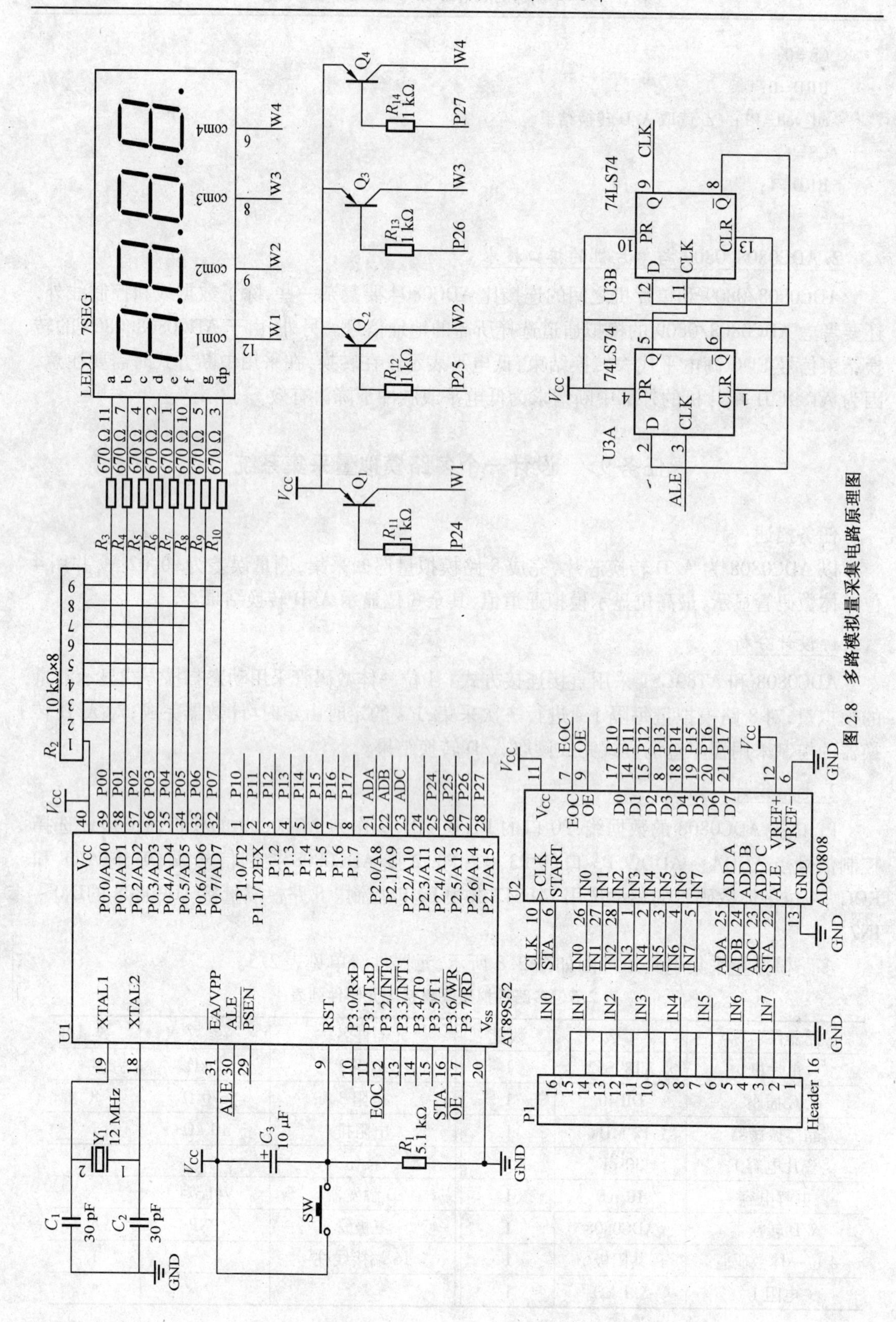

图 2.8　多路模拟量采集电路原理图

3. 程序设计

```
#include<reg51.h>
#include<intrins.h>
#include<absacc.h>
#define uchar unsigned char
#define uint unsigned int
uchar seg[] = {0xc0,0xf9,0xa4,0xb0,0x99,0x92,0x82,0xf8,0x80,0x90};
uchar temp;
uchar dispbuf[4];//存放 A/D 转换结果显示缓冲区
uchar ADCunm[8]; //存放 8 路 A/D 转换结果缓冲区
sbitADA=P2^0;
sbit ADB=P2^1;
sbit ADC=P2^2;
sbit EOC=P3^2;
sbit START=P3^6;
sbit OE=P3^7;
bit timeflag; //1s 定时标志位
uchar ad_volt;
uchar t0_count;
uchar counter;//
//* * * * * * * * * * * * * * * * * * * * * * * * * * * * * * * * * * * * * * * * * * *
//延时函数
//* * * * * * * * * * * * * * * * * * * * * * * * * * * * * * * * * * * * * * * * * * *
void delay(uchar n)
{    uchar i,j;
        for(i=0;i<n;i++)
          for(j=0;j<110;j++);
}
//* * * * * * * * * * * * * * * * * * * * * * * * * * * * * * * * * * * * * * * * * * *
//显示函数
//* * * * * * * * * * * * * * * * * * * * * * * * * * * * * * * * * * * * * * * * * * *
display( )
{
   P0=seg[dispbuf[0]];              //显示通道号
   P2=P2&0x0f|0xe0;                 //选通
   delay(3);
   P2=P2|0xf0;                      //关显示
   P0=seg[dispbuf[1]];              //显示 AD 转换结果百位
   P2=P2&0x0f|0xd0;                 //选通
   delay(3);
   P2=P2|0xf0;                      //关显示
   P0=seg[dispbuf[2]];              //显示 AD 转换结果十位
```

```
    P2=P2&0x0f|0xd0;            //选通
    delay(3);
    P2=P2|0xf0;                 //关显示
    P0=seg[dispbuf[3]];         //显示 AD 转换结果个位
    P2=P2&0x0f|0x70;            //选通
    delay(3);
    P2=P2|0xf0;                 //关显示
}
main( )
{
   uchar i;
   t0_count=0;
   TMOD=0x01;                   // T0 定时方式 1
   TL0=0xb0;
   TH0=0x3c;                    //定时 50 ms
   TR0=1;                       //启动定时器 T0
   ET0=1;                       //允许 T0 中断
   EA=1;                        //CPU 允许中断
   while(1)
   {
       for(i=0;i<8;i++)
   {
    display( );                 //显示 A/D 转换结果和对应的通道号
    if(timeflag==1)
        {
          timeflag=0;
          P2=P2&0xf0|i;         //选择模拟通道 P2=P2&0xf0|i;
          START=1;              //启动 A/D 转换器
          _nop_( );
          _nop_( );
          _nop_( );
          START=0;
          while(EOC==0){display( );}//等待 A/D 转换结束
          OE=1;                       //A/D 转换器输出允许
          _nop_( );
          _nop_( );
          ad_volt=P1;                 // 读取 A/D 转换结果
          OE=0;
          temp=ad_volt;
          ADCunm[i]=ad_volt;          //保存 A/D 转换结果
          dispbuf[0]=i;               //存当前 A/D 转换通道号
          dispbuf[1]=temp/100;        //存转换结果十进制数百位
```

```
            temp=temp%100;
            dispbuf[2]=temp/10;              //存转换结果十进制数十位
            dispbuf[3]=temp%10;              //存转换结果十进制数个位
        }
    }
  }
}
//****************************************
//定时 T0 中断函数
//****************************************
void time0( ) interrupt 1
{
  t0_count++;
  if(t0_count==20)
  {
     t0_count=0;
     timeflag=1;
  }
  TL0=0xb0;  //
  TH0=0x3c;  //定时 50 ms
}
```

2.2　单片机系统模拟量输出实现

在单片机引用系统中,常常需要输出模拟量去控制执行机构,例如控制直流电动机的转速,这就需要单片机系统应具有输出模拟量的功能。

D/A 转换器的功能是完成数字量到模拟量的转换,它是计算机和模拟系统之间的接口。

D/A 转换器的主要性能指标是:分辨率、建立时间、精度、输出范围、数字输入特性、供电电源、工作环境等,这些性能指标通过查阅手册可以得到。

2.2.1　常用的 D/A 转换器与外围连接电路

常用的 D/A 转换器很多,如 National Semiconductor(国家半导体公司)生产的 D/A 转换器,常用的有 DAC0832,MAXIM(美信公司)生产的 D/A 转换器,常用的有 MAX521 等。

下面主要针对 DAC0832 进行介绍。

1. DAC0832

DAC0832 是一款性价比较高的 8 位 D/A 转换器,主要由两个 8 位寄存器和一个 8 位 D/A转换器组成,电流输出型 DAC,其内部逻辑结构如图 2.9 所示。DAC0832 的主要特性如下:

①8 位分辨率。

②输出为电流信号,电流建立时间为 1 μs。

③具有双缓冲、单缓冲和直通方式。

④输入电平与 TTL 兼容。

⑤基准电压 V_{REF} 工作范围为-10 ~ +10 V。

⑥单电源供电电压为+5 ~ +15 V。

⑦功耗为 20 mW。

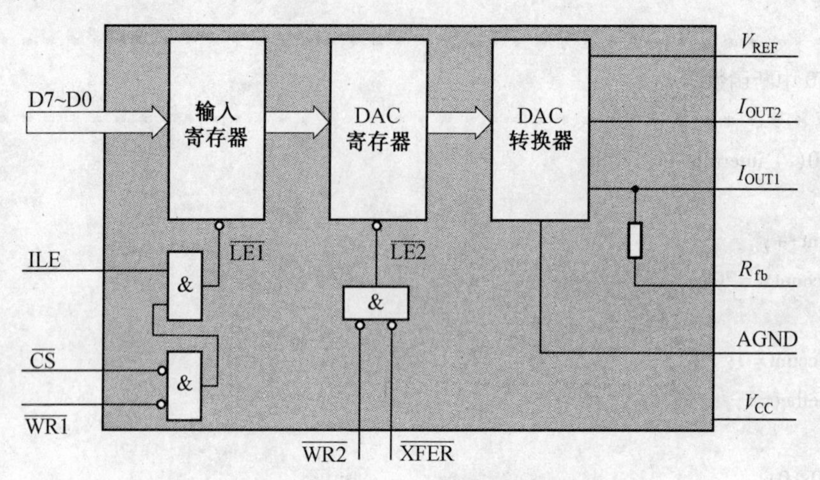

图 2.9 DAC0832 内部逻辑结构图

DAC0832 芯片为 20 脚双列直插式封装,其引脚分布如图 2.10 所示。DAC0832 的引脚定义见表 2.6。

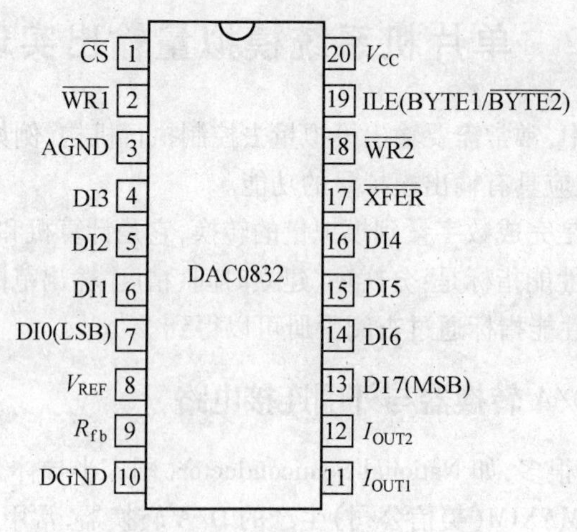

图 2.10 DAC0832 引脚图

表 2.6　DAC0832 引脚定义及功能

引脚	名称	功　能
1	$\overline{\mathrm{CS}}$	片选信号输入端,低电平有效
2	$\overline{\mathrm{WR1}}$	输入寄存器的写选通输入端,负脉冲有效(脉冲宽度应大于 500 ns)。当 $\overline{\mathrm{CS}}=0$,ILE=1,$\overline{\mathrm{WR1}}$有效时,DI7 ~ DI0 的状态被锁存到输入寄存器
4 ~7、13 ~16	DI7 ~ DI0	数据输入端,TTL 电平,有效时间应大于 90 ns
8	V_{REF}	基准电压输入端,电压范围为-10 ~ +10 V
9	R_{fb}	反馈信号输入端。芯片内部此端与 I_{OUT1} 接有 15 kΩ 的电阻
11 ~12	I_{OUT1}、I_{OUT2}	电流输出端。$I_{\mathrm{OUT1}}+I_{\mathrm{OUT2}}$ 为常量,I_{OUT1} 随 DAC 寄存器的内容线性变化。为使输出电流线性地转换成电压,需要在 DAC0832 的输出端外接运算放大器。在输出单极性时,I_{OUT2} 接地
17	$\overline{\mathrm{XFER}}$	数据传送控制信号输入端,低电平有效
18	$\overline{\mathrm{WR2}}$	DAC 寄存器的写选通输入端,负脉冲有效(脉冲宽度应大于 500 ns)。当 $\overline{\mathrm{XFER}}=0$ 且$\overline{\mathrm{WR2}}$有效时,输入寄存器的状态被锁存到 DAC 寄存器中
19	ILE	数据锁存允许信号输入端,高电平有效
3、10	AGND、DGND	模拟地和数字地。模拟地为模拟信号与基准电源参考地;数字地为芯片工作电源地与数字逻辑地(模拟地和数字地最好在基准电源处一点共地)
20	V_{CC}	芯片电源电压端,电压范围+5 ~ +15 V

2. DAC0832 的输出方式

DAC0832 为电流输出型,而在实际应用时常常需要的是模拟电压信号,这就需要将 DAC0832 输出的电流信号转换成电压信号。根据不同的需要,可以使输出的电压为单极性或双极性。

(1)单极性输出

如果需要输出的电压为单极性,则只需在 DAC0832 的输出端接一个运算放大器即可,如图 2.11 所示。

需要注意的是,当基准电压 VREF 为正时,输出电压为负,如果要输出与基准电压同相的电压,可在如图 2.11 所示的电路中加入反向电压跟随器。输出电压极性与基准电压同相的单极性输出电路如图 2.12 所示。

DAC0832 单极性输出电路的输出电压波形如图 2.13 所示。

(2)双极性输出

在单片机系统中,对于现场执行机构的控制有时要求双极性电压信号,这时模拟输出通道必须输出双极性电压信号。DAC0832 双极性输出电路如图 2.14 所示。

在图 2.14 中,取 $R_1=R_3=2R_2$,运算放大器 A2 的作用是把 A1 的单极性输出电压 V_{OUT1} 转换为双极性输出电压 V_{OUT2}。

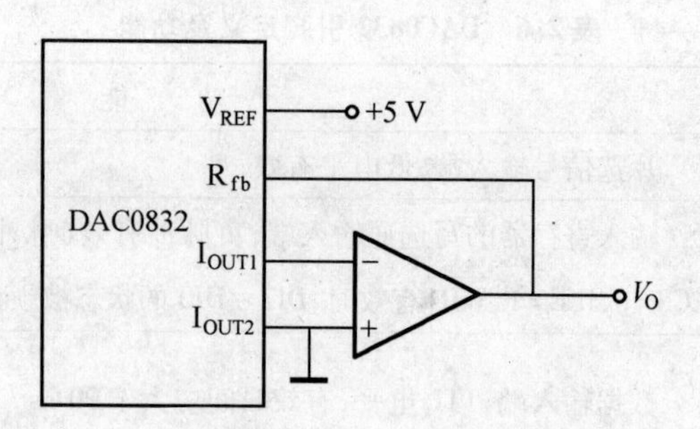

图 2.11　DAC0832 单极性输出电路图

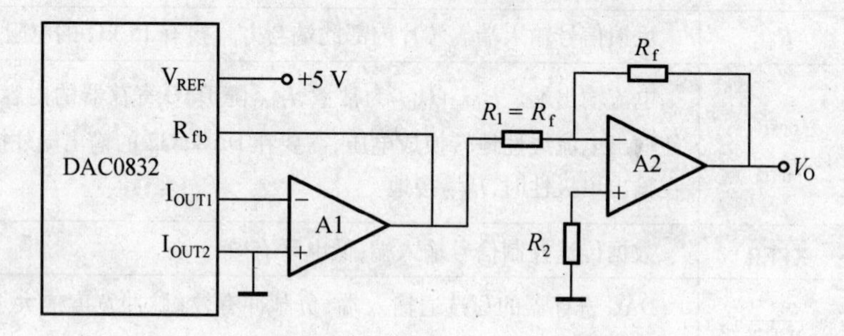

图 2.12　输出电压极性与基准电压同相的单极性输出电路

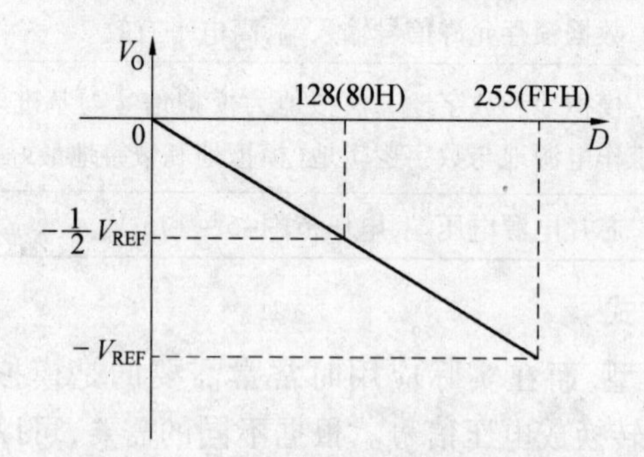

图 2.13　DAC0832 单极性输出电压波形

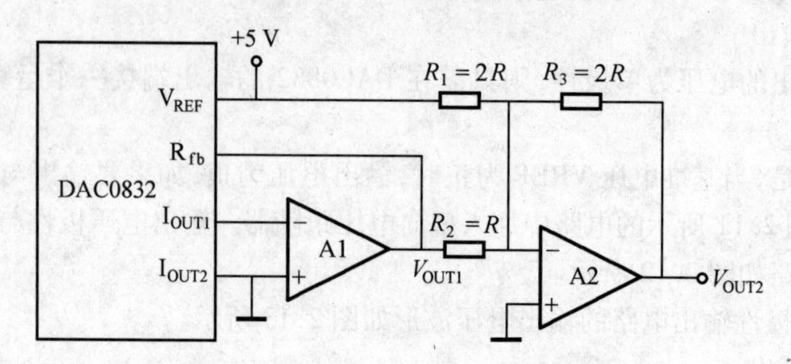

图 2.14　DAC0832 双极性输出电路

设 n 为 D/A 转换器的位数，D 为输入数字量，V_{REF} 为基准参考电压，则有

$$V_{OUT1} = -V_{REF} \cdot \frac{D}{2^n}$$

由于 $R_1=R_3=2R_2$,所以运算放大器 A2 的输出电压为

$$V_{\mathrm{OUT2}}=-\left(\frac{R_3}{R_1}V_{\mathrm{REF}}+\frac{R_3}{R_2}V_{\mathrm{OUT1}}\right)=V_{\mathrm{REF}}\left(\frac{D}{2^{n-1}}-1\right)$$

DAC0832 的输入数字量与电路的输出电压的对应关系见表 2.7。

表 2.7　输入数字量与输出电压的关系

输入数字量	输出电压 V_{OUT}	
MSB　　LSB	$+V_{\mathrm{REF}}$	$-V_{\mathrm{REF}}$
1 1 1 1 1 1 1 1	$V_{\mathrm{REF}}-1$ LSB	$\|V_{\mathrm{REF}}\|+1$ LSB
1 1 0 0 0 0 0 0	$V_{\mathrm{REF}}/2$	$-\|V_{\mathrm{REF}}\|/2$
1 0 0 0 0 0 0 0	0	0
0 1 1 1 1 1 1 1	−1 LSB	+1 LSB
0 0 1 1 1 1 1 1	$-\|V_{\mathrm{REF}}\|/2-1$ LSB	$-\|V_{\mathrm{REF}}\|/2+1$ LSB
0 0 0 0 0 0 0 0	$-\|V_{\mathrm{REF}}\|$	$+\|V_{\mathrm{REF}}\|$

上述双极性输出方式把数字量的最高位作符号位使用,与单极性输出比较,其分辨率降低一位。在双极性接法时,如果改变参考电压的极性,可实现 4 个象限的输出。

DAC0832 双极性输出电路的输出电压波形如图 2.15 所示。

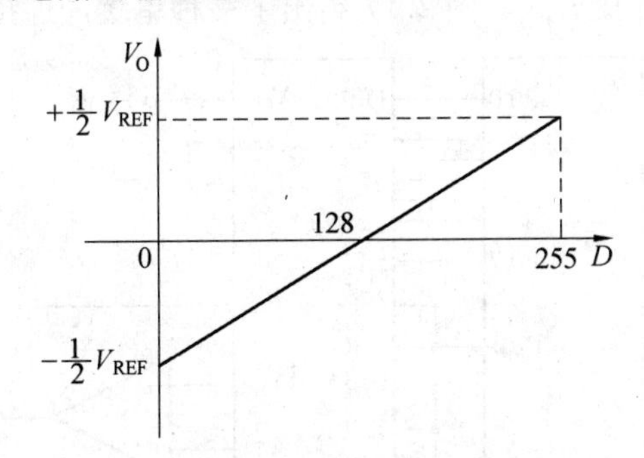

图 2.15　DAC0832 双极性输出电压波形

2.2.2　D/A 转换器与单片机系统模拟量输出

DAC0832 内部有两个寄存器,即输入寄存器和 DAC 寄存器,这两个寄存器都具有锁存功能。由此 DAC0832 与单片机的连接方式有 3 种:直通方式、单缓冲方式和双缓冲方式。

1. DAC0832 与单片机之间的直通连接方式

直通方式,就是 DAC0832 内部的两个寄存器都处于直通方式而不是锁存方式,单片机只要向 DAC0832 输入一个数字量,DAC0832 的输出端就会产生一个模拟信号。这种方式适合要求输出模拟量变化较快的场合,常用于反馈控制的环路中。

DAC0832 工作在直通方式时,需使 DAC0832 的所有控制信号都处于有效状态,即 $\overline{\mathrm{CS}}$、$\overline{\mathrm{XFER}}$、$\overline{\mathrm{WR1}}$、$\overline{\mathrm{WR2}}$接地,ILE 接+5 V。DAC0832 与单片机之间的直通连接方式如图 2.16 所示。

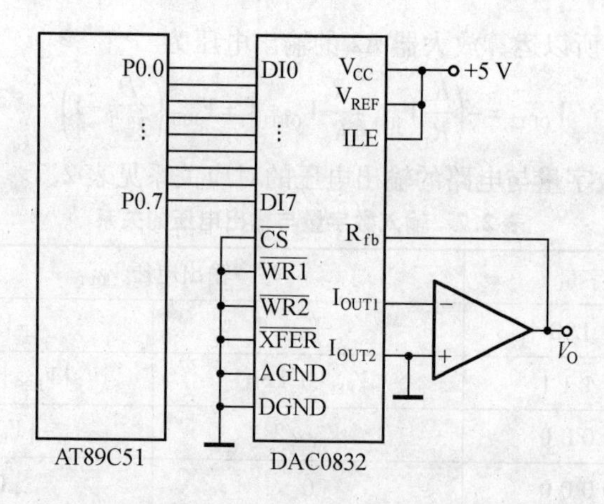

图 2.16　DAC0832 与单片机之间的直通连接方式

2. DAC0832 与单片机之间的单缓冲连接方式

单缓冲连接方式,是指 DAC0832 的两个寄存器中,有一个处于直通方式,另一个处于受控的锁存方式,或者使两个寄存器同时处于受控的方式。在应用系统中,若只有一路模拟量输出,或几路模拟量不需要同步输出的场合,一般采用单缓冲连接方式。

由于在 DAC0832 中有两个寄存器,可以通过对控制信号的不同设置实现与单片机之间的单缓冲连接,共有 3 种连接方式。图 2.17 给出了一种单缓冲连接方式。

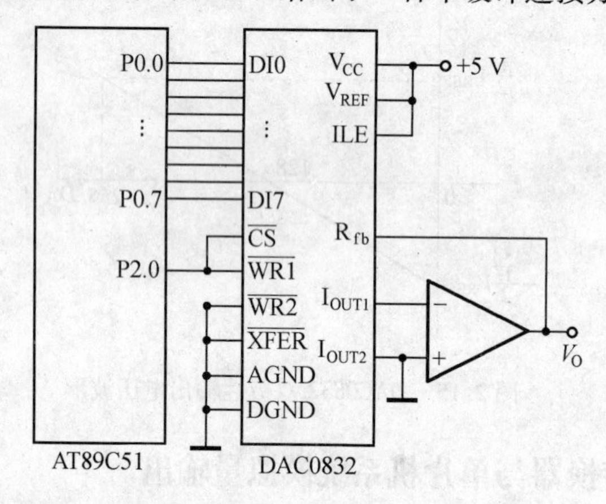

图 2.17　DAC0832 与单片机之间的单缓冲连接方式

在图 2.17 给出的单缓冲连接方式中,$\overline{\text{XFER}}$和$\overline{\text{WR2}}$接地,0832 的 DAC 寄存器为直通方式;单片机的 P2.0 引脚接$\overline{\text{CS}}$和$\overline{\text{WR1}}$、ILE 接+5 V,0832 的输入寄存器受 P2.0 的控制。

3. DAC0832 与单片机之间的双缓冲连接方式

双缓冲方式,是指 DAC0832 的两个寄存器分别处于受控的锁存方式。为了实现寄存器的可控,应有两个控制信号分别控制 0832 的输入寄存器和 DAC 寄存器。

这种方式可用于需要同时输出多路模拟信号的多个 DAC0832 的系统,当多个数据已分别存入各自的输入寄存器后,再同时使所有 DAC0832 的$\overline{\text{WR2}}$和$\overline{\text{XFER}}$有效,系统中所有的 DAC0832 同时输出模拟信号。单片机与两片 DAC0832 之间的双缓冲连接方式如图 2.18 所示。

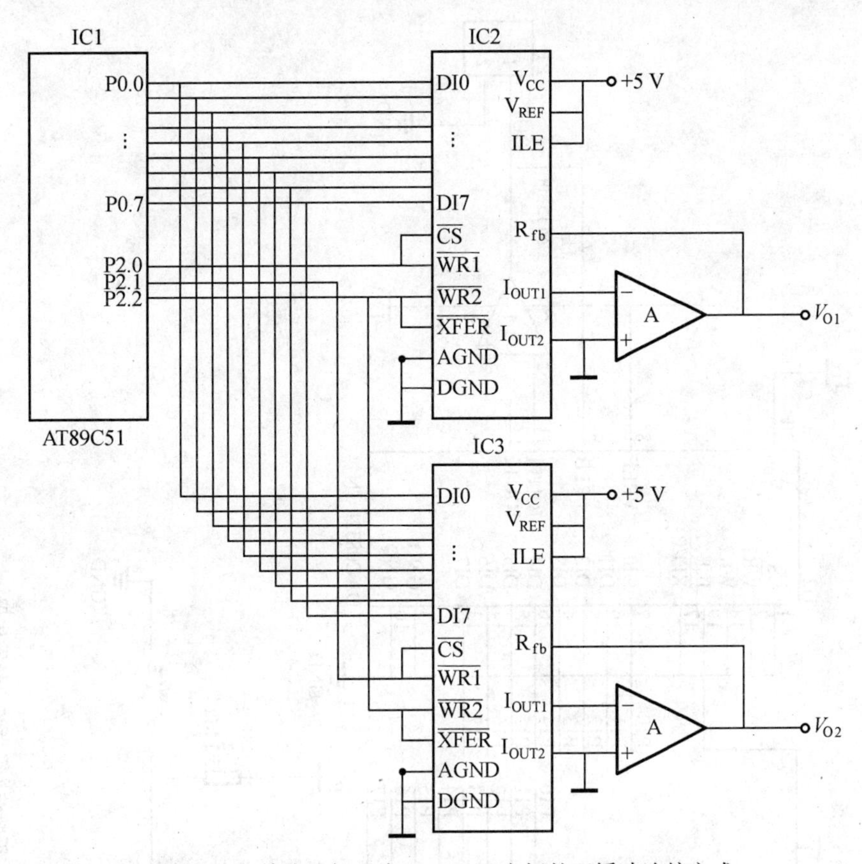

图 2.18　单片机与两片 DAC0832 之间的双缓冲连接方式

在图 2.18 中，单片机的 P2.0 引脚控制 IC2 的输入寄存器，P2.1 引脚控制 IC3 的输入寄存器，P2.2 引脚控制 IC2 和 IC3 的 DAC 寄存器。当 IC2 和 IC3 的输入寄存器都锁存了待转换的数字量以后，使 P2.2 有效(低电平)，则 IC2 和 IC3 将同时启动 D/A 转换，并同时输出模拟量。

<任务 10>　波形发生器设计与实现

任务描述：

设计一个波形发生器，该波形发生器能产生正弦波和锯齿波，通过按键输入波形的类别，波形的输出频率自定。

1. 设计分析

根据设计要求，系统中需要使用 D/A 转换器和按键。D/A 转换器用来产生正弦波和锯齿波，而按键则用来选择波形的类别。由于只有一路输出，所以用 1 片 DAC0832 即可，用 1 个按钮来控制系统输出正弦波或锯齿波。

2. 电路设计

DAC0832 设置为直通方式，运算放大器选择 LM358N，单片机 P1 口连接 DAC0832 的数据线,P2.7 接控制按钮。

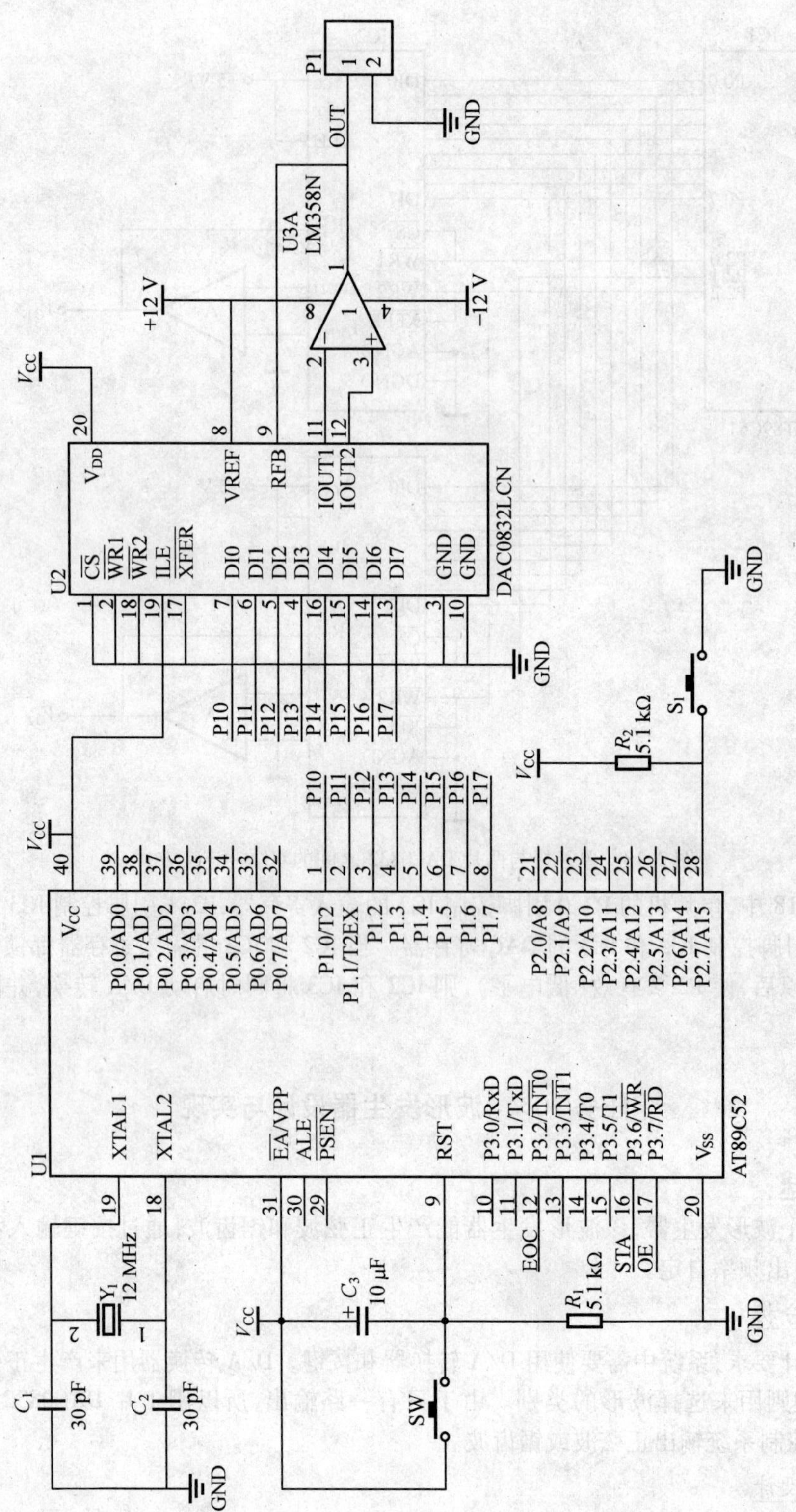

图 2.19　正弦波 / 锯齿波信号发生器

表 2.8　波形发生器元器件列表

元器件名称	参数	数量	元器件名称	参数	数量
单片机	AT89S52	1	D/A 转换器	DAC0832	1
IC 插座	DIP40	1	运算放大器	LM358N	1
晶体振荡器	12 MHz	1	电阻 1	5.1 kΩ	2
瓷片电容 1	30 pF	2	按钮		2
电解电容	10 μF	1	2 端接线柱	1	

3. 程序设计

```
#include <reg51.h>
sbit control=P2^7;
#define step 4
unsigned char code sin[64]=
    {0x80,0x8c,0x98,0xa5,0xb0,0xbc,0xc7,0xd1,
    0xda,0xe2,0xea,0xf0,0xf6,0xfa,0xfd,0xff,
    0xff,0xff,0xfd,0xfa,0xf6,0xf0,0xea,0xe3,
    0xda,0xd1,0xc7,0xbc,0xb1,0xa5,0x99,0x8c,
    0x80,0x73,0x67,0x5b,0x4f,0x43,0x39,0x2e,
    0x25,0x1d,0x15,0xf,0x9,0x5,0x2,0x0,0x0,
    0x0,0x2,0x5,0x9,0xe,0x15,0x1c,0x25,0x2e,
    0x38,0x43,0x4e,0x5a,0x66,0x73};//正弦代码表
//******************延时函数*********************//
void delay(unsigned char m)
{
  unsigned char i;
    for(i=0;i<m;i++);
}
//******************主函数*********************//
void main(void)
{
        unsigned char i;
        while(1)
        {
     if(control==0)
        {
        for(i=0;i<64;)
        {
          P1=sin[i];          //取正弦代码并输出
       i++;
            delay(1);
        }
```

```
    }
    else
    {
    for(i=0;i<250;)
      {
      P1=i;
        i+=step;             // 锯齿波
          delay(1);
      }
    }
  }
}
```

习　题

1. 简述 A/D 转换器的主要技术指标。

2. 简述 ADC0804 的主要特性。

3. 简述 ADC0808/0809 的主要特性。

4. AT89C51 单片机与 ADC0804 的数据线、控制信号线及时钟电路应如何连接?

5. AT89C51 单片机与 ADC0808 的数据线、控制信号线及时钟电路应如何连接?

6. DAC0832 与 AT89C51 单片机有几种连接方式？各适用什么场合？

7. 设计一个波形发生器,该波形发生器能产生正弦波和锯齿波,通过按键输入波形的类别,波形的周期都为 50 ms。

第3章

基于HS1101的数字湿度计设计与制作

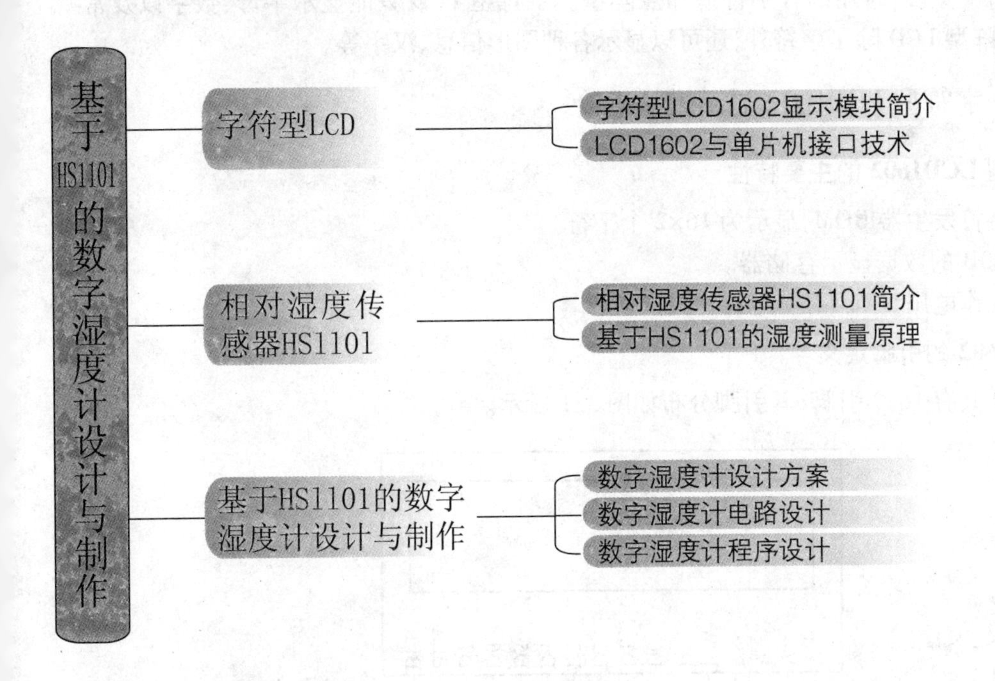

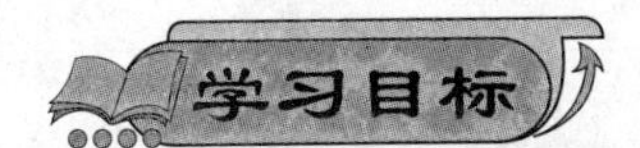

知识目标	1. 字符型LCD1602显示模块与接口技术 2. 湿度传感器HS1101的工作原理
能力目标	1. 能够应用单片机的并行I／O口、定时／计数器、中断系统、常用的显示器件，设计并制作出满足设计要求的单片机应用系统 2. 能够使用HS1101器件，以单片机为核心组建湿度测量应用系统，提高单片机综合应用能力

本章首先介绍字符型液晶显示模块 LCD1602，然后是湿度传感器 HS1101 测量湿度的原理，最后基于 HS1101 的数字湿度计设计与制作。

3.1　字符型 LCD1602

液晶显示器（Liquid Crystal Display），简称 LCD，由于 LCD 具有功耗低、体积小、超薄型、显示高品质等特点，而广泛应用在便携式电子产品中。目前我们所使用的 LCD 是由 LCD 面板、驱动与控制电路组合而成的，也称液晶显示模块（LCM）。

LCD 的种类繁多，常用的有字符型和点阵型。字符型 LCD 只能显示字母、数字以及常用的符号；点阵型 LCD 除了字符外，还可以显示各种图形信息、汉字等。

3.1.1　字符型 LCD1602 显示模块简介

1. 字符型 LCD1602 的主要特性

①具有字符发生器 ROM，显示为 16×2 个字符。

②具有 80B 的数据显示存储器。

③芯片工作电压 5 V。

2. LCD1602 的引脚定义

LCD1602 共有 16 个引脚，其引脚分布如图 3.1 所示。

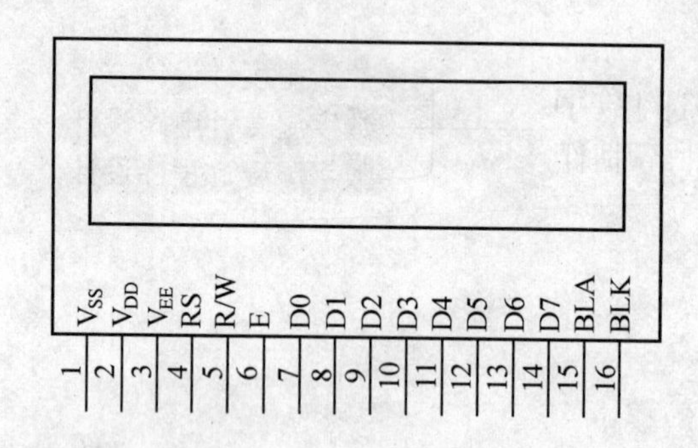

图 3.1　LCD1602 模块引脚分布图

LCD1602 的引脚功能见表 3.1。

表 3.1　LCD1602 引脚功能

引脚	名称	引脚功能	引脚	名称	引脚功能
1	V_{SS}	电源地	9	D2	数据
2	V_{DD}	电源正极	10	D3	数据
3	V_{EE}	液晶显示偏压	11	D4	数据
4	RS	数据/命令选择	12	D5	数据
5	R/W	读/写选择	13	D6	数据
6	E	使能信号	14	D7	数据
7	D0	数据	15	BLA	背光源正极
8	D1	数据	16	BLK	背光源负极

3. LCD1602 命令字

对字符型 LCD1602 的初始化、读、写、光标设置、数据指针设置等,都是通过命令字来实现的。LCD1602 的命令字见表 3.2。

表 3.2　LCD1602 命令字

编号	指令	RS	R/W	D7	D6	D5	D4	D3	D2	D1	D0
1	清屏	0	0	0	0	0	0	0	0	0	1
2	光标返回	0	0	0	0	0	0	0	0	1	×
3	输入方式设置	0	0	0	0	0	0	0	1	I/D	S
4	显示开/关及光标设置	0	0	0	0	0	0	1	D	C	B
5	光标或字符移位	0	0	0	0	0	1	S/C	R/L	×	×
6	功能设置	0	0	0	0	1	DL	N	F	×	×
7	CGRAM 地址设置	0	0	0	1	字符发生存储器地址					
8	DDRAM 地址设置	0	0	1	显示数据存储器地址						
9	读忙标志或地址	0	0	BF	计数器地址						
10	写数据	0	0	要写的数据							
11	读数据	0	1	读出的数据							

命令字说明:

命令 1:清屏,光标返回到地址 00H 位置(显示屏的左上方)。

命令 2:光标返回到地址 00H 位置(显示屏的左上方)。

命令 3:光标和显示模式设置。I/D——增量/减量选择控制位,I/D=1 当读或写一个字符后地址指针加 1,I/D=0 当读或写一个字符后地址指针减 1;S——屏幕上所有字符移动方向是否有效控制位,S=0 当写入一个字符时,整屏显示不移动,S=1 当写一个字符时,整屏显示左移(I/D=1)或右移(I/D=0)。

命令 4:显示开/关及光标设置。D——控制屏幕整体显示控制位,D=0 关显示,D=1 开显示;C——光标有无控制位,C=0 无光标,C=1 有光标;B——光标闪烁控制位,B=0 不闪烁,B=1 闪烁。

命令 5:光标或字符移位。S/C——光标或字符移位选择控制位,S/C=1 移动显示的字符,S/C=0 移动光标;R/L——移位方向选择控制位,R/L=0 左移,R/L=1 右移。

命令 6:功能设置命令。DL——传输数据的有效长度选择控制位,DL=1 为 8 位数据线接口,DL=0 为 4 位数据线接口;N——显示器行数选择控制位,N=0 单行显示,N=1 双行显示。F——显示字符的点阵选择控制位,F=0 显示 5×7 点阵字符,F=1 显示 5×10 点阵字符。

命令 7:CGRAM 地址设置。

命令 8:DDRAM 地址设置。LCD 内部设有一个数据地址指针,用户可以通过它访问内部全部 80B 的 RAM。命令 8 的格式为:

80H+地址码

其中,80H 为指令码。

命令 9:读忙标志或地址。BF——忙标志,BF=1 表示 LCD 忙,此时 LCD 不能接收命令或数据,BF=0 表示不忙。

命令 10:写数据。

命令 11:读数据。

4. RAM 地址映射

LCD 内部有 80 B 的 RAM 缓冲区,LCD 的显示数据存储器 DDRAM 与显示屏上的字符显示位置是一一对应的,图 3.2 给出了 LCD1602 的 DDRAM 地址与字符显示位置的对应关系。

当向 DDRAM 的 00H ~ 0FH、0H ~ 0FH 地址中的任意一处写入数据时,LCD 将立即显示出来,该区域也称为可显示区域;而当写入到 10H ~ 27H 或 50H ~ 67H 地址处时,字符是不会显示出来的,该区域也称为隐藏区域。如要显示写入到隐藏区域的字符,需通过字符移位命令(命令字 5)将它们移入到可显示区域方可正常显示。

需要说明一点,在向 DDRAM 写入字符时,首先要设置 DDRAM 地址(也称定位数据指针),这项操作可通过命令字 8 来完成。例如,要写入字符到 DDRAM 的 40H 处,则命令字 8 的格式为:80H+40H=C0H,其中 80H 为命令码,40H 是要写入字符处的地址。

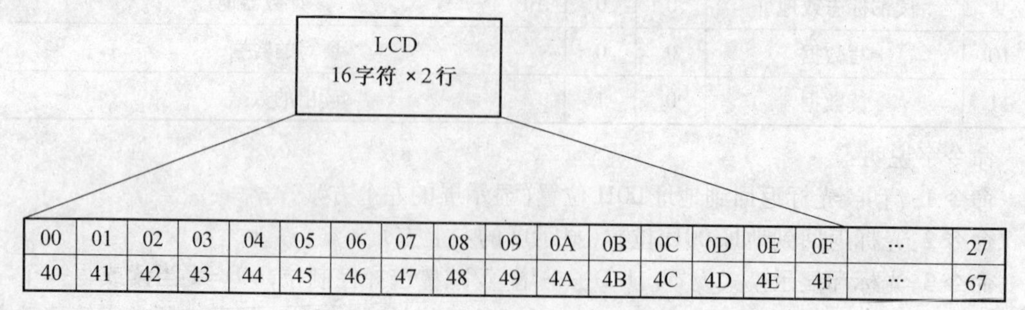

图 3.2　LCD 内部 RAM 地址映射图

5. 基本操作时序

LCD1602 的基本操作时序见表 3.3。

表 3.3　LCD1602 的基本操作时序

读状态	输入	RS=L,R/W=H,E=H	输出	D0 ~ D7=状态字
写指令	输入	RS=L,R/W=L,D0 ~ D7=命令码,E=高脉冲	输出	无
读数据	输入	RS=H,R/W=H,E=H	输出	D0 ~ D7=数据字
写数据	输入	RS=H,R/W=L,D0 ~ D7=数据,E=高脉冲	输出	无

6. LCD 的复位及初始化过程

LCD 上电后复位的状态为:

①清除屏幕显示。

②功能设定为 8 位数据长度,单行显示,5×7 点阵字符。

③显示屏、光标、闪烁功能均关闭。

④输入方式设置为整屏显示不移动,I/D=1。

LCD 一般初始化设置为：

①写指令 38H　显示模式设置(16×2 显示,5×7 点阵,8 位数据接口)。

②写指令 08H　显示关闭。

③写指令 01H　显示清屏,数据指针清 0。

④写指令 06H　写一个字符后地址指针加 1。

⑤写指令 0CH　设置开显示,不显示光标。

需要说明的是,在进行上述设置及对数据进行读取时,通常都要检测 BF 标志位,如果为 1,则要等待;如果为 0,则可执行下一步操作。

7. LCD 操作时序

在对 LCD1602 进行读写操作时,要遵循其操作时序。LCD1602 操作时序如图 3.3 所示。

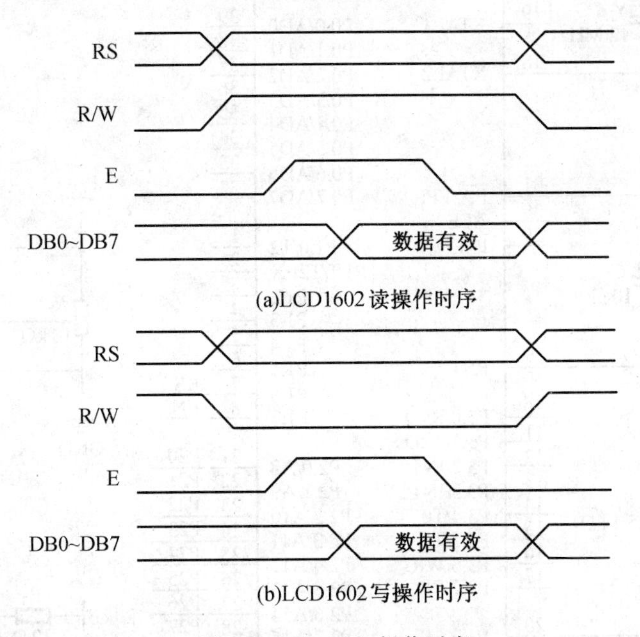

图 3.3　LCD1602 操作时序

在读操作时,使能信号 E 为高电平有效,所以在软件设置顺序上,先设置 RS 和 R/W 状态,然后再使 E 为高电平,接着从数据口读取 LCD1602 状态数据,再将 E 置为低电平,最后复位 RS 和 R/W 状态。

在写操作时,使能信号 E 的下降沿有效,在软件设置顺序上,先设置 RS 和 R/W 状态,再使 E 为高电平,然后再给 LCD1602 送数据(命令码、显示的字符、地址),再将 E 置为低电平,最后复位 RS 和 R/W 状态。

3.1.2　LCD1602 与单片机接口技术

LCD1602 液晶显示模块可以和单片机直接连接,LCD1602 与 AT89S52 单片机的接口电路如图 3.4 所示。

接口电路说明:

①LCD1602 的 1、2 端为电源;15、16 端为背电源,为防止直接加 5 V 电压烧坏背光灯,在

15 脚串接一个 10 Ω 的限流电阻。

②LCD1602 的 3 端为 LCD1602 的对比度调节端，通过一个 10 kΩ 电位器来调节 LCD1602 显示对比度。首次使用时，在 LCD1602 上电状态下，调节至 LCD1602 上面一行显示出黑色小格为止。

③LCD1602 的 4 端为向 LCD1602 控制器写数据/命令选择端，接单片机的 P1.6 引脚。

④LCD1602 的 5 端为读/写选择端，因为我们不从 LCD1602 读取数据，只向其写入命令和显示数据，因此该端始终选择为写状态，即将此端接地。

⑤LCD1602 的 6 端为使能控制端，接单片机的 P1.6 引脚。

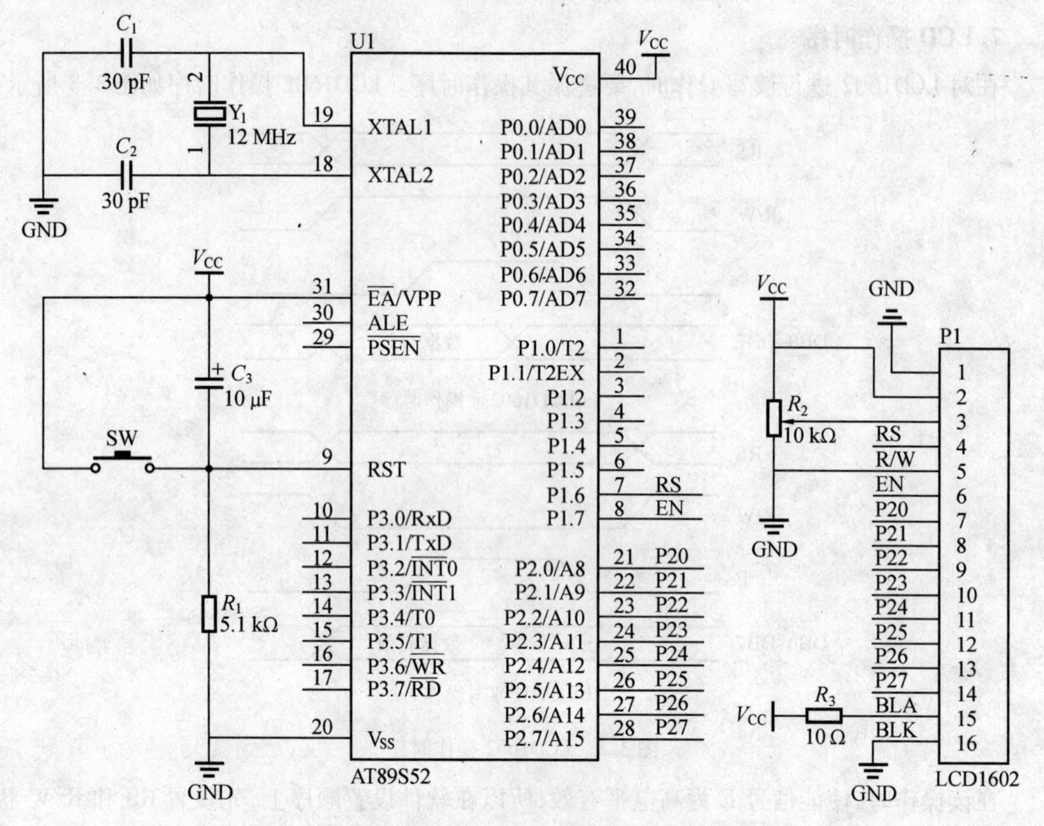

图 3.4　LCD1602 与 AT89S52 单片机的接口电路原理图

3.2　相对湿度传感器 HS1101

3.2.1　相对湿度传感器 HS1101 简介

HS1101 是法国 Humirel 公司推出的一款电容式相对湿度传感器。该传感器可广泛应用于办公室、家庭、汽车驾驶室和工业过程控制系统等，对空气湿度进行检测。与其他产品相比，有着显著的优点：

①无需校准的完全互换性。

②长期饱和状态，瞬间脱湿。

③适应自动装配过程,包括波峰焊接、回流焊接等。

④具有高可靠性和长期稳定性。

⑤特有的固态聚合物结构。

⑥适用于线性电压输出和线性频率输出两种电路。

⑦响应时间快。

HS1101 的特征参数见表 3.4,HS1101 的特性曲线如图 3.5 所示。在图 3.5 中,测量温度为 25 ℃,测量时 HS1101 工作频率为 10 kHz,从特性曲线图上可以看出,HS1101 具有极好的线性输出,可以近似看成相对湿度值与电容值成比例。

表 3.4　HS1101 的特征参数

特征参数	符号	Min	Typ	Max	单位
湿度测量范围	RH	1		99	%
供电电压	V_s		5	10	V
标称电容(55% RH)	C	177	180	183	pF
湿度效应	T_{cc}		0.04		pF/℃
平均灵敏度(35% ~75% RH)	△C% RH		0.34		pF% RH
漏电流	I_x			1	nA
恢复时间(100 小时结露)	t_r		10		s
迟滞			+/-1.5		%
长时间稳定性			0.5		% RH/yr
反应时间	t_a		5		S
曲线精度			+/-2		% RH

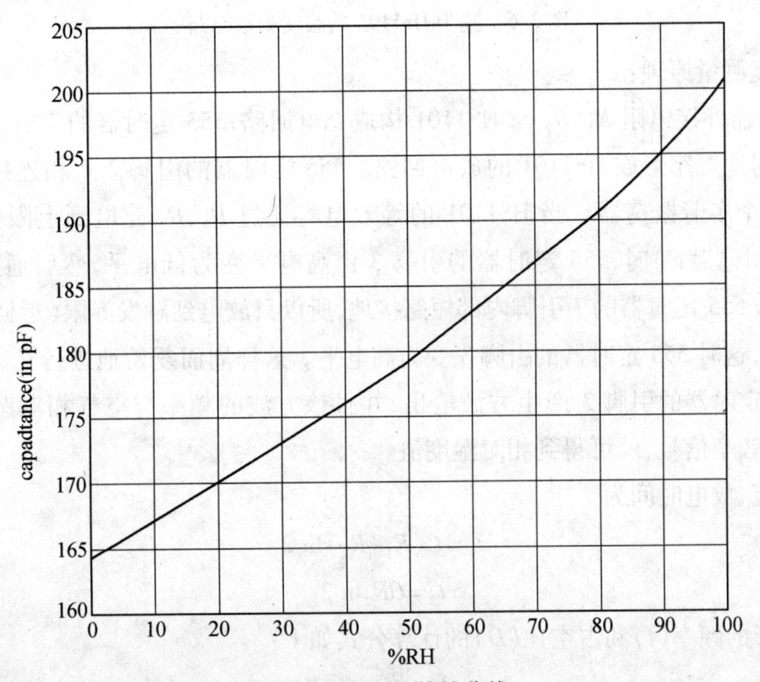

图 3.5　HS1101 特性曲线

3.2.2 基于 HS1101 的湿度测量原理

HS1101 湿度传感器是一种基于电容原理的湿度传感器,相对湿度的变化和电容值呈线性规律,电容值随着空气湿度的变化而变化,因此将电容值的变化转换成电压或频率的变化,才能进行有效的数据采集。基于 HS1101 的湿度测量电路如图 3.6 所示。在图 3.6 所示的电路中,R_4 的作用是防止短路,非平衡电阻 R_3 是做内部温度补偿,目的是为了引入温度效应,使它与 HS1101 的温度效应相匹配,555 定时器必须是 COMS 型的。

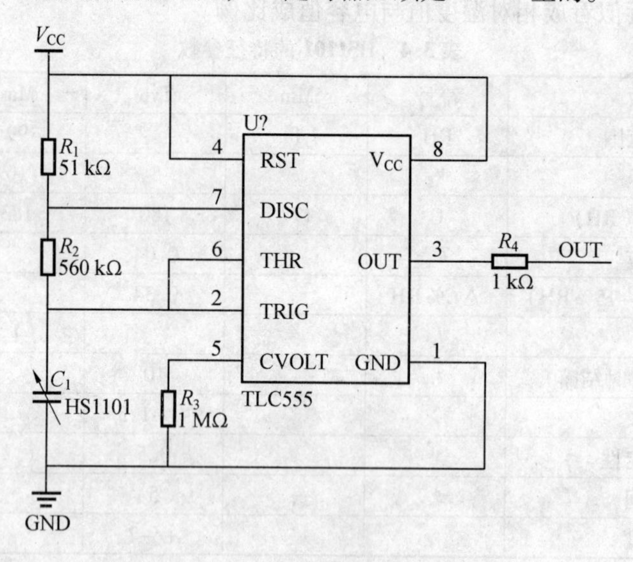

图 3.6 基于 HS1101 的湿度测量电路

相对湿度测量原理:

555 定时器外接电阻 R_1、R_2 与 HS1101 构成充电回路;555 定时器的 7 引脚通过芯片内部的晶体管对地短路形成 HS1101 的放电回路。555 定时器的引脚 2、6 相连接入到片内比较器,构成一个多谐振荡器。当 HS1101 的等效电容通过 R_1、R_2 充电到上限电压(近似于 0.67 V_{CC},时间记为 t_1)时,555 定时器的引脚 3 由高电平变为低电平,然后通过 R_2 开始放电,由于 R_1 被 555 定时器的 7 引脚内部短路接地,所以只放电到触发界限(近似于 0.33 V_{CC},时间记为 t_2),这时 555 定时器的引脚 3 变为高电平。这样周而复始地进行充、放电,形成了振荡,在 555 定时器的引脚 3 产生方波输出,并且该方波的频率与空气相对湿度呈反比关系,通过测量频率信号,就可得到相对湿度值。

电路的充、放电时间为

$$t_1 = C(R_1+R_2)\ln 2$$

$$t_2 = CR_2 \ln 2$$

输出波形的频率(f)和占空比(D)的计算公式如下:

$$f=\frac{1}{T}=\frac{1}{t_1+t_2}=\frac{1}{C(2R_2+R_1)\ln 2}$$

$$D=\frac{t_1}{T}=\frac{R_1+R_2}{2R_2+R_1}$$

空气相对湿度与频率的关系见表3.5。为了提高湿度测量精度,可对测量到的频率值按照表3.5所给出分段值,进行线性化处理。

表3.5 频率-湿度典型参数(参考6 208 Hz为55% RH/25 ℃)

湿度/% RH	0	10	20	30	40	50	60	70	80	90	100
频率/Hz	6 852	6 734	6 618	6 503	6 388	6 271	6 152	6 029	5 901	5 766	5 623

3.3 基于HS1101的数字湿度计设计与制作

3.3.1 数字湿度计设计方案

1. 任务描述

设计一个简易数字湿度计,测量范围0~100% RH,用LCD1602显示测量值,测量误差为±2% RH。

2. 设计方案

HS1101的湿度测量范围是0~100% RH,测量精度±2% RH,可以满足系统的要求,本设计采用HS1101作为湿度测量传感器。由于HS1101是一种基于电容原理的湿度传感器,电容值随着空气湿度的变化而变化,为了便于测量,将HS1101和555定时器组成振荡电路,把电容值的变化转换成电压频率信号,通过对频率信号测量得到对应的湿度值。控制芯片选择AT89S52单片机。单片机负责采集湿度测量数据并进行处理,将湿度值送显示器件显示。显示器件选用字符型LCD1602液晶模块。

3.3.2 数字湿度计电路设计

1. 数字湿度计电路设计

基于HS1101的数字湿度计由单片机模块、显示模块、湿度测量电路、电源部分组成,如图3.7所示。

单片机模块包括AT89S52单片机芯片、复位电路、晶振电路。基于HS1101的湿度测量电路由555定时器和HS1101组成,湿度测量电路频率输出信号接单片机的定时/计数T1引脚(P3.5),显示模块LCD1602。电源模块由桥式整流器、3端集成稳压器7805、滤波电容、电源指示灯组成。

2. 数字湿度计PCB设计

数字湿度计的外形尺寸为88 mm×68 mm(长×宽)。数字湿度计PCB双面布线。数字湿度计的元器件布局、布线、装配图如图3.8所示,数字湿度计元器件清单见表3.6。

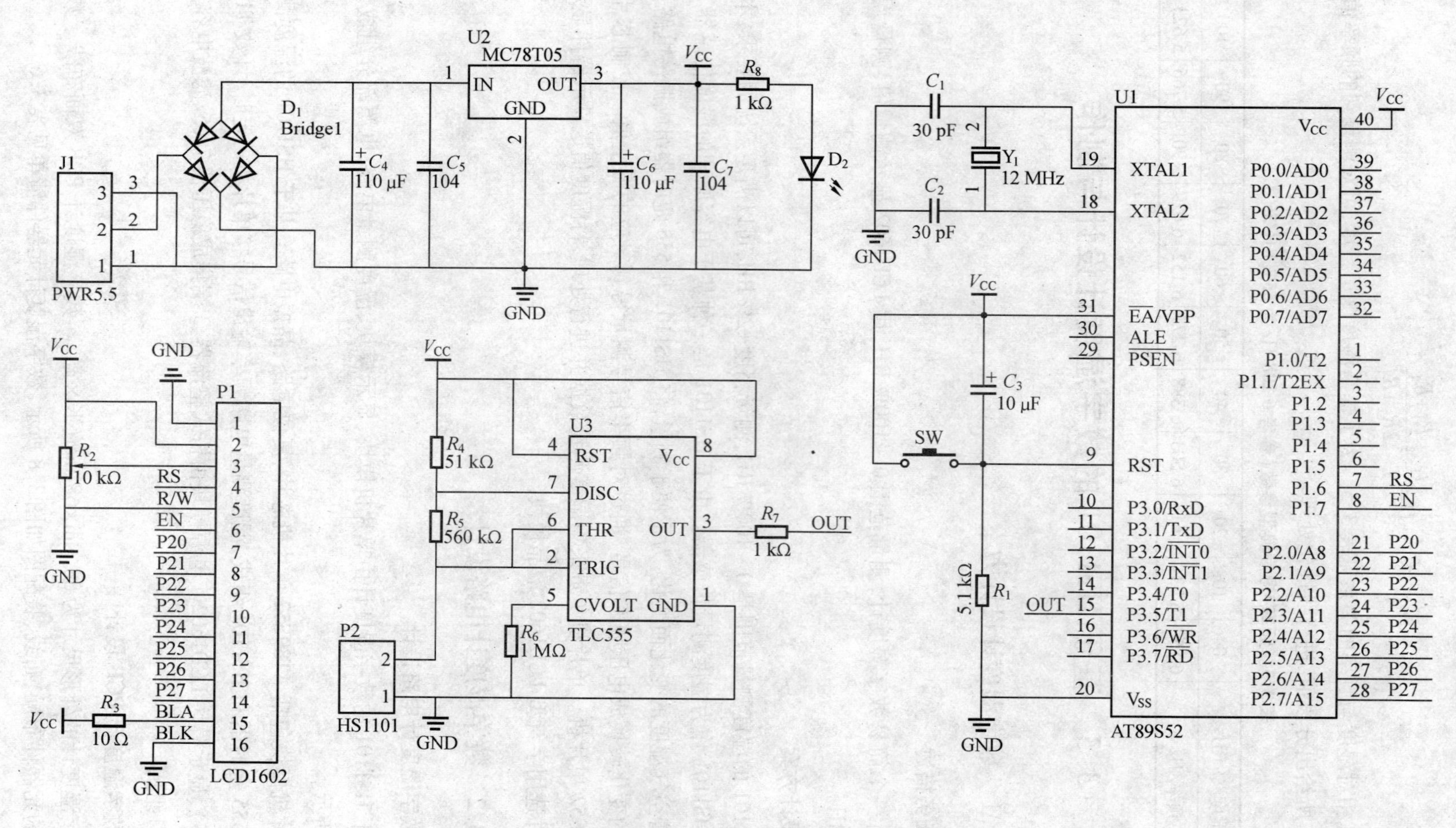

图 3.7 基于 HS1 101 的数字湿度计电路原理图

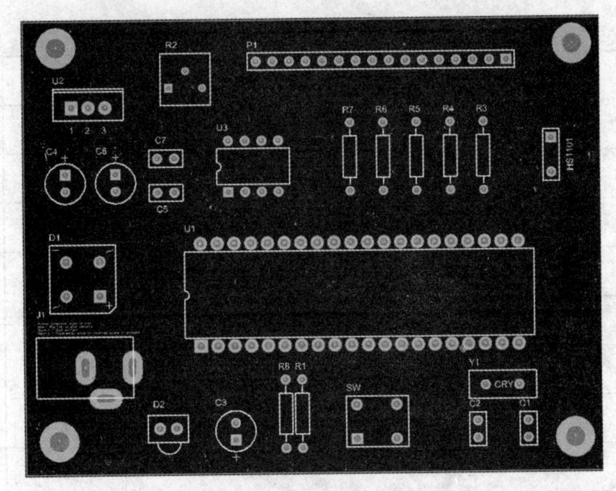

(a) 数字湿度计的元器件布局

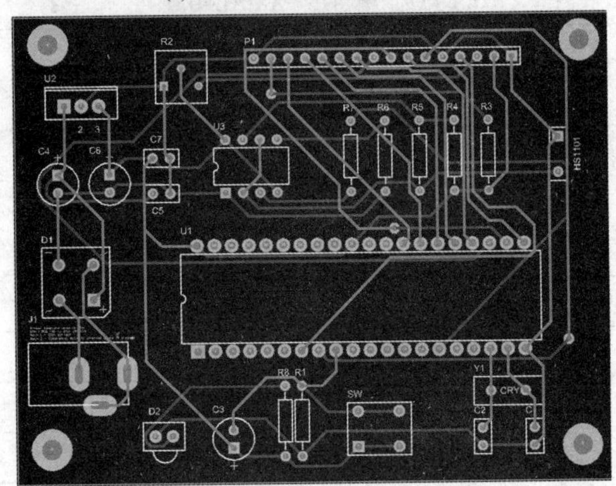

(b) 数字湿度计布线

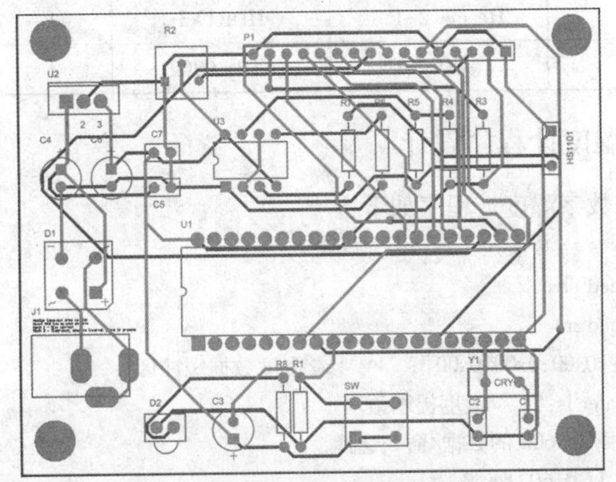

(c) 数字湿度计装配图

图 3.8　数字湿度计的元器件布局、布线、装配图

表 3.6　数字湿度计元器件清单

元器件名称	规格	封装	数量	标识
瓷片电容	30 pF	AXIAL-0.1	2	C_1、C_2
瓷片电容	0.1 μF	AXIAL-0.1	2	C_5、C_7
电解电容	10 μF	AXIAL-0.1	1	C_3
电解电容	110 μF	AXIAL-0.1	2	C_4、C_6
三端集成稳压器	MC78T05	TO-78	1	U_2
发光二极管	Φ3	AXIAL-0.1	1	D_2
晶振	12 MHz	AXIAL-0.2	1	Y_1
单片机	AT89S52	DIP-40	1	U_1
电阻 1	5.1 kΩ	AXIAL-0.4	1	R_1
电阻 2	1 kΩ	AXIAL-0.4	2	R_7、R_8
电阻 3	51 kΩ	AXIAL-0.4	1	R_4
电阻 4	560 kΩ	AXIAL-0.4	1	R_5
电阻 5	1 MΩ	AXIAL-0.4	1	R_6
电阻 6	10 Ω	AXIAL-0.4	1	R_3
电位器	10 kΩ	VR4	1	R_2
轻触式开关	6 mm 方形	DIP-4	1	SW
整流桥		D38	1	D_1
LCD1602	Header 16-Pin	HDR1X16	1	P_1
555 定时器		DIP8	1	U_3
HS11010 插孔	Header 2-Pin	HDR1X3	1	P_1
电源插孔	CON3	KDL-0202	1	PWR5.5

3.3.3　数字湿度计程序设计

基于 HS1101 的数字湿度计程序如下：

```
#include <reg52.h>
#define uchar unsigned char
#define uint   unsigned int
uchar temp_sdu[ ] = {0x00,0x00,0x00};          //湿度数据缓冲区
uchar RH_S[ ] = "water is:"; //湿度提示语
sbit RS = P1^6;  // LCD1602 的数据/命令选择
sbit EN = P1^7;  // LCD1602 使能
sbit su = P3^5;  //555 定时器频率输出
uchar   count = 0;
uchar   HS_L = 0,HS_H = 0;
```

```
uint    f=0;      //初值
uchar   conter=0;
/*************************************************
/*   LCD 延时函数
*************************************************/
void delay(uint m)
{
  uint x,y;
  for(x=m;x>0;x--)
    for(y=110;y>0;y--);
}
/*************************************************
/*   LCD 写命令函数
*************************************************/
void write_com(uchar com)
{
  RS=0;
  P2=com;
  delay(5);
  EN=1;
  delay(5);
  EN=0;
}
/*************************************************
/*    LCD 写数据函数
*************************************************/
void write_data(uchar date)
{
  RS=1;
  P2=date;
  delay(5);
  EN=1;
  delay(5);
  EN=0;
}
/*************************************************
/*   LCD 初始化函数
*************************************************/
void init()
{
  EN=0;
  write_com(0x38);//设置16×2显示,5×7点阵,8位数据接口
```

```
    write_com(0x0c);//设置开显示,不显示光标
    write_com(0x06);//写一个字符后地址指针加 1
    write_com(0x01);//显示清零,数据指针清零
}
/* * * * * * * * * * * * * * * * * * * * * * * * * * * * * * * * * * * * * * * * * * *
/*   T0、T1 初始化函数
 * * * * * * * * * * * * * * * * * * * * * * * * * * * * * * * * * * * * * * * * * * */
void Init_timer()
{
    TMOD=0x51;//T0 定时方式 1, T1 计数方式(T1 引脚负跳变加 1)
    TL0=0xb0;//定时器 0 初值 定时 50 ms
    TH0=0x3c;
    TL1=0x00;//T1 计数器清零
    TH1=0x00;
    ET0=1;//允许 T0 中断
    EA=1;//允许 CPU 中断
    TR0=1;//启动 T0
    TR1=1;//启动 T1
}
/* * * * * * * * * * * * * * * * * * * * * * * * * * * * * * * * * * * * * * * * * * *
/*计数频率与湿度转换函数
 * * * * * * * * * * * * * * * * * * * * * * * * * * * * * * * * * * * * * * * * * * */
uchar change(uint feq)
{
    uchar tmp=0,age=0,sdg=0,shidu=0;
    if((feq>0)&&(feq<5623))tmp=88;
     if((feq>5623)&&(feq<=5766))tmp=9;
    else if((feq>5766)&&(feq<=5901))tmp=8;
    else if((feq>5901)&&(feq<=6029))tmp=7;
    else if((feq>6029)&&(feq<=6152))tmp=6;
    else if((feq>6152)&&(feq<=6271))tmp=5;
    else if((feq>6271)&&(feq<=6388))tmp=4;
    else if((feq>6388)&&(feq<=6503))tmp=3;
    else if((feq>6503)&&(feq<=6618))tmp=2;
    else if((feq>6618)&&(feq<=6734))tmp=1;
    else if((feq>6734)&&(feq<=6852))tmp=0;
    switch(tmp)
    {
     case 0:
     age=(6852-6734)/10;
     sdg=(6852-feq)/age;
     shidu=(tmp*10+sdg);
```

```
break;
case 1:
age=(6734-6618)/10;
sdg=(6734-feq)/age;
shidu=(tmp * 10+sdg);
break;
case 2:
age=(6618-6503)/10;
sdg=(6618-feq)/age;
shidu=(tmp * 10+sdg);
break;
case 3:
age=(6503-6388)/10;
sdg=(6503-feq)/age;
shidu=(tmp * 10+sdg);
break;
case 4:
age=(6388-6271)/10;
sdg=(6388-feq)/age;
shidu=(tmp * 10+sdg);
break;
case 5:
age=(6271-6152)/10;
sdg=(6271-feq)/age;
shidu=(tmp * 10+sdg);
break;
case 6:
age=(6152-6029)/10;
sdg=(6152-feq)/age;
shidu=(tmp * 10+sdg);
break;
case 7:
age=(6029-5901)/10;
sdg=(6029-feq)/age;
  shidu=(tmp * 10+sdg);
  break;
  case 8:
  age=(5901-5766)/10;
  sdg=(5901-feq)/age;
  shidu=(tmp * 10+sdg);
  break;
  case 9:
```

```
        age=(5766-5623)/10;
        sdg=(5766-feq)/age;
        shidu=(tmp*10+sdg);
        break;
        case 88:
        shidu=100;
        break;
      }
      return(shidu);
    }
    ***************************************************
    /*主函数
    ***************************************************/
    void main()
    {
    uchar num;
    Init_timer(); //定时/计数器 T0、T1 初始化
    init();       //LCD1602 初始化
    while(1)
    {
        count= change(f); //采集湿度数据
        if(count! =100)
        {
          temp_sdu[1]=0x20;                  //百位不显示
          temp_sdu[2]=count%100/10+0x30;     //十位
          temp_sdu[3]=count%10+0x30;         //个位
        }
         else
         {
          temp_sdu[1]=0x31;  //1
          temp_sdu[2]=0x30;  //0
          temp_sdu[3]=0x30;  //0
         }
        write_com(0x80);  //
        for(num=0;num<9;num++) //湿度提示语送显示
        {
      write_data(RH_S[num]);
      delay(5);
        }
         for(num=0;num<3;num++) //湿度数据送显示
         {
      write_data(temp_sdu[num]);
```

```
 delay(5);
    }
    write_data('%');              //显示%
}
}
/**********************************************
*名称:timer0()
*功能:定时器1,每50 ms中断一次。
*入口参数:无
**********************************************/
void timer0() interrupt 1 using 1
{
  EA =0; //
  TR0=0; //
  TL0=0xb0;//重装初值  定时50 ms
  TH0=0x3c;
  conter++;
  if(conter==20)
   {
     conter=0;
     TR1=0;          //关闭计数器T1
     HS_L = TL1;     //读脉冲个数(HS1101测量电路输出的脉冲数)
     HS_H = TH1;
     f = HS_H;
     f = f<<8;
     f=f|HS_L;       //这里f的值是最终读到的频率,不同频率对于不同相对湿度
     TL1=0x00;       //定时器1清零
     TH1=0x00;
     TR1=1;          //启动计数器T1
   }
  TR0=1;
  EA=1;
}
```

第4章

基于DS18B20的数字温度计设计与制作

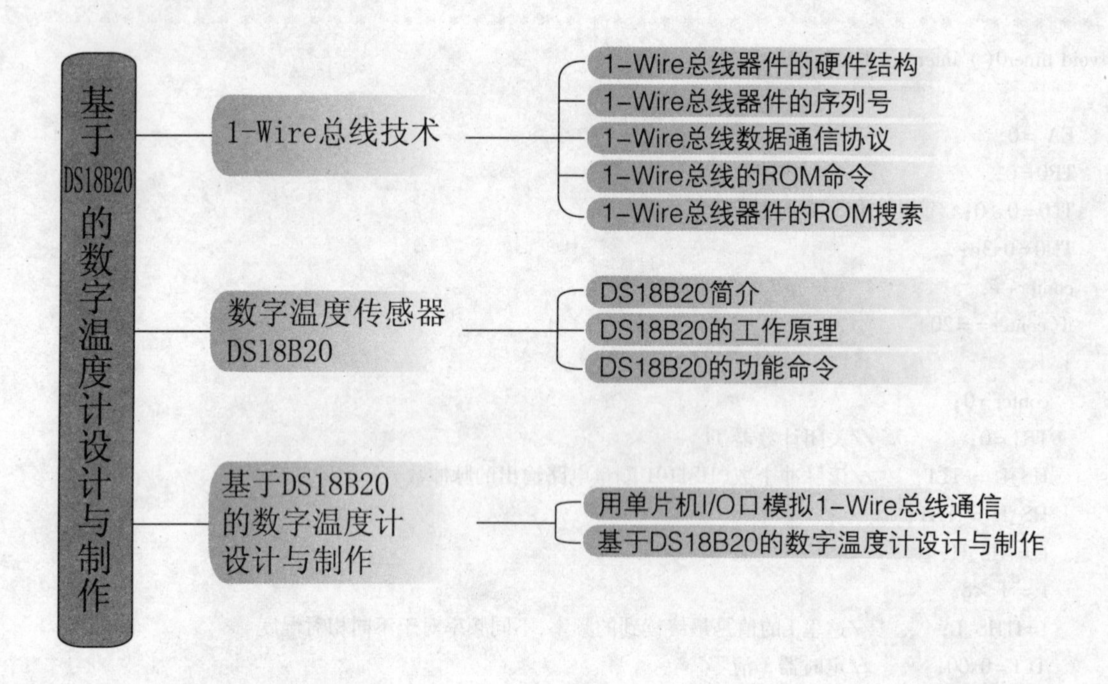

知识目标	1. 1-Wire总线技术 2. 集成温度传感器DS18B20 3. DS18B20与单片机接口技术
能力目标	1. 能够应用单片机的内部资源并行I/O口、定时/计数器、中断系统、串行口，以及常用的显示器件、键盘等，设计出满足设计要求的单片机应用系统，提高单片机应用系统设计能力 2. 能够使用1-Wire总线器件，以单片机为核心组建温度测量应用系统，提高单片机综合应用能力

DS18B20 是基于 1-Wire BUS(单总线)技术的数字式温度传感器。在这一章里,首先介绍 1-Wire 总线技术,然后再对数字式温度传感器 DS18B20 的性能、功能命令及运用进行详细讨论,最后是基于 DS18B20 的数字温度计设计与制作。

4.1　1-Wire 总线技术

1-Wire BUS(单总线)是 Maxim 全资子公司 Dallas 的一种串行总线技术,该技术采用一根信号线,既传输时钟,又传输数据,而且数据传输是双向的,同时可以通过这根信号线向单总线器件提供电源。它具有节省 I/O 口线资源、结构简单、成本低廉、便于总线扩展和维护等诸多优点。下面将从应用的角度对 1-Wire BUS 技术加以介绍。

4.1.1　1-Wire 总线器件的硬件结构

单总线系统中包含一个主机和若干从机,它们共用一条数据线,总线上的所有器件采用线或的方式进行连接,这就要求单总线上每个器件的端口必须为漏极开路输出或具有三态输出的功能。由于主机和从机都是漏极开路输出的,所以在总线靠近主机的地方必须连接上拉电阻(4.7 kΩ),系统才能正常工作。

单总线器件一般采用 3 个引脚的封装形式,一个是电源端、一个是数据端、一个是电源地端。电源端可以为单总线器件提供外部电源,如果在单总线上的从设备很少,甚至只有 1 个时,电源端可以不连接,而采用接地的方式,如图 4.1 所示。

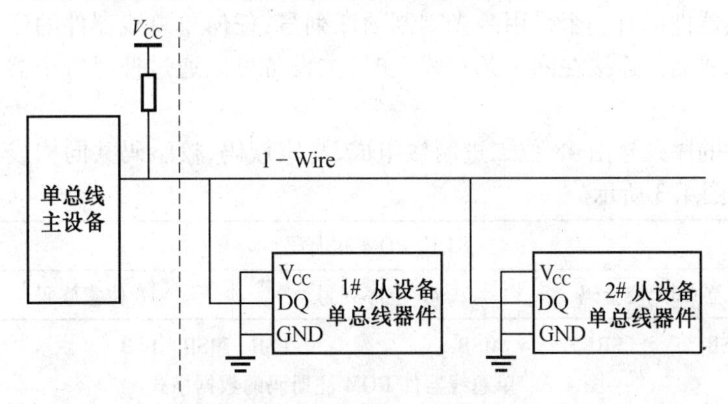

图 4.1　1-Wire 总线的特殊连接方式

单总线器件之所以将 V_{CC} 引脚与地相连,主要是由内部的结构所决定,内部的端口结构如图 4.2 所示。由图 4.2 可以看出,单总线器件的电源部分由两个二极管 D_1 和 D_2、一个电容器 C_P 以及电源检测电路组成。当 V_{CC} 端连接到系统的 V_{CC} 时,总线器件由 V_{CC} 经 D_2 向内部进行供电;当 V_{CC} 端与 GND 端连接并连接到系统中的数字地时,单总线器件的供电由 CP (D_1、D_2 截止)完成。

假设该设备为从设备,当 1-Wire 总线的 DQ 线为高电平“1”时,总线为器件提供了电源,并通过二极管 D1 对电容 C_P 进行充电,并使电容 CPP 达到饱和;当 1-Wire 总线的 DQ 线为低电平“0”时,电容 CP 开始向单总线器件内部进行充电,这个供电时间不会太长,但必须足以使单总线器件维持到下一次主设备将 1-Wire 总线拉高。这种“偷电”式供电又称为寄生电源(Parasite Power)。

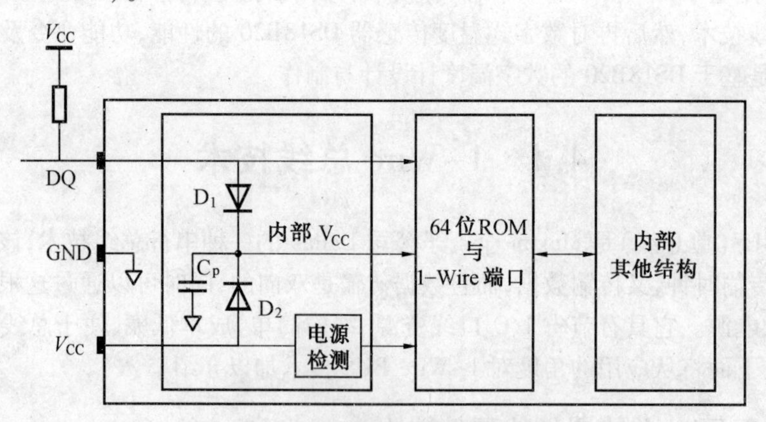

图 4.2　单总线器件 I/O 端口内部结构

为了确保单总线器件正常、可靠地工作,主设备应间隔地输出高电平,且保证能够提供足够的电流,一般为 1 mA,当主设备使用+5 V 电源时,总线的上拉电阻不应大于 5 kΩ,所以通常选用 4.7 kΩ 的上拉电阻。

当主设备使用的电源电流较低或不能提供充足的电源电流时,应采用总线驱动电路,以便将 DQ 线的高电平强拉到+5 V,从而可以增加驱动电流。

4.1.2　1-Wire 总线器件的序列号

每个单总线器件都有一个采用激光刻制的序列号,任何单总线器件的序列号都不会重复。当很多单总线器件连接在同一条总线上时,主设备可以通过搜寻每个器件的序列号进行访问。

单总线器件的序列号由 48 位二进制数组成,与家族码、校验码共同构成单总线器件的 ROM 注册码,如图 4.3 所示。

64 位 ROM 注册码		
8 位 CRC 校验码	48 位序列号	8 位家族码
MSB　　LSB	MSB　　LSB	MSB　　LSB

图 4.3　单总线器件 ROM 注册码的数据格式

在单总线器件 ROM 注册码的数据格式中,最低的 8 位是家族码,然后是 48 位序列号,最高 8 位是 CRC 校验码。

家族码决定了单总线器件的分类,如可寻址开关 DS2045 的家族码为 05H,数字温度传感器 DS18B20 的家族码为 28H 等,一共有 256 种不同类型的单总线器件。

48 位序列号是单总线器件的唯一标识,因为 2^{48} = 281 474 976 710 656,所以只有在生产了如上数量的芯片后,序列号才会重复,这显然是不可能的。

最高的 8 位是前面 56 位的 CRC 校验码。当主设备接受到 64 位 ROM 注册码后,可以计算出前 56 位的循环冗余校验码,与接收到的 8 位 CRC 校验码比较后便可知道本次数据传输的正确性。

4.1.3　1-Wire 总线数据通信协议

单总线的通信协议定义了以下几种类型的信号:复位脉冲、应答脉冲、写“0”、写“1”、读“0”和读“1”。在这些信号中,除了应答脉冲外,其他均由主机发出同步信号,并且发送的所有命令和数据都是字节的低位在前,这一点与多数串行通信格式不同(多数为字节的高位在前)。

在单总线协议中,将完成一位传输的时间称为一个时隙,于是字节传输可以通过多次调用位操作来实现。

当主机向从机输出数据时,称为“写时隙”,当主机由从机中读取数据时,称为“读时隙”。无论是“写时隙”还是“读时隙”,都以主机驱动数据总线(DQ)为低电平开始,数据线的下降沿触发从机内部的延时电路,使之与主机取得同步。

1. 初始化序列

单总线上的所有通信都是以初始化序列开始的,包括主机发出的复位脉冲、从机的应答脉冲。单总线初始化序列时序图如图 4.4 所示。

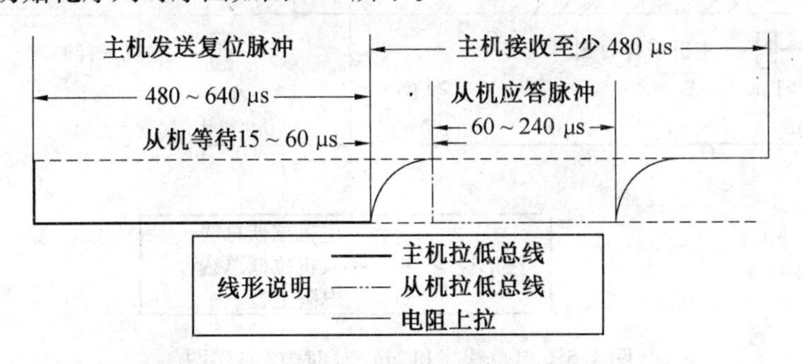

图 4.4　单总线初始化时序图

在初始化序列中,首先主机发出 480 ~ 960 μs 的低电平作为复位脉冲,然后从机释放总线,由上拉电阻将总线拉至高电平,同时主机进入接收状态。在进入接收状态 15 ~ 60 μs 后,主机开始检测 I/O 引脚上的下降沿,以监视单总线上是否有从机存在,以及从机是否产生应答,这个检测的时间一般为 60 ~ 240 μs。检测结束后,主机等待从机释放总线。主机的整个接收状态至少应维持 480 μs。

从机接收到主机发送的复位脉冲,在等待 15 ~ 60 μs 后,向总线发出一个应答脉冲(该脉冲是一个 60 ~ 240 μs 的低电平信号,由从机将总线拉低),表示从机已经准备好,可根据各类命令发送或接收数据。

复位脉冲是主机以广播的形式发出的,所以总线上的所有从机只要接收到复位脉冲都会发出应答脉冲。主机一旦检测到应答脉冲,就认为总线上存在从机,并已准备好接收命令或数据,这时主机可以开始发送相关信息。如果主机没有检测到应答脉冲,则认为总线上没有从机,在程序的设计上可以跳过相应的单总线操作,而转入其他的程序。

2. 写时隙

单总线通信协议中包括两种“写时隙”:写“0”和写“1”,主机采用“写时隙”向从机写入二进制数据“0”或“1”。所有“写时隙”至少需要 60 μs,而且在两次独立的“写时隙”之间至少需要 1 μs 的恢复时间。两种“写时隙”均起始于主机拉低总线(DQ),如图 4.5 所示。

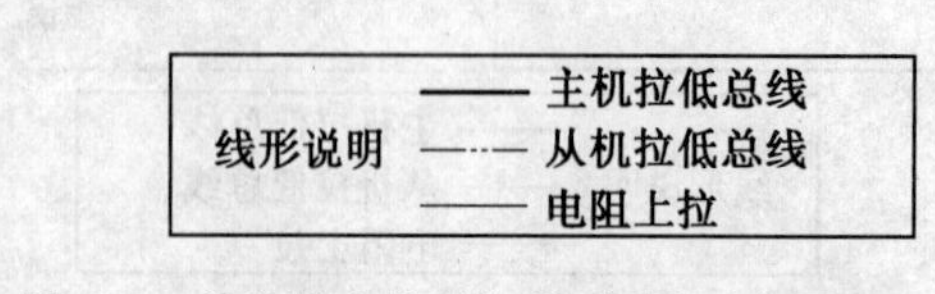

图 4.5 单总线主机“读/写时隙”时序图

产生写“0”时隙的方式:在主机拉低总线后,需在整个时隙期间内保持低电平即可(至少 60 μs)。

产生写“1”时隙的方式:在主机拉低总线后,接着必须在 15 μs 之内释放总线,由上拉电阻将总线拉至高电平,并维持时隙期间。

在“写时隙”起始后 15~60 μs 期间,单总线的从机采样总线的电平状态:如果在此期间采样值为低电平,则写入的数据为逻辑“0”;如果采样值为高电平,则写入的数据为逻辑“1”。

3. 读时隙

单总线器件仅在主机发出“读时隙”时,才向主机传输数据。所以在主机发出读数据命令后,必须马上产生读时隙,以便从机能够传输数据。所有读时隙至少需要 60 μs,且在两次独立的读时隙之间至少需要 1 μs 的恢复时间。每个读时隙都由主机发起,至少拉低总线 1 μs,如图 4.5 所示。

在主机发起“读时隙”之后,从机才开始在总线上发送“0”和“1”。若从机发送“1”则保持总线为高电平,若发送“0”则拉低总线。当发送“0”时,从机在该时隙结束后释放总线,由上拉电阻将总线拉回至空闲高电平状态。从机发出的数据在起始时隙之后,保持有效时间 15 μs,因而主机在“读时隙”期间必须释放总线,并且在起始时隙后的 15 μs 之内采样总线状态。

4.1.4　1-Wire总线的ROM命令

在主机检测到从机的应答脉冲后，便可以向从机发送ROM命令(这些ROM命令与从机唯一的64位注册码有关)。主机通过ROM命令得总线上从机的数量、类型、报警状态以及读取总线器件内数据等相关信息。大部分的从机可以支持5种ROM命令，每种命令的长度为8位二进制数。

(1)搜索ROM(命令代码F0H)

当系统中存在单总线器件时，可以通过该命令获知从机的注册码，这样主机就可以判断出总线上从机的数量和类型。如果总线上只有一个单总线器件，可以通过"读取ROM"命令直接获得从机的ROM注册码；如果总线上从机数量较多，则需要多次使用该命令，并结合相应搜索算法才能获得其中一个从机的ROM注册码，若需要其他从机的ROM注册码，就要重新搜索。

(2)读取ROM(命令代码33H)

当总线上只有一个单总线器件时，如果需要获得该器件的注册码，可以执行该命令。如果总线上连接有多个单总线器件，使用该命令必然引起混乱。

(3)匹配ROM(命令代码55H)

当总线上连接有多个单总线器件并知道每个器件的ROM注册码时，可以使用该命令对任何一个从机进行呼叫，这个过程相当于串行通信中的地址匹配过程，只有与主机发出的ROM注册码相同的从机，才能响应主机发出的其他命令，而总线上的其他从机将等待主机再次发出复位脉冲。

(4)跳跃ROM(命令代码CCH)

如果总线上只有一个单总线器件，主机可跳过从机的ROM注册码，直接访问从机内其他单元(如寄存器等)；如果总线上连接有多个单总线器件，并且类型相同，在访问一些特殊单元时，也可以使用该命令。

例如，总线上连接有多个DS18B20温度传感器时，主机可以通过发出"跳跃ROM"(CCH)(也称"直访ROM")后，接着发送启动温度转换命令(44H)，这样就可以使总线上所有DS18B20同时启动温度转换。

如果在"直访ROM"命令后，接着发送的是读取暂存器等命令(BEH)，这只能用于总线上只有一个单总线器件的情况，否则将造成数据的冲突。

(5)报警搜索(命令代码为ECH)

仅有少数单总线器件支持该命令。除那些设置了报警标志的从机响应外，该命令的工作方式完全等同于"搜索ROM"命令。该命令允许主机判断哪些从机发生了报警，如最近的测量温度过高或过低等。同"搜索ROM"命令一样，在完成报警搜索循环后，主机必须返回重新搜索。

在使用ROM命令对单总线器件进行操作时，也需要按照一定的格式传输数据，如图4.6所示。

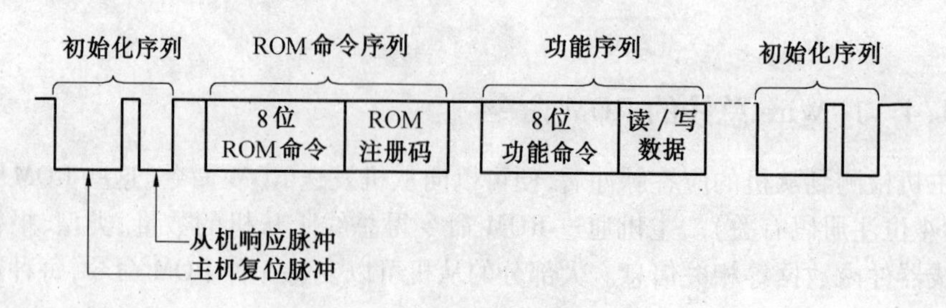

图4.6　单总线数据传输格式

4.1.5　1-Wire 总线器件的 ROM 搜索

ROM 注册码的搜索一般采用二叉树型结构，搜索过程沿各个分节点向下进行，直到找到器件的 ROM 注册码为止，后续的搜索操作沿着节点上的其他路径进行，按着同样的方式，直到找到总线上所有器件的 ROM 注册码。

在 ROM 注册码搜索过程中，主机发出复位脉冲后，所有器件都会发出响应脉冲。之后，由主机发出“搜索 ROM”命令，这时，所有的单总线器件同时向总线上发送 ROM 注册码的第一位（即家族码的最低位），按照单总线通信协议的规定，无论主机是“写操作”还是“读操作”，都以主机将总线拉低来启动每一位的操作。当所有从机应答时，单总线上获得的结果相当于所有从机发送数据的逻辑与。在从机发送 ROM 注册码的第一位后，主机启动下一位操作，从机发送第一位的补码，主机从两次得到的结果可对 ROM 注册码的第一位做出 4 种判断，见表 4.1。

表 4.1　单总线主机判断 ROM 注册码的算法

第一次	第二次	结　论
0	0	从机 ROM 注册码中，当前位既有 0，又有 1，即存在差别
0	1	从机 ROM 注册码中，当前位为 0
1	0	从机 ROM 注册码中，当前位为 1
1	1	总线上没有从机响应

在主机接收两次数据后，就可以根据判断的结果，将存放 ROM 注册码单元中的相应的数据位写入 0 或 1，同时将该位信息写入从机。

当主机发送一次“搜索 ROM”命令后，从机会按照从低到高的顺序，将 ROM 注册码一次输出，每一位输出两次（一次为原码，一次为补码），所以主机总共将接收 128 个数据位。

由此看来，ROM 注册码的搜索过程只是一个简单的三步循环程序：“读一位”“读该位的补码”“写入一个期望的数据位”。总线主机在 ROM 注册码的每一位都重复这样的三步循环程序。完成后，主机就能够知道该器件的 ROM 注册码信息，单总线上剩下的设备数量及其 ROM 注册码通过相同的操作过程既可获得。

单总线器件的 ROM 注册码搜索过程：

例如，在单总线上连接 4 个不同的器件，ROM 注册码如下所示：

ROM1：00110101 ……，ROM2：10101010 ……，ROM3：11110101 ……，ROM4：00010001……

具体的搜索过程如下：

(1)主机发出复位脉冲，启动初始化序列。从机设备发出响应的应答脉冲。

(2)主机在总线上发出 ROM 搜索命令。

(3)4 个从机分别将 ROM 注册码的第 1 位输出到单总线上，ROM1 和 ROM4 输出 0，而 ROM2 和 ROM3 输出 1。总线上的输出结果是所有输出的逻辑与，所以主机从总线上读到的是 0；接着 4 个从机分别将 ROM 注册码中第 1 位的补码输出到总线上，此时 ROM1 和 ROM4 输出 1，而 ROM2 和 ROM3 输出 0，这样主机读到的该位补码是 0，主机由此判断从机 ROM 注册码中，第 1 位既有 0 又有 1。

(4)主机向存放 ROM 注册码的单元中写入 0，同时向总线上的所有从机也写入 0，从而禁止了 ROM2 和 ROM3 响应余下的搜索命令，仅在总线上留下了 ROM1 和 ROM4。

(5)主机再执行两次读操作，依次收到 0 和 1，表明 ROM1 和 ROM4 的 ROM 注册码的第 2 位都是 0。

(6)主机向存放 ROM 注册码的单元和总线同时写入 0，在总线上继续保留 ROM1 和 ROM4。

(7)主机又执行两次读操作，收到两个 0，表明所连接设备的 ROM 注册码在第 3 位既有 0 也有 1。

(8)主机再次向存放 ROM 注册码的单元和总线同时写入 0，从而禁止了 ROM1 响应余下的搜索命令，仅在总线上留下了 ROM4。

(9)主机读完 ROM4 余下的 ROM 注册码，这样就完成了第一次搜索，并找到了位于总线上的第一个从机。

(10)重复第(1)至第(7)步，开始新一轮的搜索 ROM 命令。

(11)主机向存放 ROM 注册码的单元和总线同时写入 1，使 ROM4 离线，仅在总线上留下了 ROM1。

(12)主机读完 ROM1 余下的 ROM 注册码，这样就完成了第 2 次搜索，找到了第 2 个从机。

(13)重复第(1)至第(3)步，开始新一轮的搜索 ROM 命令。

(14)主机向存放 ROM 注册码的单元和总线同时写入 1，这次禁止了 ROM1 和 ROM4 响应余下的搜索命令，仅在总线上留下了 ROM2 和 ROM3。

(15)主机又执行两次读操作，读到两个 0。

(16)主机再次向存放 ROM 注册码的单元和总线同时写入 0，这样禁止了 ROM3，而留下了 ROM2。

(17)主机读完 ROM2 余下的 ROM 注册码，这样就完成了第 3 次搜索，找到了第 3 个从机。

(18)重复第(13)至第(15)步，开始新一轮的搜索 ROM 命令。

(19)主机向存放 ROM 注册码的单元和总线同时写入 1，这次禁止了 ROM2，留下了 ROM3。

(20)主机读完 ROM3 余下的 ROM 注册码，这样就完成了第 4 次搜索，找到了第 4 个从机。

4.2　基于1-Wire总线的数字温度传感器DS18B20

4.2.1　DS18B20简介

DS18B20是美国Dallas公司生产的单总线数字式温度传感器。DS18B20具有体积小、结构简单、操作灵活、使用方便等特点,封装形式多样,适合各种狭小空间内设备的数字测温和控制。

DS18B20的性能如下:

①单总线接口,可方便地实现多点测温。

②每个芯片都有唯一的一个64位光刻的ROM注册码,家族码为28H。

③无需外部器件,可通过数据线供电,电源电压范围:3.0~5.0 V。

④温度测量范围-55~+125 ℃,在-10~+85 ℃范围内,测量精度可达到±0.5 ℃。

⑤分辨率为可编程的9~12位(包括1位符号位),对应的可分辨温度分别为0.5 ℃、0.25 ℃、0.125 ℃和0.062 5 ℃。

⑥DS18B20的转换时间与设定的分辨率有关。当设定为9位时,最大转换时间为93.75 ms;当设定为10位时,转换时间为187.5 ms;当设定为11位时,最大转换时间为375 ms;当设定12位时,转换时间为750 ms。

⑦温度数据由2个字节组成。

⑧内部含有EEPROM,其报警上、下限温度值和设定的分辨率在掉电的情况下不丢失。

DS18B20的引脚定义及封装形式如图4.7所示,其内部结构如图4.8所示。DS18B20由4部分组成:寄生电源电路、64位ROM与单总线接口、存储器控制逻辑以及暂存寄存器。

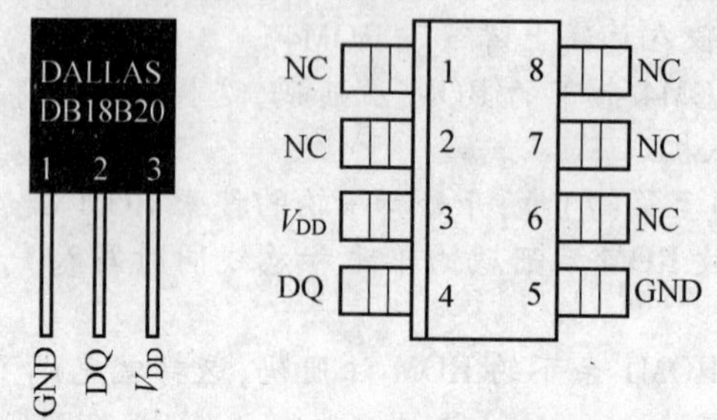

图4.7　DS18B20的引脚定义及封装形式

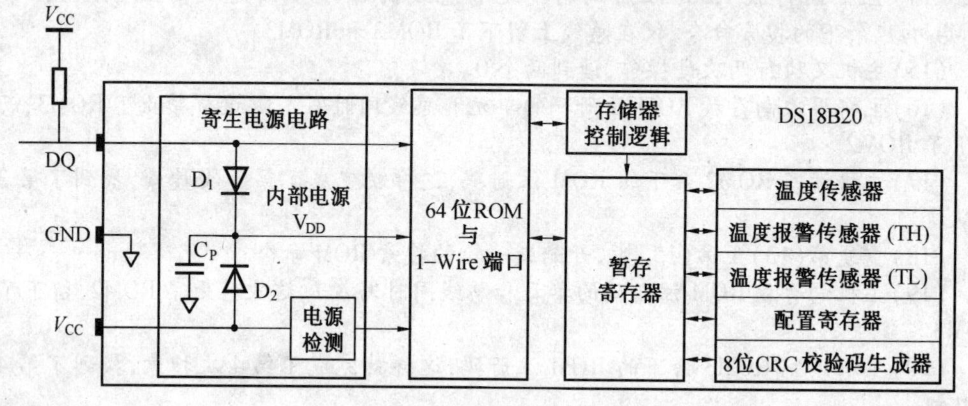

图4.8　DS18B20的内部结构

4.2.2 DS18B20 的工作原理

DS18B20 的核心功能是一个直接数字式温度传感器。芯片的分辨率可按照用户的需要配置为 9 位、10 位、11 位、12 位,芯片在上电后的默认设置为 12 位。DS18B20 可工作在低功耗的空闲状态。

单总线系统中的主机发出温度转换命令(44H)后,DS18B20 便开始启动温度测量并把测量的结果进行 A/D 转换。经过 A/D 转化后,所产生的温度数据将存储在暂存寄存器中的两个温度寄存器单元中,数据的格式为符号扩展的二进制补码,同时 DS18B20 返回到空闲状态。

DS18B20 的温度数据输出单位为"摄氏度"。温度数据在两个温度寄存器单元中的存储格式如图 4.9 所示。

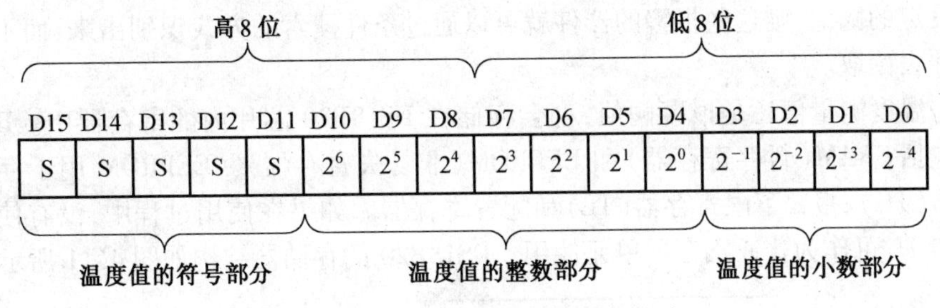

图 4.9　DS18B20 的内温度数据格式

标志位(S)是温度数据的符号扩展位,表示温度的正负:如果温度为正,则 S=0;如果温度为负,则 S=1。在实际使用过程中,如果 DS18B20 被设置为 12 位分辨率,则在温度寄存器单元中所有数据位都是有效位;如果 DS18B20 被设置为 11 位分辨率,则 D0 位数据无效;如果 DS18B20 被设置为 10 位分辨率,则 D1、D0 位数据无效;如果 DS18B20 被设置为 9 位分辨率,则 D2、D1、D0 位数据无效。以 12 位分辨率为例,表 4.2 给出了 DS18B20 部分数字量输出与温度值之间的关系。在表 4.2 中,+85 ℃是 DS18B20 在上电复位后在温度寄存器内的对应的数字量。

表 4.2　DS18B20 部分数字量输出与温度值之间的对应关系

温度/℃	数字量输出(二进制)	数字量输出(十六进制)
+125	0000 0111 1101 0000	07D0
+85	0000 0101 0101 0000	0550
+25.062 5	0000 0001 1001 0001	0191
+10.125	0000 0000 1010 0010	00A2
+0.5	0000 0000 0000 1000	0008
0	0000 0000 0000 0000	0000
-0.5	1111 1111 1111 1000	FFF8
-10.125	1111 1111 0101 1110	FF5E
-25.062 5	1111 1110 0110 1111	FE6F
-55	1111 1100 1001 0000	FC90

在 DS18B20 完成温度转换后,其温度值将与报警寄存器中的值相比较。在 DS18B20 中有两个报警寄存器,TH 为温度上限值,TL 为温度下限值,这两个寄存器均为 8 位,所以在进行温度比较时,只取出温度值的中间 8 位(D4 ~ D11)进行比较。TH 和 TL 寄存器格式如图 4.10所示。

D7	D6	D5	D4	D3	D2	D1	D0
S	2^6	2^5	2^4	2^3	2^2	2^1	2^0

图 4.10　TH 和 TL 的格式

如果温度寄存器测量的结果低于 TL 或高于 TH,则设置报警标志,这个比较过程会在每次温度测量时进行。一旦报警标志设置后,器件就会响应系统主机发出的条件搜索命令(ECH)。这样处理的好处是可以使单总线上的所有器件同时测量温度,如果有些点上的温度超过了设定的阈值,则这些报警的器件就可以通过条件搜索的方式识别出来,而不需要一个一个器件去读取。

无论是温度测量值还是报警阈值,都会存储在 DS18B20 芯片内的寄存器中。DS18B20 的寄存器包括 SRAM(暂存寄存器)和 EEPROM(非易失寄存器)。EEPROM 用于存放报警上限寄存器(TH)、报警下限寄存器(TL)和配置寄存器。如果在使用过程中,没有使用报警功能,TH 和 TL 可作为普通寄存器单元使用。DS18B20 的存储器结构如图 4.11 所示。

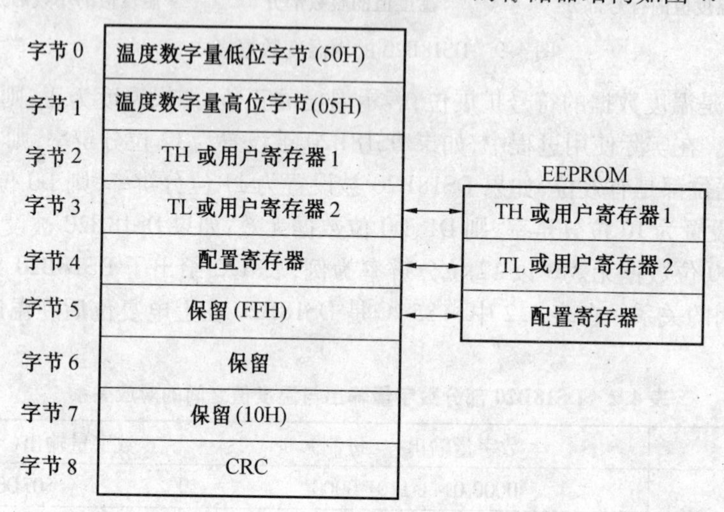

图 4.11　DS18B20 存储器结构

字节 0 和字节 1 是温度数字量的低位字节和高位字节,这两个寄存器是只读寄存器,在上电时的默认值为 0550H,即+85 ℃。

字节 2 和字节 3 可用于存放报警阈值或用户寄存器。

字节 4 是配置寄存器,用于设置 DS18B20 温度测量分辨率,其格式如图 4.12 所示。

配置寄存器中的 D0 ~ D4 位在读操作时总为 1,在写操作时可为任意值;D7 在读操作时总为 0,在写操作时可为任意值;D5 和 D6 用于设置温度测量分辨率,见表 4.3。

字节 5、6、7 保留未使用。

字节 8 用于存放前 8 个字节的 CRC 校验值。

D7	D6	D5	D4	D3	D2	D1	D0
0	R1	R0	1	1	1	1	1

图4.12　配置寄存器格式

表4.3　温度分辨率配置表

R1	R0	分辨率(位)	最长转换时间/ms
0	0	9	93.75
0	1	10	187.5
1	0	11	375
1	1	12	750

EEPROM 中的值在掉电后仍然保留,SRAM 中的值在掉电后会丢失。在器件上电时,将 EEPROM 中的数据复制到 SRAM 中,SRAM 恢复默认值。所以 SRAM 的字节 2、3、4、8 中的值取决于 EEPROM 中的值。

用户可通过“回读 EEPROM”命令后,通过一个读时隙来判断回读操作是否完成:如果回读操作正在执行,则 DS18B20 会向总线上发送一个 0;如果回读操作已经完成,则 DS18B20 会向总线上发送一个 1。“回读 EEPROM”命令会在 DS18B20 上电时自动完成一次,保证芯片在上电后可以使用有效数据。

4.2.3　DS18B20 的功能命令

DS18B20 的功能命令包括两类:温度转换和存储命令,见表 4.4。需要注意的是,当系统中 DS18B20 使用寄生电源供电时,由于“温度转换”和“复制 SRAM”的操作都是发生在主机发出命令之后,由 DS18B20 自主完成的,同时又需要较长的时间(“温度转换”的时间最长),所以通常在主机发出这些命令后,通过 MOSFET 将总线电压强拉至高电平,以保证这些操作的顺利完成,如图 4.13 所示。

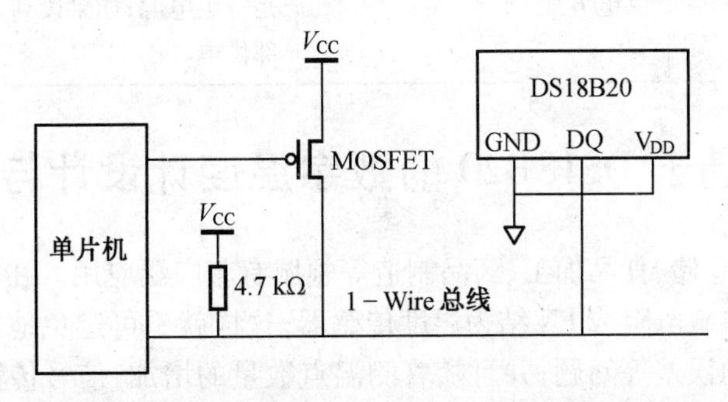

图 4.13　DS18B20 使用 MOSFET 进行强上拉电路原理图

在“温度转换”时,需要根据温度测量的分辨率选择保持强上拉的时间;在“复制 SRAM”时,需要至少保持 10 ms 的强上拉,而且必须在主机发出命令的 10 μs 的时间内使用 MOSFET 进行上拉。

表 4.4 DS18B20 的功能命令

	命令	描述	代码	功能说明
温度转换命令	温度转换	启动温度转换	44H	主机在发出该命令后，如果在紧接着的读时隙中读到的是0，说明温度正在转换；如果读到1，说明转换结束
存储器命令	读 SRAM	从 SRAM 中读取包括 CRC 在内的全部字节	BEH	DS18B20 会从字节 0 开始输出包括 CRC 在内的全部 9 个字节。如果不需要读取全部 9 个字节，主机可以在读取需要的字节后发出复位脉冲，以终止当前的读操作
	写 SRAM	向 SRAM 中的字节 2、3、4（TH、TL 和配置寄存器）写入数据	4EH	将需要的数据写入 SRAM 的温度报警上限值、下限值和配置寄存器
	复制 SRAM	复制 SRAM 中的 TH、TL 和配置寄存器的值到 EEPROM	48H	复制 SRAM 中的 TH、TL 和配置寄存器的值到 EEPROM 中。主机在发出该命令之后，如果在紧接着的读时隙中读到的是0，说明复制正在进行；如果读到1，说明复制结束
	回读 EEPROM	从 EEPROM 中将 TH、TL 和配置寄存器的值回读到 SRAM 中	B8H	从 EEPROM 中将 TH、TL 和配置寄存器的值回读到 SRAM 中。主机在发出该命令之后，如果在紧接着的读时隙中读到的是0，说明回读正在进行；如果读到1，说明回读结束
	读电源	读取 DS18B20 的供电方式	B4H	主机在发出该命令之后，如果在紧接着的读时隙中读到的是0，说明当前使用的是寄生电源；如果读到1，说明使用的是外部供电

4.3 基于 DS18B20 的数字温度计设计与制作

温度测量在粮食仓储、食品加工、药品制造等领域有着广泛应用。在传统的温度测量系统设计中，往往采用热敏电阻或 PN 结为温度传感器，这样就不可避免地遇到诸如引线误差补偿、信号调理电路的误差等问题，并且随着测温点数量的增加，信号传输线数量也随之增加，这样带来系统安装、维护、可靠性以及成本的一系列问题。由于 DS18B20 具有体积小、结构简单，现场温度直接以 1-Wire 总线的数字方式输出的特点，被广泛应用在环境温度测量系统中。

本章设计的数字温度计，以 AT89S52 单片机为核心，采用 DS18B20 作为温度传感器，对环境温度进行测量并把测量的结果显示出来。下面将对基于 DS18B20 的数字温度计设计及制作进行详细介绍。

4.3.1 用单片机 I/O 口模拟 1-Wire 总线通信

用单片机 I/O 口模拟 1-Wire 总线通信，就是用单片机的任意一条 I/O 口线模拟 1-Wire 总线，再配合上用 C51 编写的与 1-Wire 总线相关的函数，实现单片机与 1-Wire 总线器件通信。为了保证数据传输的可靠性，在编写相关函数时要遵循 1-Wire 总线数据通信协议。

1. 初始化 DS18B20

初始化 DS18B20 的操作步骤如下：

①先将数据线置高电平“1”。

②短延时（该时间要求不是很严格，但是要尽可能短一点）。

③数据线拉到底电平“0”。

④延时 750 μs（该时间范围可在 480 ~ 960 μs）。

⑤数据线拉到高电平“1”。

⑥延时等待。如果初始化成功，则在 15 ~ 60 μs 内产生一个由 DS18B20 返回的低电平“0”，表示存在 1-Wire 总线器件。但是应注意，不能无限地等待，否则会使程序进入死循环，所以要进行超时判断。

⑦若 CPU 读到数据线上的低电平“0”后，还要进行延时，其延时的时间从发出高电平“1”计算（第③步的时间计算）最少要 480 μs。

⑧将数据线再次拉到高电平“1”后结束。

初始化序列的程序如下：

```
//******************************************
//μs 级延时函数
//******************************************
void delay(uchar time)
{
  uchar i;
  While(i<time)i++;
}
//******************************************
//复位 ds18B20
//******************************************
bit resetpulse(void)
{
ds=1;                //数据线 ds 置高电平
delay(2);            //短延时
ds=0;                //拉低数据线
delay(92);           //延时 480 ~ 960 μs
ds=1;                //拉高数据线
delay(5);            //延时 15 ~ 60 μs
return(ds);          //返回 ds 采样值
```

```
}
//* * * * * * * * * * * * * * * * * * * * * * * * * * * * * * * * * * * * * * * * * *
//* * 功能:DS18B20 初始化函数
//* * 参数:无
//* * * * * * * * * * * * * * * * * * * * * * * * * * * * * * * * * * * * * * * * * *
void ds18b20_init(void)
{
while(1)
{
  if(! resetpulse())  //收到 DS18B20 的应答信号
  {
    ds=1;
    delay(40);          //延时 240 ~480 μs
    break;
  }
  else
    resetpulse();       //否则再发复位信号
}
}
```

2. 写数据到 DS18B20

①数据线拉到底电平“0”。

②延时 15 μs。

③按从低位到高位的顺序发送数据(一次只发送一位)。

④延时 45 μs。

⑤将数据线拉到高电平“1”。

⑥重复①~⑤步骤,直到发送完一个字节。

⑦最后将数据线拉到高电平“1”。

```
//* * * * * * * * * * * * * * * * * * * * * * * * * * * * * * * * * * * * * * * * * *
//写一位函数
//* * * * * * * * * * * * * * * * * * * * * * * * * * * * * * * * * * * * * * * * * *
void write_bit(uchar temp)
{
ds=0;                   //拉低数据线
_nop_();                //延时
_nop_();
if(temp==1)             //若发送的数据位为1,拉高数据线
ds=1;
delay(5);               //延时
ds=1;                   //拉高数据线
}
//* * * * * * * * * * * * * * * * * * * * * * * * * * * * * * * * * * * * * * * * * *
```

```
//向 DS18B20 写一个字节命令函数
//* * * * * * * * * * * * * * * * * * * * * * * * * * * * * * * * * * * * * * * * * * * * *
void write_byte(uchar val)
{
uchar i,temp;
for(i=0;i<8;i++)
{
  temp=val>>i;         //左移
  temp=temp&0x01;      //得到数据位
  write_bit(temp);     //写数据位
  delay(5);            //延时
  }
}
```

3. 从 DS18B20 读数据

①将数据线拉到低电平“0”。

②延时 6 μs。

③将数据线拉到高电平“1”。

④延时 4 μs。

⑤读数据线的状态,并进行数据处理。

⑥延时 30 μs。

⑦重复①～⑤步骤,直到读取完一个字节。

```
//* * * * * * * * * * * * * * * * * * * * * * * * * * * * * * * * * * * * * * * * * * * * *
//读一位函数
//* * * * * * * * * * * * * * * * * * * * * * * * * * * * * * * * * * * * * * * * * * * * *
uchar read_bit(void)
{
  ds=0;                //拉低数据线
  _nop_();             //延时
  ds=1;                //置数据线为高电平
  _nop_();             //延时
  _nop_();
  return(ds);          //返回采样数据位
}
//* * * * * * * * * * * * * * * * * * * * * * * * * * * * * * * * * * * * * * * * * * * * *
//读一个字节函数
//* * * * * * * * * * * * * * * * * * * * * * * * * * * * * * * * * * * * * * * * * * * * *
uchar read_byte(void)
{
uchar i,shift,temp;
```

```
shift=1;
temp=0;
for(i=0;i<8;i++)
{
  if(read_bit())               //读取的数据位为1
  {
    temp=temp+(shift<<i);      //该位置1
  }
  delay(1);                    //延时
  _nop_();
  _nop_();
}
return(temp);                  //返回读取的字节数据
}
```

4.3.2　基于DS18B20数字温度计设计与制作

1. 任务描述

设计一个简易数字温度计,测温范围-25 ~ +80 ℃,用LED数码管显示测量值,测量误差为±0.5 ℃。

2. 设计方案

由于DS18B20的温度测量范围是-55 ~ +125 ℃,测量精度为±0.5 ℃,可以满足系统的要求,本设计采用DS18B20作为温度测量传感器。控制芯片选择AT89S52单片机。由于AT89S52单片机内部没有1-Wire总线控制单元,这里用单片机I/O口模拟1-Wire总线控制单元;另一方面单片机除了读取DS18B20的温度测量值外,还要对读取的数据进行处理,并将温度值显示出来。显示器件使用共阳极LED数码管。

3. 数字温度计电路设计

基于DS18B20的数字温度计由单片机模块、LED数码管显示电路、DS18B20接口、电源部分组成,如图4.14所示。

单片机模块包括AT89S52单片机芯片、复位电路、晶振电路。由于AT89S52单片机P0口内部没有上拉电阻,为高阻抗状态,将P0口用作I/O口时需外接上拉电阻,这里我们选择接入10 k的上拉电阻。DS18B20接单片机的P2.6引脚。

显示电路由4位一体共阳极数码管和三极管驱动电路组成。

电源模块由桥式整流器、3端集成稳压器7805、滤波电容、电源指示灯组成。

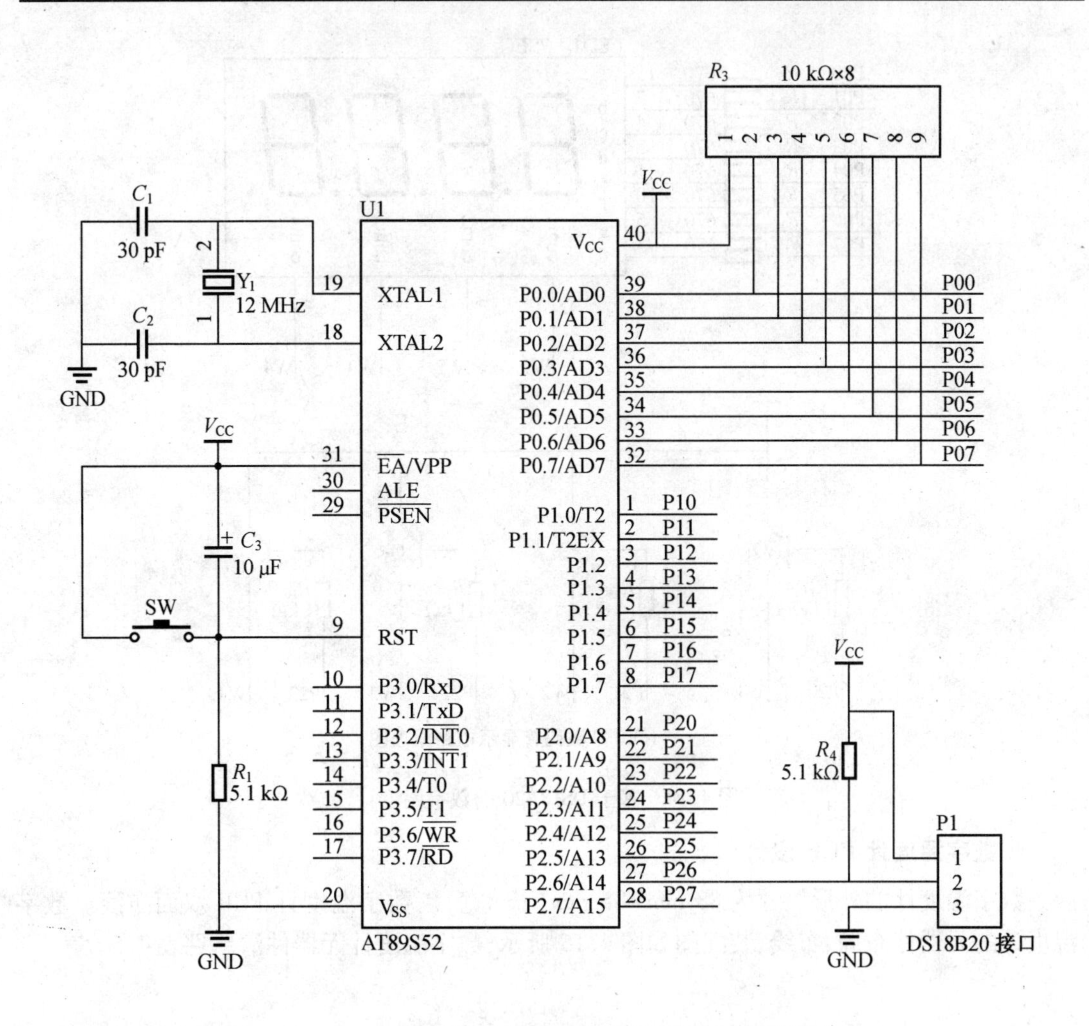

(a)AT89S52 单片机模块及 DS18B20 接口原理图

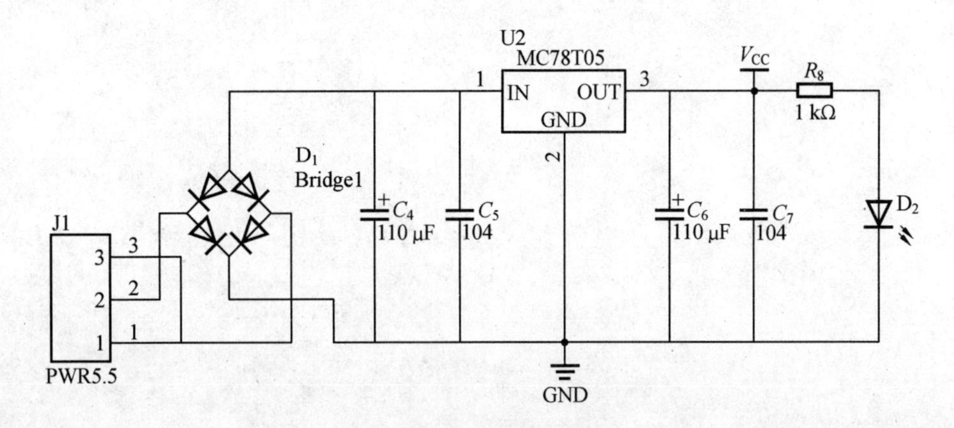

(b) 电源模块及原理图

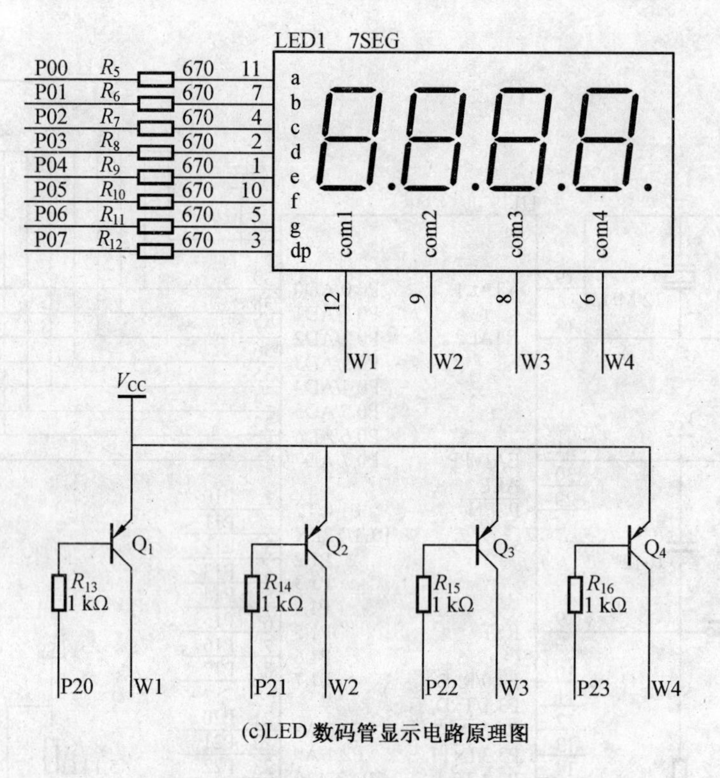

(c)LED 数码管显示电路原理图

图 4.14　基于 DS18B20 的数字温度计

4. 数字温度计 PCB 设计

数字温度计的外形尺寸为 88 mm×85 mm（长×宽）。数字温度计 PCB 双面布线。数字温度计的元器件布局、布线、装配图如图 4.15 所示，数字温度计元器件清单见表 4.5。

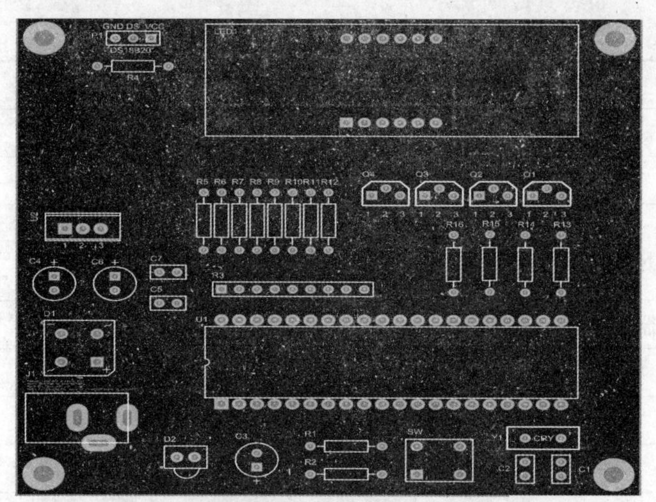

(a) 控制器及电源模块的元件布局

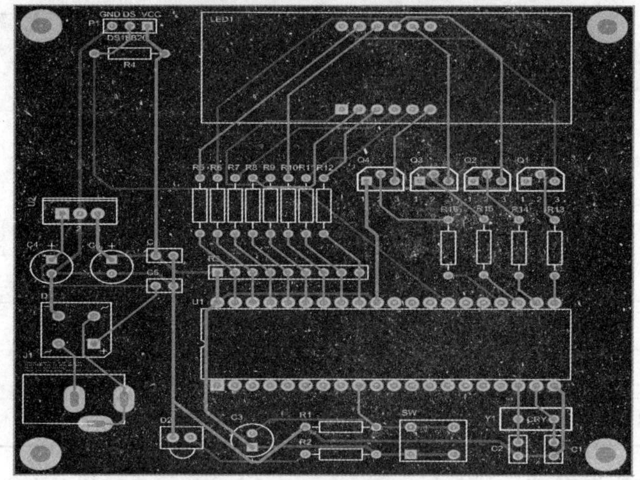

(b) 数字温度计的元器件布线

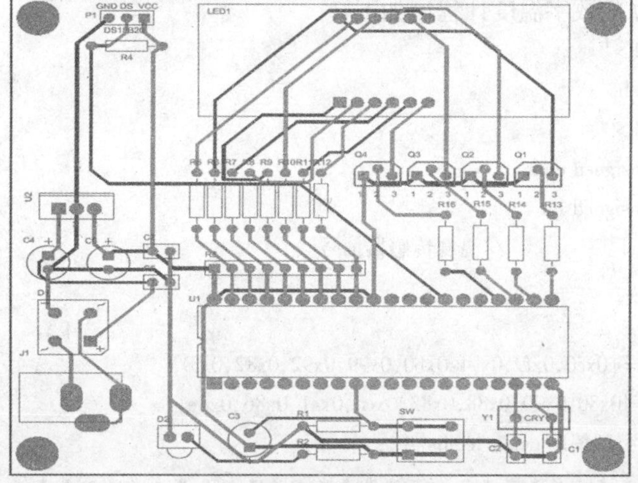

(c) 数字温度计的装配图

图4.15　数字温度计的元器件布局、布线、装配图

表 4.5　数字温度计元器件清单

元器件名称	规格	封装	数量	标识
瓷片电容	30 pF	AXIAL-0.1	2	C_1、C_2
瓷片电容	0.1 μF	AXIAL-0.1	2	C_5、C_7
电解电容	10 μF	AXIAL-0.1	1	C_3
电解电容	110 μF	AXIAL-0.1	2	C_4、C_6
三端集成稳压器	MC78T05	TO-78	1	U_2
发光二极管	Φ3	AXIAL-0.1	1	D_2
晶振	12MHz	AXIAL-0.2	1	Y_1
单片机	AT89S52	DIP-40	1	U_1
电阻 1	5.1 kΩ	AXIAL-0.4	1	R_1、R_4
电阻 2	1 kΩ	AXIAL-0.4	5	R_3、R_{13} ~ R_{16}
电阻 3	10 kΩ×8	HDR1X9	1	R_2
电阻 4	670	AXIAL-0.4	8	R_5 ~ R_{12}
轻触式开关	6 mm 方形	DIP-4	1	SW
4 位一体数码管		DIP-12	1	LED17SEG
整流桥		D38	1	D_1
三极管 PNP	9014	TO-92A	4	Q_1 ~ Q_4
DS18B20 插孔	Header 3-Pin	HDR1X3	1	P_1
电源插孔	CON3	KDL-0202	1	PWR5.5

5. 数字温度计程序设计

基于 DS18B20 的数字温度计程序如下：

```
#include <reg52.h>
#include <absacc.h>
#include<intrins.h>
#define   uchar unsigned char
#define   uint   unsigned int
sbit ds=P2^6;                    //温度传感器信号线
uint tempL=0;
uint tempH=0;
uchar code dis[]={0xc0,0xf9,0xa4,0xb0,0x99,0x92,0x82,0xf8,
                  0x80,0x90,0x88,0x83,0xc6,0xa1,0x86,0x8e};
//共阳极数码管字型编码 uchar leddis[4];
//****************************************//
//DS18B20 用延时函数
//****************************************//
```

```
void delay(uchar time)
{
  uchar a=0;
  while(a<time)a++;
}
//* * * * * * * * * * * * * * * * * * * * * * * * * * * * * * * * * * * * * * * * * * *
//数码管延时函数
//* * * * * * * * * * * * * * * * * * * * * * * * * * * * * * * * * * * * * * * * * * *
void delay_smg(void)
{
  uint a;
  for(a=0;a<600;a++);
}
//* * * * * * * * * * * * * * * * * * * * * * * * * * * * * * * * * * * * * * * * * * *
//复位 DS18B20
//* * * * * * * * * * * * * * * * * * * * * * * * * * * * * * * * * * * * * * * * * * *
bit resetpulse(void)
{
  ds=1;                    //
  delay(2);                //
  ds=0;
  delay(40);               //延时 500 μs
  ds=1;
  delay(4);                //延时 60 μs
  return(ds);
  }
//* * * * * * * * * * * * * * * * * * * * * * * * * * * * * * * * * * * * * * * * * * *
//* *功能:DS18B20 初始化函数
//* *参数:无
//* * * * * * * * * * * * * * * * * * * * * * * * * * * * * * * * * * * * * * * * * * *
void ds18b20_init(void)
{
  while(1)
  {
   if(! resetpulse())      //收到 DS18B20 的应答信号
   {
    ds=1;
    delay(40);             //延时 240 μs
    break;
   }
   else
    resetpulse();          //否则再发复位信号
```

```
    }
}
//**************************************************//
//显示函数
//**************************************************//
void display(void)
{
    P0=leddis[0];
    P2=0xfe;
    delay_smg();
    P2=0xff;
    P0=leddis[1];
    P2=0xfd;
    delay_smg();
    P2=0xff;
    P0=leddis[2];
    P2=0xfb;
    delay_smg();
    P2=0xff;
    P0=leddis[3];
    P2=0xf7;
    delay_smg();
    P2=0xff;
    }
    //**************************************************
    //读一位函数
    //**************************************************
    uchar read_bit(void)
    {
        ds=0;
        _nop_();
        ds=1;
        _nop_();
        _nop_();;
        return(ds);
}
//**************************************************
//读一个字节函数
//**************************************************
uchar read_byte(void)
{
        uchar i,shift,temp;
```

```
        shift=1;
        temp=0;
        for(i=0;i<8;i++)
        {
            if(read_bit())
            {
                temp=temp+(shift<<i);
            }
            delay(1);
            _nop_();
            _nop_();;
        }
        return(temp);
}
//* * * * * * * * * * * * * * * * * * * * * * * * * * * * * * * * * * * * * * * * * * *
//写一位函数
//* * * * * * * * * * * * * * * * * * * * * * * * * * * * * * * * * * * * * * * * * * *
void write_bit(uchar temp)
{
      ds=0;
      if(temp==1)
      ds=1;
      delay(5);
      ds=1;
}
//* * * * * * * * * * * * * * * * * * * * * * * * * * * * * * * * * * * * * * * * * * *
//向DS18B20写一个字节命令函数
//* * * * * * * * * * * * * * * * * * * * * * * * * * * * * * * * * * * * * * * * * * *
void write_byte(uchar val)
{
      uchar i,temp;
      for(i=0;i<8;i++)
      {
        temp=val>>i;
        temp=temp&0x01;
        write_bit(temp);
        delay(5);
      }
}
//* * * * * * * * * * * * * * * * * * * * * * * * * * * * * * * * * * * * * * * * * *//
//从DS18B20读取温度值
//* * * * * * * * * * * * * * * * * * * * * * * * * * * * * * * * * * * * * * * * * *//
```

```
Read_Temperature(void)
{
    uchar temp;
    ds18b20_init();  //
    write_byte(0xcc);  //
    write_byte(0x44);  //
    delay(125);
    ds18b20_init();  //
    write_byte(0xcc);  //
    write_byte(0xbe);  //
    tempL=read_byte(); //
    tempH=read_byte(); //
    if((tempH&0xf0)==0xf0)
    {
      tempL=~tempL; //温度为负处理部分
      if(tempL==0xff)
      {
        tempL=tempL+0x01;
        tempH=~tempH;
          tempH=tempL+0x01;
      }
      else
      {
        tempL=tempL+0x01;
        tempH=~tempH;
      }
        temp=((tempL&0xf0)>>4)|((tempH&0x0f)<<4); //
        leddis[0]=0xbf;                    //最高位送"-"号
        leddis[3]=0xc6;                    //温度符号C
        leddis[1]=dis[temp/10];
        leddis[2]=dis[temp%10];
    }
    else
      {
      temp=((tempL&0xf0)>>4)|((tempH&0x0f)<<4);//
      leddis[0]=0xff;                    //最高位不显示
      leddis[1]=dis[temp/10];
      leddis[2]=dis[temp%10];
      eddis[3]=0xc6;                     //温度符号C
  }
}
//**************************************//
```

```
//主函数
//*****************************************//
void main()
{
    while(1)
    {
      Read_Temperature( );
      display( );
    }
}
```

第5章

循迹避障智能小车设计与制作

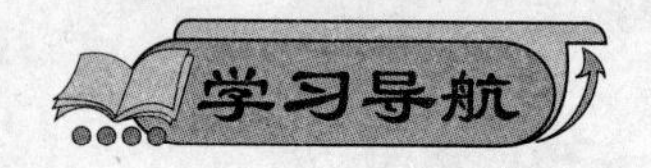

- 循迹避障智能小车设计与制作
  - 循迹避障智能小车功能描述
    - 小车基本运行方式
    - 小车循迹运行方式
    - 小车避障运行方式
  - 循迹避障智能小车总体设计方案
    - 循迹避障智能小车车体结构
    - 循迹避障智能小车总体设计思路
  - 红外循迹避障传感器设计与制作
    - 红外循迹传感器设计与制作
    - 红外避障传感器设计与制作
  - 小车控制器设计与制作
    - 小车控制器设计
    - 电源模块设计
    - 小车控制器及电源模块PCB设计
  - 小车驱动模块设计与制作
    - H桥驱动电路
    - 直流电动机PWM控制技术
    - 基于L298N的驱动模块设计与制作
  - 小车基本巡航动作
    - Keil仿真与软件精确延时
    - 应用单片机I/O口输出PWM信号
    - 小车基本巡航动作
  - 循迹避障智能小车功能实现
    - 小车基本功能实现
    - 小车循迹功能实现
    - 小车避障功能实现

知识目标	1. 红外线循迹、避障传感器的工作原理 2. 红外线循迹、避障传感器与单片机接口技术 3. 直流电动机PWM控制技术 4. 单片机I/O口输出PWM技术 5. L298N工作原理
能力目标	1. 能设计并制作红外线循迹、避障传感器 2. 能运用PWM技术控制直流电动机转速 3. 能编写小车实现循迹、避障功能程序

智能车是一个集控制、传感技术、电子、电气、计算机、机械等多个学科交叉的综合系统，是典型的高新技术综合体。

集众多专业知识于一体的智能车是一个供学生学习相关专业知识、掌握技能的最佳学习、实训载体。高校开展设计、制作智能小车活动，不仅能培养学生的学习兴趣，提高综合运用专业知识能力，同时对于加强学生实践、创新能力和团队精神的培养有着重要的意义。

本章设计的循迹避障智能小车，以 AT89S52 单片机作为控制器，采用红外循迹传感器对跑道上的黑色轨迹进行检测，控制器对采集到的信息进行分析判断，实时调整小车的速度和转向，使小车沿着黑色轨迹行驶，从而实现自动循迹功能；循迹避障智能小车的另外一个功能是自动躲避障碍物，即当跑道上有障碍物时，小车可根据红外避障传感器探测的信息作出适当的反应，实现避障功能。

下面将详细介绍基于51 单片机的循迹避障智能小车设计与制作过程。

5.1　循迹避障智能小车功能描述

设计一个循迹避障智能小车，要求小车有以下 3 种运行方式：

1. 基本运行方式

在这种方式下，不需要任何传感器，小车在程序控制下按照“向前行驶→后退行驶→原地左转→原地右转→停止”方式运行，这也是小车的基本功能。

2. 循迹运行方式

在这种方式下，小车能够识别出黑色轨迹和白色的跑道背景，使小车沿着黑色轨迹行驶，实现小车自动循迹的目的。图 5.1 为小车实现循迹功能的跑道，跑道设置在长 4 m、宽 3 m的场地内，跑道（白色）的宽度为40 cm，轨迹线（黑色）的宽度为3 cm，位于跑道的中心线上。

3. 避障运行方式

在这种方式下，小车能够检测到前方的障碍物，通过后退、转向动作，使小车避开障碍物继续行驶，从而实现避障功能。

说明：小车的样式、重量、驱动方式、供电方式不限。

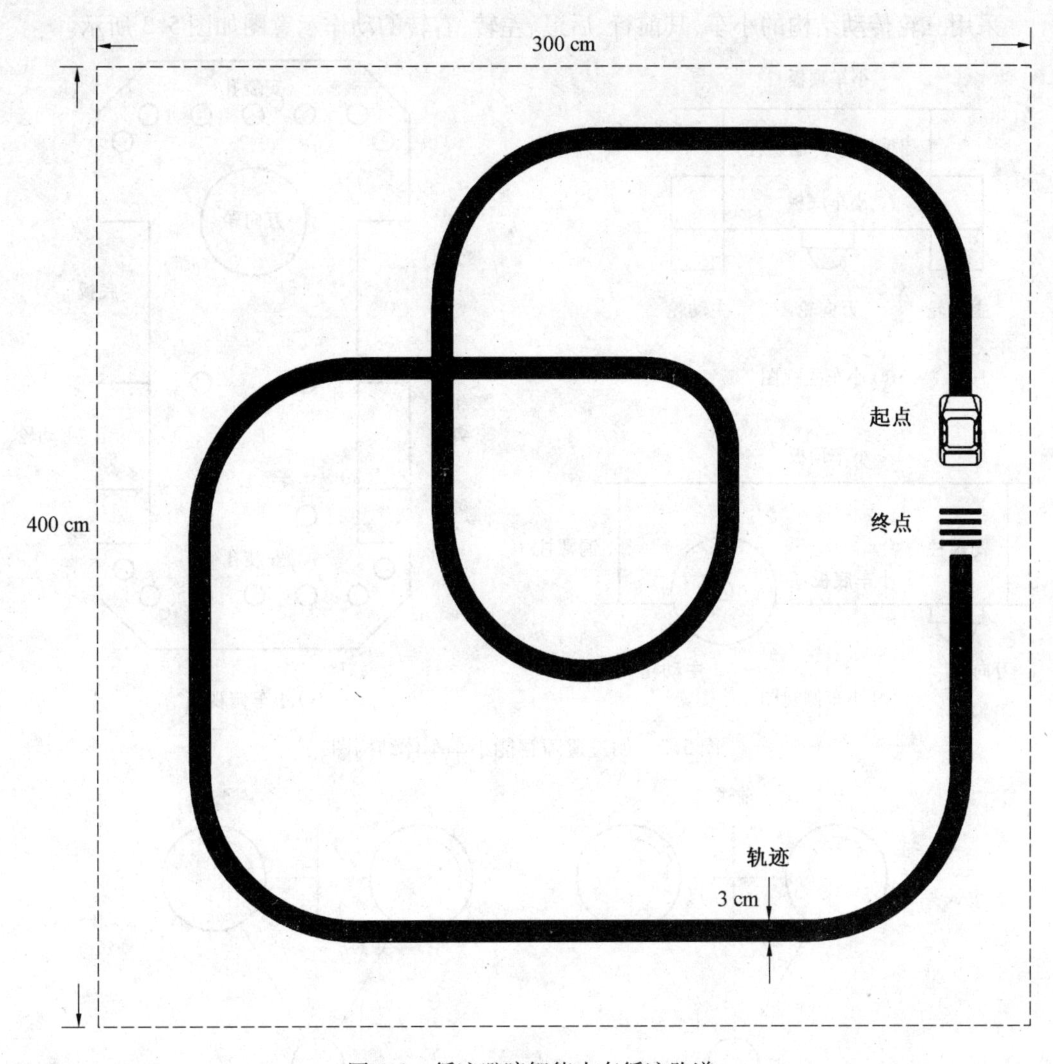

图 5.1　循迹避障智能小车循迹跑道

5.2　循迹避障智能小车总体设计方案

本节主要介绍智能小车的总体设计思路及车体结构,并对各功能模块作简要阐述。

5.2.1　循迹避障智能小车车体结构

小车采用三轮传动结构,其示意图如图 5.2 所示。在图 5.2 中,小车左右两个车轮是主动轮,各由一个电机驱动,从动轮是万向轮,起到转向和平衡作用。在小车装配时,要保证两个驱动电机同轴。左右两驱动轮与万向轮形成了三点结构,这种结构保证小车运行平稳。快速而又平稳地转向,是保证小车实现循迹、避障功能的关键技术之一,小车的转向可以通过两个主动轮的转速差实现,即一个轮转速快,另一个轮转速慢,或者一个轮正转,另一个轮反转,小车就可以快速、平稳地实现转向。

采用三轮传动结构的小车,其前行、后退、左转、右转的动作示意图如图5.3所示。

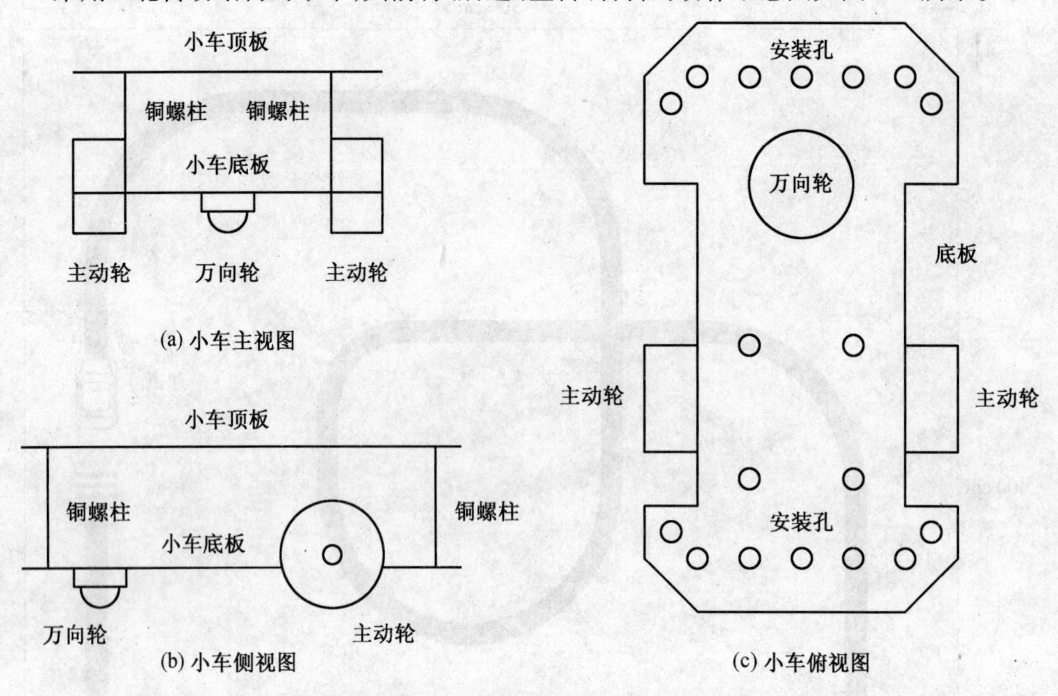

图5.2 循迹避障智能小车车体结构图

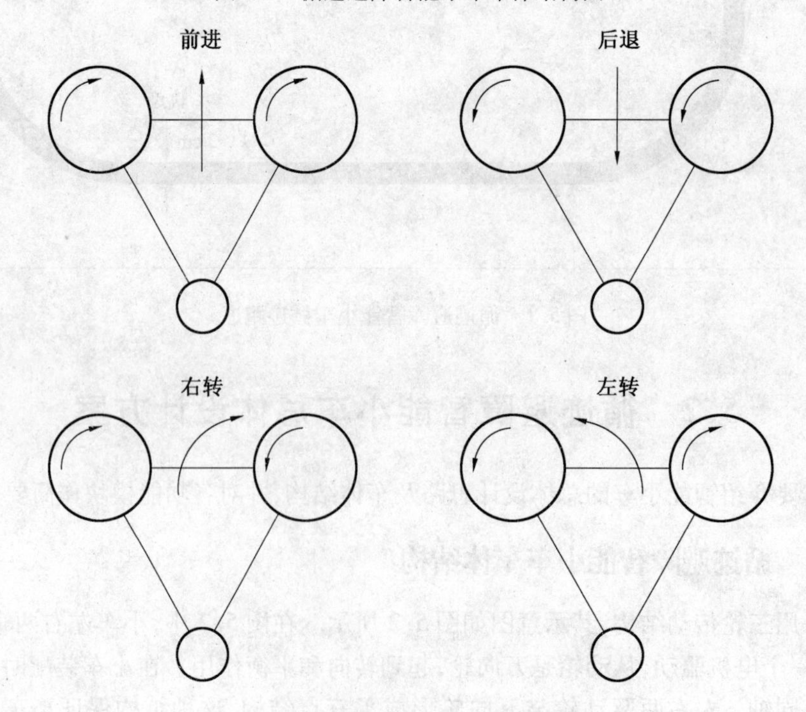

图5.3 循迹避障智能小车动作示意图

5.2.2　循迹避障智能小车总体设计思路

根据循迹避障智能小车要实现的功能,同时为便于小车功能扩展,小车采用模块化结构设计。按照各模块的功能划分,小车由车体、控制模块、红外检测模块、电源模块、直流电机及驱动模块组成,如图5.4所示。

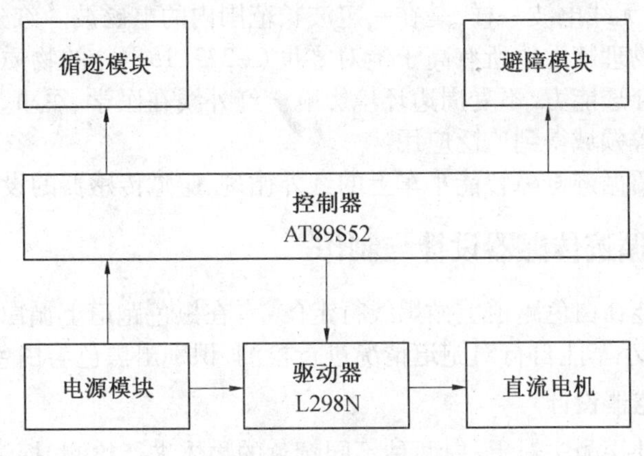

图5.4　循迹避障智能小车系统框图

(1)控制模块

循迹避障智能小车的核心,是小车的大脑,小车循迹、避障功能都是在控制模块的指挥下得以实现的。AT89S52单片机具有优异的性价比,可靠性高,控制能力强,而且51系列单片机是目前应用最广泛的单片机,便于开发,本设计选择AT89S52单片机作为小车的控制核心。

(2)红外检测模块

小车实现循迹、避障功能的关键部件,是小车的眼睛。红外循迹传感器用来识别小车运行的轨迹线,使小车按照规定的线路行驶。红外避障传感器则是用来检测小车前方是否有障碍物,小车遇到障碍物能够自动绕道行驶,完成避障功能。

(3)驱动模块

接收控制器发出的命令,控制直流电机的转速及转向,使小车按照设定的模式运行。L298N是一种高电压、大电流电机驱动芯片,内含两个H桥驱动电路,可以用来驱动两个直流电机。L298N接收标准TTL逻辑电平信号,具有两个使能控制端,便于单片机控制。

(4)小车车体

车体由顶板、底板通过铜螺柱连接组成。顶板、底板采用的是黑色亮光亚克力材料。亚克力材料具有坚固、重量轻、美观大方等特点。小车底板用于安装直流减速电机、万向轮、传感器、驱动模块、电源等部件;小车顶板主要安装控制模块。

(5)直流电机

采用直流减速电机作为小车的执行元件,驱动车轮转动,使小车完成前进、后退、转向、停止等动作。直流减速电机转动力矩大、体积小、质量轻,装配简单,使用方便。由于其内部由高速电动机提供原始动力,带动变速(减速)齿轮组,可以产生较大扭力。

(6)电源模块

采用4节1.5 V干电池串联后作为小车的动力源。6 V直流电源分为两路,一路经L298N给直流减速电机供电;另一路由低压差三端稳压器LM2940-5降压、稳压后给其他模块供电。

5.3　红外循迹避障传感器设计与制作

在光谱中波长从 0.76～400 μm 的一段称为红外线,红外线是不可见光线。红外线与我们所熟悉的太阳能、无线电波一样,是在一定波长范围内的电磁波。红外线具有反射、折射、散射、干涉、吸收等物理特性。所有高于绝对零度(-273.15 ℃)的物质都可以产生红外线。红外线具有极强的穿透能力,不受周边环境影响。红外线在医学、军事、工业、汽车、电器、空间技术和环境工程等领域得到广泛应用。

本节将详细介绍循迹避障智能小车上的红外循迹、避障传感器的设计与制作。

5.3.1　红外循迹传感器设计与制作

循迹是指小车能在白色跑道上循黑线行走(或者在黑色跑道上循白线行走)。小车要实现循迹功能,就需要小车能自行对跑道情况进行检测,识别出黑色与白色物体。

1. 红外循迹传感器设计

本设计采用红外探测法对黑、白两种不同颜色的物体进行检测,探测元件选用的是红外反射式光电开关 TCRT5000。TCRT5000 是一体化反射型光电探测器,其发射器是一个砷化镓红外发光二极管,而接收器是一个高灵敏度,硅平面光电三极管。基于 TCRT5000 的红外循迹传感器如图 5.5 所示。

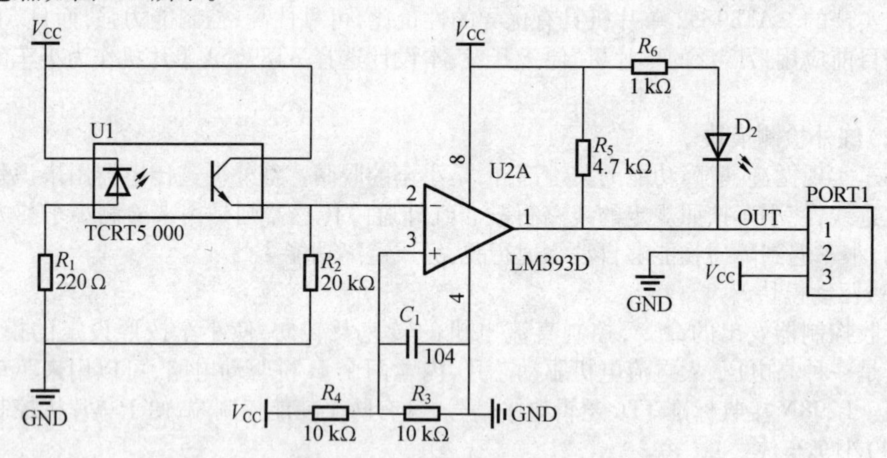

图 5.5　红外循迹传感器原理图

红外循迹传感器检测黑色、白色物体原理:由于不同颜色的物体对光的反射率不同,当 TCRT5000 对准的物体为黑色时,光线几乎没有返回,光电三极管不导通,其输出为低电平,电压比较器 LM393 输出为高电平“1”;反之,当 TCRT5000 对准的物体为白色时,光电三极管导通,输出为高电平,LM393 输出为低电平“0”。因此,通过 TCRT5000 可以识别出黑色的跑道和白色的跑道背景,从而实现小车的循迹功能。

2. 红外循迹传感器电路分析

(1)R_1

R_1 为限流电阻,其阻值的大小将影响传感器探测黑、白物体的距离。这里我们设计反射距离为 2 cm 左右，R_1 的阻值选定为 220 Ω，探测是在没有强烈日光干扰的环境下进行的。限流电阻决定了红外发射管的发射功率，R_1 越小，红外发射管的功率就越大，小车的能耗也就增加，但同时也增加了光电管的探测距离，因此用户可以根据测试情况选择合适的限流电阻。

(2) TCRT5000

TCRT5000 为红外一体式发射接收器。由于感应的是红外光，常见光对它的干扰较小，在小车、机器人等制作中广泛采用。TCRT5000 检测黑线的原理为：由于黑色吸光，当红外发射管发出的光照射在上面后反射的部分就较小，接收管接收到的红外线也就较少，表现为电阻比较大，通过外接的电路就可以读出检测的状态，同理当照射在白色表面时发射的红外线就比较多，表现为接收管的电阻就比较小。TCRT5000 分为两部分：一部分为蓝色类似于 LED，这是红外的发射部分，通电后能够产生人眼不可见的红外光；另外一部分为黑色的红外接收部分，它的电阻会随着接收到红外光的多少而变化。

(3) LM393

LM393 为电压比较器。LM393 是由两个独立的、高精度电压比较器组成的集成电路，失调电压低，最大为 2 mV，可单电源供电，集电极开路输出。每个比较器有两个输入端和一个输出端。两个输入端一个称为同相输入端，用"+"表示，另一个称为反相输入端，用"-"表示。用作比较两个电压时，任意一个输入端加一个固定电压做参考电压（也称为门限电平，它可选择 LM393 输入共模范围的任何一点），另一端加一个待比较的信号电压。当"+"端电压高于"-"端时，输出管截止，相当于输出端开路。当"-"端电压高于"+"端时，输出管饱和，相当于输出端接低电位。两个输入端电压差大于 10 mV 就能确保输出能从一种状态可靠地转换到另一种状态，因此，把 LM393 用在弱信号检测等场合是比较理想的。LM393 的输出端相当于一只不接集电极电阻的晶体三极管，在使用时输出端到正电源需要接一只电阻（称为上拉电阻，选 3 ~ 10 kΩ）。

(4) R_2

R_2 为分压电阻。R_2 的选择和采用红外接收管的内阻有关，由于 R_2 和接收管构成分压电路，因此 R_2 的大小和接收管的电压变化有关。正常情况下，传感器在黑线和白纸上移动时，则 R_2 的上端也就是 LM393 的 2 脚应该有明显的电压变化，良好的情况下电压变化可以达到 3 ~ 4 V，电压变化非常明显，如果电压变化不明显，可以尝试着更换 R_2 的阻值。

(5) R_3、R_4、C_1

R_3、R_4、C_1 组成 LM393 门限电平。由于 R_3 和 R_4 的阻值相等，所以电路的门限电平为电源电压的一半，即 2.5 V（V_{CC} 为+5 V），C_1 的作用是消除干扰信号。

(6) R_5

R_5 为上拉电阻。

(7) R_6、D_2

R_6、D_2 为传感器状态指示。当传感器检测到白色物体时，LM393 输出为低电平，发光二极管 D_2 亮；当传感器检测到黑色物体时，LM393 输出为高电平，发光二极管 D_2 熄灭。R_2 是 D_2 的限流电阻。

3. 红外循迹传感器 PCB 设计

要保证小车有良好的循迹效果，除了循迹传感器的数量之外，传感器的外形尺寸以及元器件的封装选择也是一个重要因素。

在本设计中，红外循迹传感器采用电子积木式设计，每个传感器为三线制，即 V_{CC}、GND、信号(+、-、S)，这样的设计，一方面便于传感器和控制模块连接；另一方面用户可根据实际情况选择传感器的数量，使小车的循迹效果达到最佳。

组成循迹传感器的元器件采用表面贴装式(SMC)，和传统的通孔元器件相比，可使传感器的体积缩小 40% ~60%、质量减轻 60% ~80%。循迹传感器的外形尺寸为 35 mm×12.5 mm(长×宽)。为方便安装，每个循迹传感器都有一个固定安装孔，可用 M_3 螺丝固定在小车的底板上。

红外循迹传感器 PCB 采用双面设计，即顶层和底层都布有元器件，其中，电阻 R_3、R_4、R_5、R_6、发光二极管 D_2、连接件 P1 等放置在 PCB 的顶层；电压比较器 LM393，红外一体式发射接收器 TCRT5000，电阻 R_1、R_2，瓷片电容 C_1 则放置在 PCB 的底层。红外循迹传感器的元器件布局、布线、装配图如图 5.6 所示。红外循迹传感器元器件清单见表 5.1。

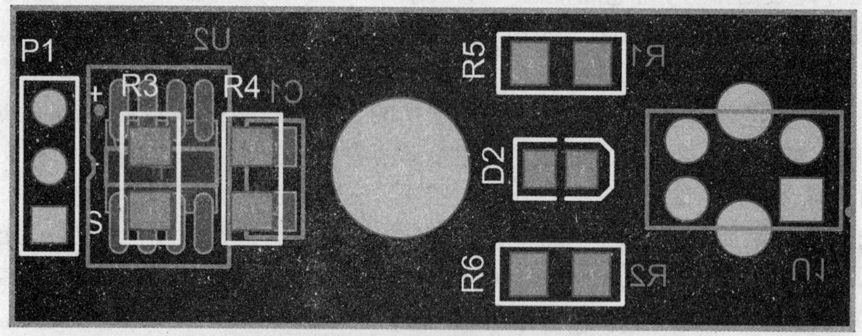

(a) 红外循迹传感器的元器件布局

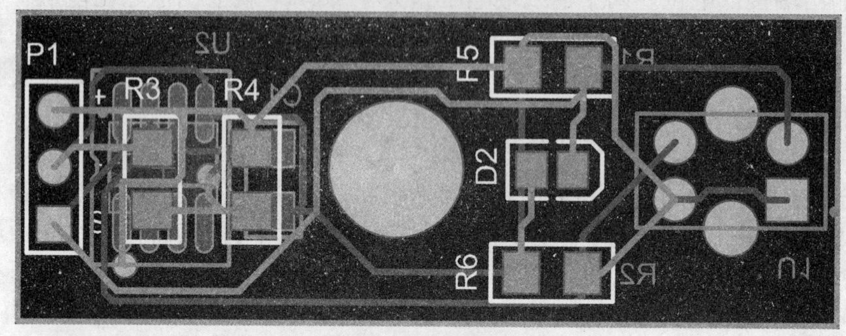

(b) 红外循迹传感器布线

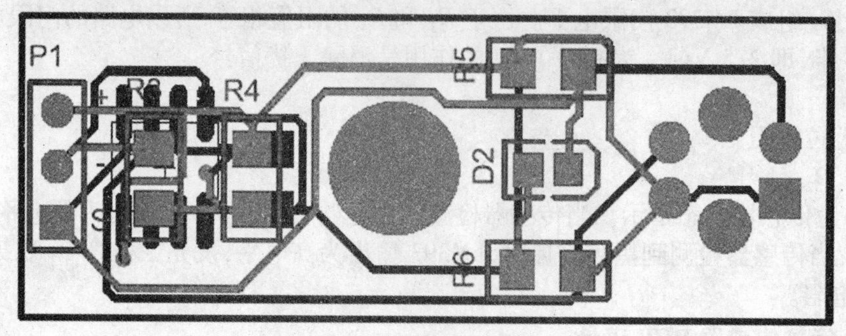

(c) 红外循迹传感器装配图

图 5.6　线外循迹传感器的元器件布局、布线、装配图

表 5.1　红外循迹传感器元器件清单

元器件名称	规格	封装	数量	标识
瓷片电容(贴片)	0.1 μF	1206	1	C_1
发光二极管(贴片)	红色	0805	1	D_2
电阻 1(贴片)	220	1206	1	R_1
电阻 2(贴片)	20 kΩ	1206	1	R_2
电阻 3(贴片)	10 kΩ	1206	2	R_3、R_4
电阻 4(贴片)	4.7 kΩ	1206	1	R_5
电阻 5(贴片)	1 kΩ	1206	1	R_6
电压比较器(贴片)	LM393D	S08_M	1	U_2
红外对管(通孔)	TCRT5000	DIP_4	1	U_1
排针(通孔)	Header　3-Pin	HDR1X3	1	PORT1

5.3.2　红外避障传感器设计与制作

避障是指小车在行驶过程中,遇到障碍物时能够自动绕道行驶,避开障碍物。检测障碍物的传感器通常有接触型和非接触型两种,接触型是指传感器接触到被测对象时才有动作,碰撞开关、接触开关属于这种类型的传感器;非接触型是指传感器能在标定的范围内检测到物体,而不需要与物体相接触,超声波测距传感器、红外测距传感器属于非接触型传感器。

1. 红外避障传感器设计

超声波受环境影响较大,电路复杂,而且地面对超声波的反射会影响系统对障碍物的判断。红外线具有反射物理特性,而且在传播时不扩散,穿越其他物质时折射率很小,所以本设计采用红外线检测障碍物。

红外避障传感器主要由红外发射管、红外接收管构成。当红外发射管发射出的红外线遇到障碍物时,大部分红外线被发射回来,红外接收管将接收到的红外信号转换成电信号,而且这个电信号随着光的强度变化而相应变化,利用这一点进行障碍物远近的检测;反之,当红外发射管前方无障碍物或障碍物距离很远时,发射出去的红外线几乎没有返回,那么红外接收管接收不到发射回来的红外线,也就没有电信号,可由此判断前方无障碍物。红外避障传感器原理图如图 5.7 所示。

红外循迹传感器检测障碍物的原理:红外发射管 D_1 发射红外线,当发射出去的红外线遇到障碍物时被反射回来,红外接收管 Q_2 输出低电平;反之,若无障碍物,红外接收管 Q_2 输出高电平。这样,通过红外接收管 Q_2 的状态,来检测前方是否有障碍物。

2. 红外避障传感器电路分析

(1)三极管 Q_1,电阻 R_1、R_2、R_3,红外发射管 D_1 组成红外发射电路

为了提高传感器的抗干扰能力,增加传感器的探测距离,对发射的红外信号进行调制,设计的载波频率为 38 kHz,通过对三极管 Q_1 的基极施加 38 kHz 开关信号,三极管 Q_1 就以相应的频率导通、关断,D_1 发射的红外线就搭载在频率为 38 kHz 的脉冲信号上发射出去。

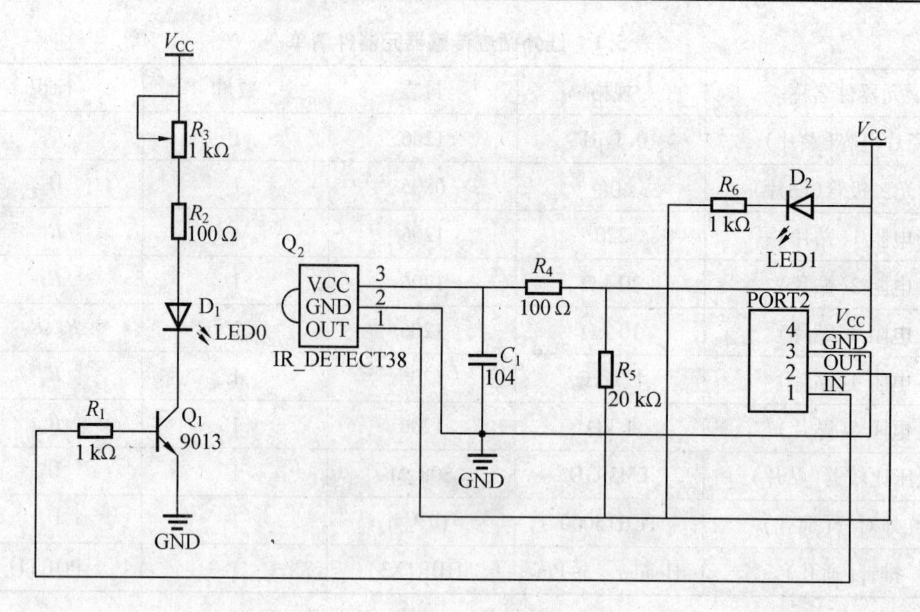

图 5.7　红外避障传感器原理图

另一方面还可以提高发射效率和降低电源功耗。通过调整电阻 R_3，可改变传感器的探测距离。

(2)红外线(IR)接收/检测器(也称红外一体化接收头)HS0038，电阻 R_4、R_5，电容 C_1 组成红外接收电路

HS0038 内置有红外接收管(光电二极管)、放大器、滤波器及解调器，具有抗光电干扰性能好(无需外加磁屏蔽及滤光片)，并有接收角度宽等特点。HS0038 只接收频率为 38 kHz 左右的红外线，这就防止了普通光源像太阳光和室内光的干涉。太阳光是直流干涉(0 Hz)源，而室内光依赖于所在区域的主电源，闪烁频率接近 100 Hz 或 120 Hz。由于120 Hz在电子滤波器的 38 kHz 通带频率之外，这些干扰信号完全被 HS0038 忽略。当 HS0038 接收频率为 38 kHz 左右的红外线时，输出低电平，否则，输出高电平。HS0038 的特性曲线如图 5.8 所示。红外接收头内部放大器的增益很大，很容易引起干扰，因此在接收头的供电脚上须加上滤波电容，并在供电脚和电源之间接入 100 Ω 的电阻、在供电电源和输出之间接入电阻值 10 kΩ以上的电阻，以进一步降低电源干扰，电路中的 C_1、R_4、R_5 就是起到这一作用的。

(3)发光二极管 D_2、R_6

传感器状态指示。当 HS0038 接收频率为 38 kHz 左右的红外线时，输出端 OUT 为低电平，发光二极管 D_2 亮；否则，发光二极管 D_2 熄灭。用以指示传感器是否检测到障碍物。

3. 红外避障传感器 PCB 设计

红外避障传感器也采用电子积木式设计，每个传感器为四线制，即 V_{CC}、GND、输出信号、调制输入信号(+、-、S、IN)。

组成避障传感器的元器件也采用表面贴装式(SMC)。避障传感器的外形尺寸为 30 mm×25 mm(长×宽)。同样，为方便安装，每个避障传感器也都有一个固定安装孔，用 M_3 螺丝固定在小车的底板上。红外避障传感器 PCB 双面布线。红外避障传感器的元器件布局、布线、装配图如图 5.9 所示。红外循迹传感器元器件清单见表 5.2。

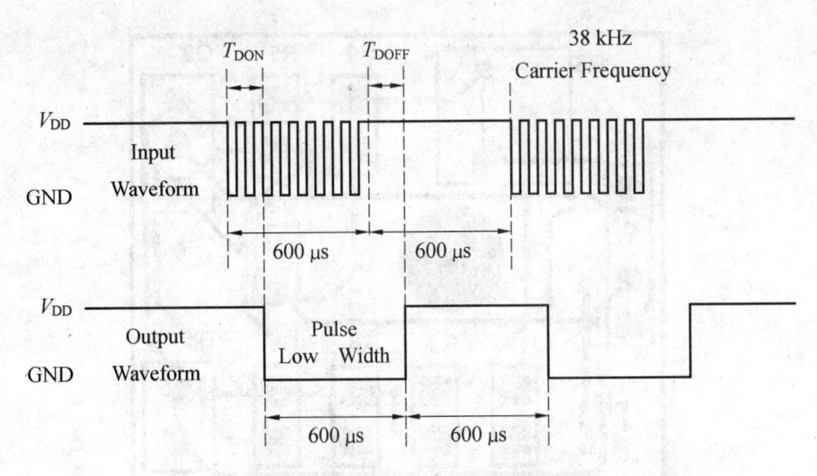

图 5.8　HS0038 的特性曲线

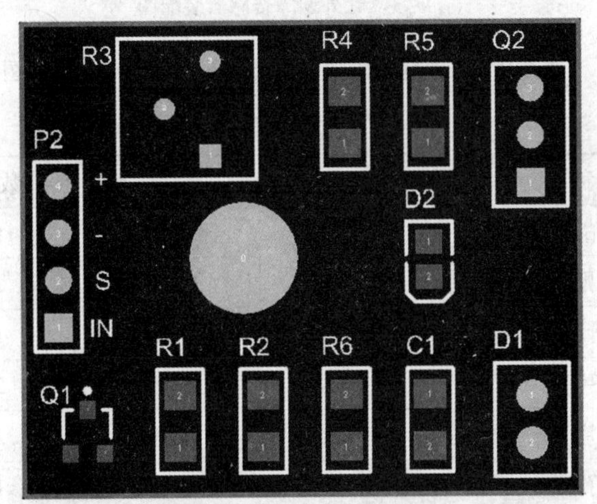

(a) 红外避障传感器的元器件布局

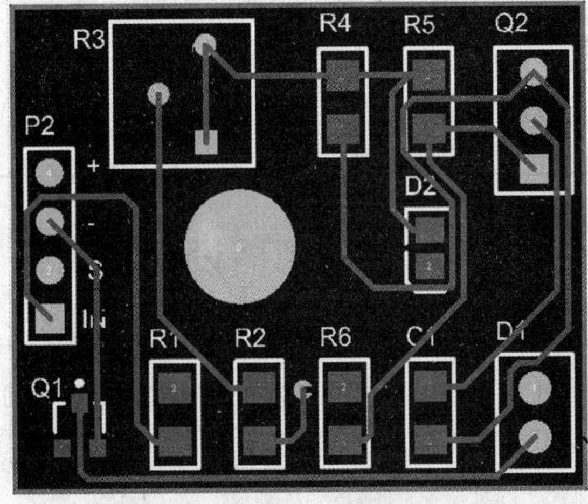

(b) 红外避障传感器布线

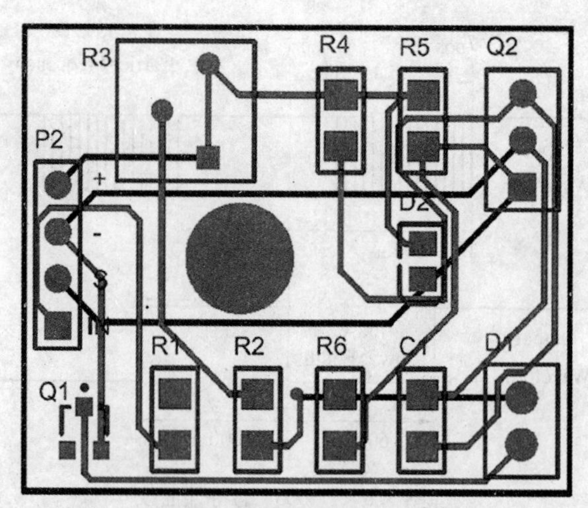

(c) 红外避障传感器装配图

图 5.9　红外避障传感器的元器件布局、布线、装配图

表 5.2　红外避障传感器元器件清单

元器件名称	规格	封装	数量	标识
瓷片电容(贴片)	0.1 μF	1206	1	C_1
发光二极管(贴片)	红色	0805	1	D_2
红外发射二极管(通孔)	Φ3	AXIAL-0.1	1	D_1
电阻 1(贴片)	100	1206	2	R_2、R_4
电阻 2(贴片)	1 kΩ	1206	2	R_1、R_6
电阻 3(通孔)	1 kΩ	VR4	1	R_3
电阻 4(贴片)	20 kΩ	1206	1	R_5
三极管(贴片)	9013	SOT-23	1	Q_1
一体化接收头(通孔)	HS0038	HDR1X2	1	Q_2
排针(通孔)	Header 4-Pin	HDR1X4	1	PORT2

5.4 小车控制器设计与制作

在循迹避障智能小车中,控制器是整个系统的核心,小车的各种功能都是在控制器的指挥下实现的。本设计采用 AT89S52 单片机作为循迹避障智能小车的控制芯片。由于本设计将控制器与电源模块做在一块 PCB 上,所以在这一节中,将分别讨论小车控制器、电源模块的设计与制作。

5.4.1 小车控制器设计

小车控制模块由单片机模块、I/O 接口组成,如图 5.10 所示。单片机模块包括 AT89S52

单片机芯片、复位电路、晶振电路。由于 AT89S52 单片机 P0 口内部没有上拉电阻，为高阻抗状态，将 P0 口用作 I/O 口时需外接上拉电阻，这里我们选择接入 10 kΩ 的上拉电阻。特别需要说明的是，单片机的 31 引脚 EA 应接高电平（EA 接低电平，单片机选择片外存储器；EA 接高电平，单片机选择片内存储器），由于我们只用内部存储器，因此需要将此脚连至高电平，这一点非常重要，很多单片机爱好者的单片机无法工作也往往是由于疏忽这一点而引起的。

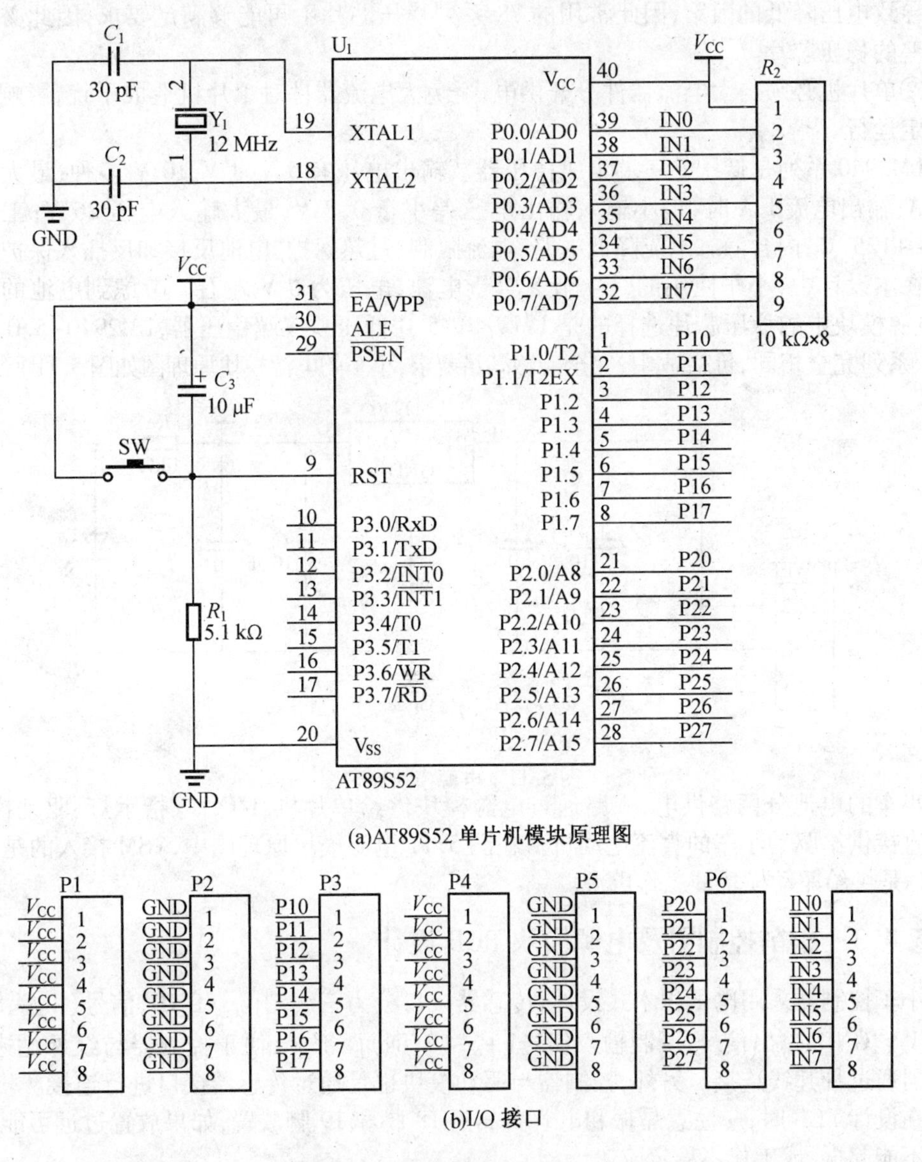

(a)AT89S52 单片机模块原理图

(b)I/O 接口

图 5.10　小车控制模块

I/O 接口是控制器和红外传感器、电机驱动模块进行信息传递的桥梁。在本设计中，I/O接口分为两组：一组是三线制，即 V_{CC}、GND、信号（+、-、S），主要用于红外循迹传感器与控制器接口；另一组是四线制，即 V_{CC}、GND、输出信号、调制输入信号（+、-、S、IN），主要用于红外避障传感器与控制器接口。需要说明的是，这两组 I/O 接口除了用于和传感器连接外，剩余的 I/O 接口线也都可以和电机驱动模块连接。

5.4.2 电源模块设计

电源是整个系统稳定工作的前提,因此必须有一个合理的电源设计,对于小车来说电源模块设计应注意两点:

①与一般的稳压电源不同,小车的电池电压一般在 6 ~8 V 左右,同时还要考虑到电池损耗导致电压降低的因素,因此常用的 78 系列稳压芯片不再能够满足要求,因此必须采用低压差的稳压芯片。

②单片机必须与大电流器件分开供电,避免大电流器件对单片机造成干扰,影响单片机的稳定运行。

LM2940 系列是低压差三端集成稳压器。输出电压有 5 V、8 V、10 V 多种;最大输出电流 1 A;输出电流 1 A 时,最小输入输出电压差小于 0. 8 V;最大输入电压 26 V;工作温度 -40 ~ +125 ℃;内含静态电流降低电路、电流限制、过热保护、电池反接和反插入保护电路。

在本设计中,小车使用的是 4 节 5 号干电池,电压为 6 V 左右。考虑到电池的损耗情况,电源模块中的稳压芯片选择的是 LM2940-5. 0 低压差三端稳压器,LM2940-5. 0 的封装与 78 系列完全相同,价格适中,完全能够满足要求,小车的电源模块原理图如图 5. 11 所示。

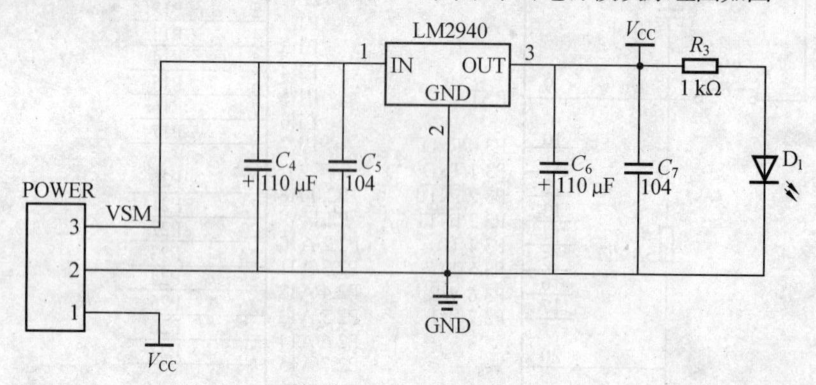

图 5. 11 电源模块原理图

小车的电池分两路供电,一路通过电源模块供给单片机、I/O 口、指示灯、驱动模块;另一路直接供给驱动小车的直流电动机。在图 5. 11 电源模块原理图中,VSM 接入的是电池正极,V_{CC}是供给驱动模块的工作电源。

5.4.3 小车控制器及电源模块 PCB 设计

小车控制器采用电子积木式设计,传感器接口分为三线制 V_{CC}、GND、信号(+、-、S)和四线制 V_{CC}、GND、输出信号、调制输入信号(+、-、S、IN)两部分,便于控制器与红外循迹、避障传感器通过杜邦线连接。另外,控制器与驱动模块也是通过传感器接口进行连接。

在设计 PCB 时,应注意晶振和电容要靠近 18 脚和 19 脚放置,如果放置过远可能会造成晶振不能起振,或工作不稳定。

本设计中,没有设计 ISP 下载接口,用 40PIN 锁紧插座固定单片机,这样便于在给单片机烧录程序时插拔单片机。没有设计 ISP 下载接口原因是:考虑到 51 单片机的型号众多,其 ISP 下载接口也不相同,用户可根据自己选择的单片机型号用编程器烧录程序。

控制器及电源模块的外形尺寸为 73 mm×64 mm(长×宽)。为方便安装,控制器及电源模块设有 4 个固定安装孔,用 M_3 螺丝固定在小车的顶板上。小车控制器及电源模块的元器件布局、布线、装配图如图 5. 12 所示。小车控制器及电源模块元器件清单见表 5. 3。

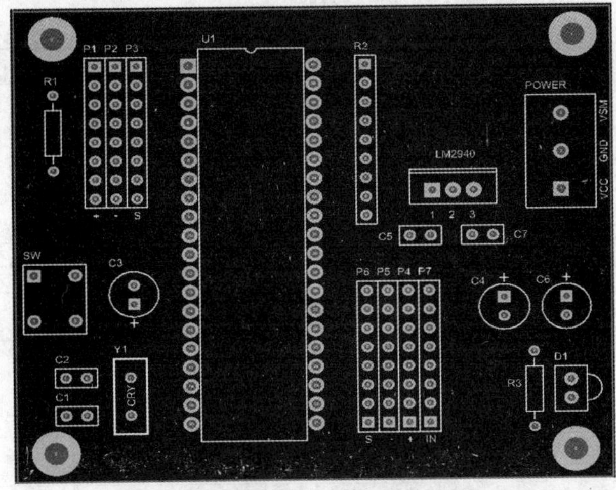

(a) 控制器及电源模块的元器件布局

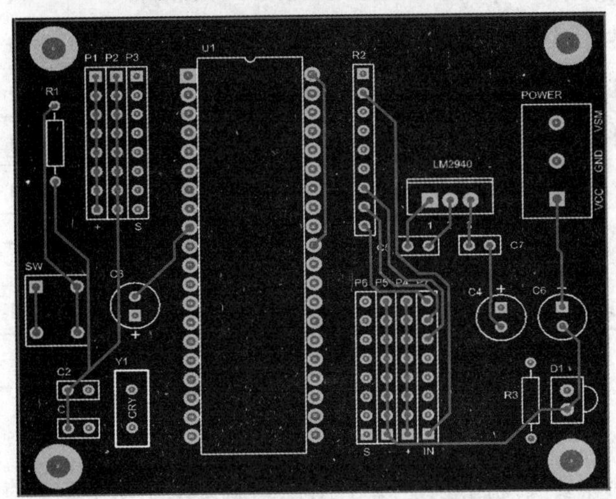

(b) 控制器及电源模块布线

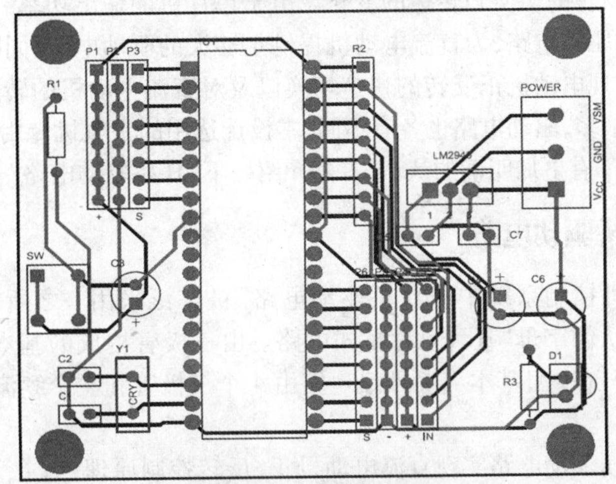

(c) 控制器及电源模块装配图

图 5.12　控制器及电源模块的元器件布局、布线、装配图

表 5.3 小车控制器及电源模块元器件清单

元器件名称	规格	封装	数量	标识
瓷片电容	30 pF	AXIAL-0.1	2	C_1、C_2
瓷片电容	0.1 μF	AXIAL-0.1	2	C_5、C_7
电解电容	10 μF	AXIAL-0.1	1	C_3
电解电容	110 μF	AXIAL-0.1	2	C_4、C_6
三端集成稳压器	LM2940	TO-78	1	LM2940
发光二极管	Φ3	AXIAL-0.1	1	D_1
晶振	12 MHz	AXIAL-0.2	1	Y_1
单片机	AT89S52	DIP-40	1	U_1
40PIN 锁紧插座	DIP40	DIP-40	1	U_1
电阻 1	5.1 kΩ	AXIAL-0.4	1	R_1
电阻 2	1 kΩ	AXIAL-0.4	1	R_3
电阻 3	10 kΩ×8	HDR1X9	1	R_2
轻触式开关	6 mm 方形	DIP-4	1	SW
排针(红外传感器接口)	Header 8-Pin	HDR1X8	7	P1、P2、P3、P4、P5、P6、P7
电源接线柱	Header 3-Pin	HDR1X3	1	POWER

5.5 小车驱动模块设计与制作

本设计中的小车要实现循迹、避障等功能,这就要求驱动小车的直流电动机能够在程序的控制下实现正反转的切换和转速的变化。由于单片机的输出功率有限,不能直接驱动直流电动机,需要加驱动电路,为直流电动机提供足够大的驱动电流,同时驱动电路还能在单片机的控制下,实现电动机正反转的快速切换以及对直流电动机的转速进行控制。直流电动机的驱动方法很多,驱动电路也各有不同,本设计选用的是电机专用驱动芯片 L298N。为了使读者对 L298N 有更加明确的认识,首先介绍一下"H 桥驱动电路"。

5.5.1 H 桥驱动电路

在直流电动机控制系统中,"H 桥驱动电路"被广泛采用。之所以称为"H 桥驱动电路",是因为其形状像字母"H",也称桥式电路。由三极管构成的基本 H 桥驱动电路如图 5.13所示。在图 5.13 中,基本 H 桥驱动电路由 4 个三极管和 4 个续流二极管组成,采用单一电源供电。

应用基本 H 桥驱动电路实现直流电动机正、反转控制原理:当 U_a、U_d 为高电平,U_b、U_c 为低电平时,T_1 和 T_4 导通,直流电动机正转;当 U_b、U_c 为高电平、U_a、U_d 为低电平时,T_2 和 T_3 导通,直流电动机反转,这样便实现了直流电动机的正、反转控制。电路中三极管选用的

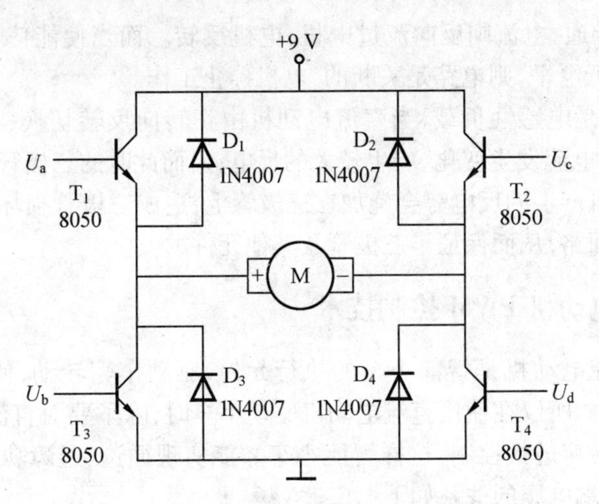

图5.13　基本H桥驱动电路原理图

是8050,其最大工作电流约为800 mA,可以用来驱动一些功率较小的直流电动机。

基本H桥驱动电路存在的问题:如果在控制中 U_a(或 U_c)、U_b(或 U_d)同时出现高电平,将使H桥同侧的三极管 T_1(或 T_2)、T_3(或 T_4)都导通,电流将不会流过直流电动机,而是从电源正极流经三极管 T_1(或 T_2)、T_3(或 T_4)到电源负极,此时,电路中除了三极管外没有其他任何负载,因此电路上的电流就可能达到最大值(该电流仅受电源性能限制),甚至烧坏三极管。

基于上述原因,在实际驱动电路中通常要用硬件电路方便地控制三极管的开和关。改进的H桥驱动电路如图5.14所示,它在基本H桥电路的基础上增加了4个与门和2个非门。4个与门由一个"使能"信号控制,这样,用这一个信号就能控制整个电路的开和关。而2个非门通过提供一种方向输入,可以保证任何时候在H桥的同一侧上都只有一个三极管能导通。电机的运转只需要用3个控制信号,即两个方向信号和一个使能信号。

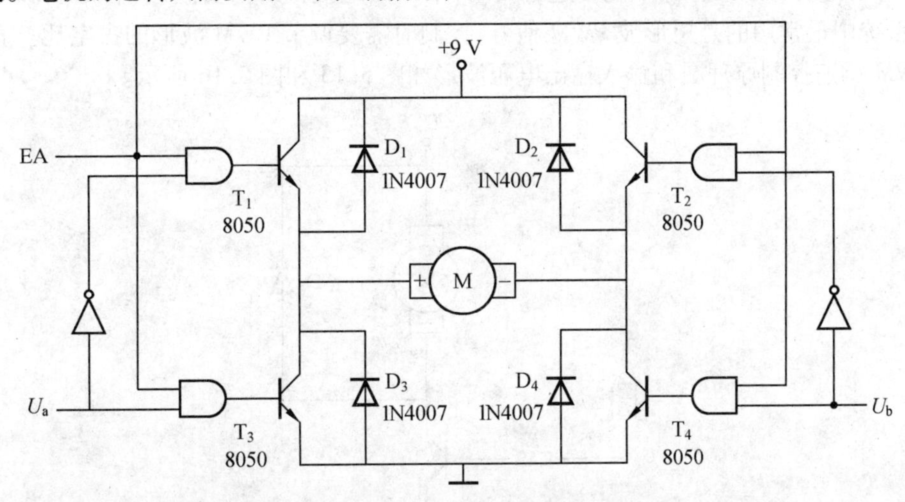

图5.14　可控制的H桥驱动电路原理图

改进的H桥驱动电路控制原理如下:使能信号EA为高电平,如果 U_a 为低电平、U_b 为高电平,三极管T1和T4导通,电流从左至右流经电机,电机正转;如果 U_a 为高电平,而 U_b 为低电平，T2 和 T3 将导通，电流则反向流过电机，电机反转。而当使能信号 EA 为低电平时，不论 U_a 和 U_b 是高、低电平，则电路是关断的，电机停止工作。

由于直流电动机是电感性负载，当直流电动机由正转向反转切换（或由反转向正转切换）时，直流电动机的电流发生变化，产生较大的反电势，而此时的三极管由导通状态转换为截止状态，直流电动机产生的反电势会施加在三极管上，造成三极管损坏。电路接入续流二极管后，形成了续流回路，从而保证了三极管及其他元件的安全。

5.5.2　直流电动机 PWM 控制技术

在本设计中，直流电动机是智能小车的执行元件，驱动车轮转动，使小车完成前进、后退、转向、停止等动作。所以在使用直流电动机驱动小车时，除了要对直流电动机进行正、反转控制外，还要对其转速进行控制，这样智能小车才能实现循迹、避障功能。直流电动机的转速与施加在电枢两端电压的关系如下：

$$n=\frac{U-IR}{C_e\Phi} \tag{5.1}$$

式中，U 为加载在直流电动机电枢两端的直流电压；I 为直流电动机的电枢电流；R 为电枢电路总电阻；C_e 为直流电动机的结构参数；Φ 为每极磁通量。

由于本设计中用到的是微型直流电动机，其机械结构已经固定，励磁部分为永久磁铁，所以式中的 R、C_e、Φ 等参数都已经固定，我们能够改变的只有加载在直流电动机电枢两端的直流电压。由此可见，通过改变加载在直流电动机电枢两端的直流电压就可以对其转速进行控制，即通过调节电枢电压来实现调速。

在调节电枢电压来实现调速方式中，应用最为广泛的是通过 PWM 来控制直流电动机电枢电压，实现调速。

PWM（脉冲宽度调制）是英文“Pulse Width Modulation”的缩写，简称脉宽调制。PWM 控制技术，即通过对一系列脉冲的宽度进行调制，来等效地获得所需要波形（含形状和幅值）。在控制系统中最常用的是矩形波 PWM 信号，控制时需要调节 PWM 波形的占空比。直流电动机 PWM 调速控制原理图和输入输出电压波形如图 5.15 和图 5.16 所示。

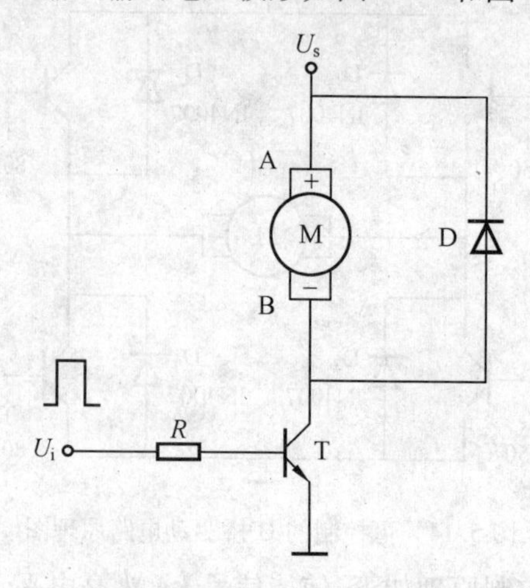

图 5.15　PWM 调速控制原理图

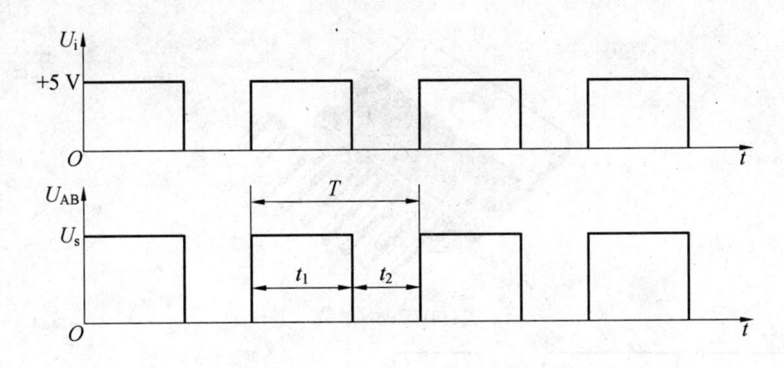

图5.16　输入输出电压波形图

PWM 调速原理:在图5.15中,当开关管T的基极输入高电平时,开关管T导通,直流电动机电枢两端的电压为 U_s,t_1 s后,基极输入变为低电平,开关管T截止,直流电动机电枢两端的电压为0。t_2 s后,开关管T的基极输入重新变为高电平,开关管的动作重复前面的过程。这样,对应输入的电平高低,直流电动机电枢两端的电压波形如图5.16所示。直流电动机的电枢两端的平均电压值 U_{AB} 为

$$U_{AB}=\frac{t_1}{T}U_s=\alpha U_s \tag{5.2}$$

式中,α 为占空比,$\alpha=\frac{t_1}{T}$。

占空比 α 表示在一个周期 T 内,开关管导通的时间与周期的比值。α 的变化范围为 $0\leqslant\alpha\leqslant1$。由式(5.2)可知,当电源电压 U_s 不变的情况下,直流电动机电枢两端电压的平均值 U_{AB} 取决于占空比 α 的大小,改变 α 的值就可以改变端电压的平均值,从而达到调速的目的,这就是PWM调速原理。

在PWM调速时,占空比 α 是一个重要参数。目前,在直流电动机的控制中,主要使用定频调宽法,即保持周期 T(或频率)不变,而同时改变 t_1 和 t_2 来实现改变占空比 α 的值。

5.5.3　基于L298N的直流电动机驱动模块设计与制作

L298N是一种高电压、大电流电机驱动芯片,采用15脚封装,如图5.17所示。L298N的主要特点是:工作电压高,最高工作电压可达46 V,输出电流大,瞬间峰值电流可达3 A,持续工作电流为2 A,额定功率25 W。内含两个H桥的高电压大电流全桥式驱动电路,可以用来驱动直流电动机和步进电动机、继电器线圈等感性负载。采用标准逻辑电平信号控制,具有两个使能控制端,输入标准TTL逻辑电平信号,低电平时全桥式驱动器禁止工作,使内部逻辑电路部分在低电压下工作。可以外接检测电阻,将变化量反馈给控制电路。用L298N芯片可驱动两个两相步进电机或驱动一个四相步进电机,也可以驱动两台直流电动机。L298N的内部原理图如图5.18所示。L298N的引脚功能见表5.4。

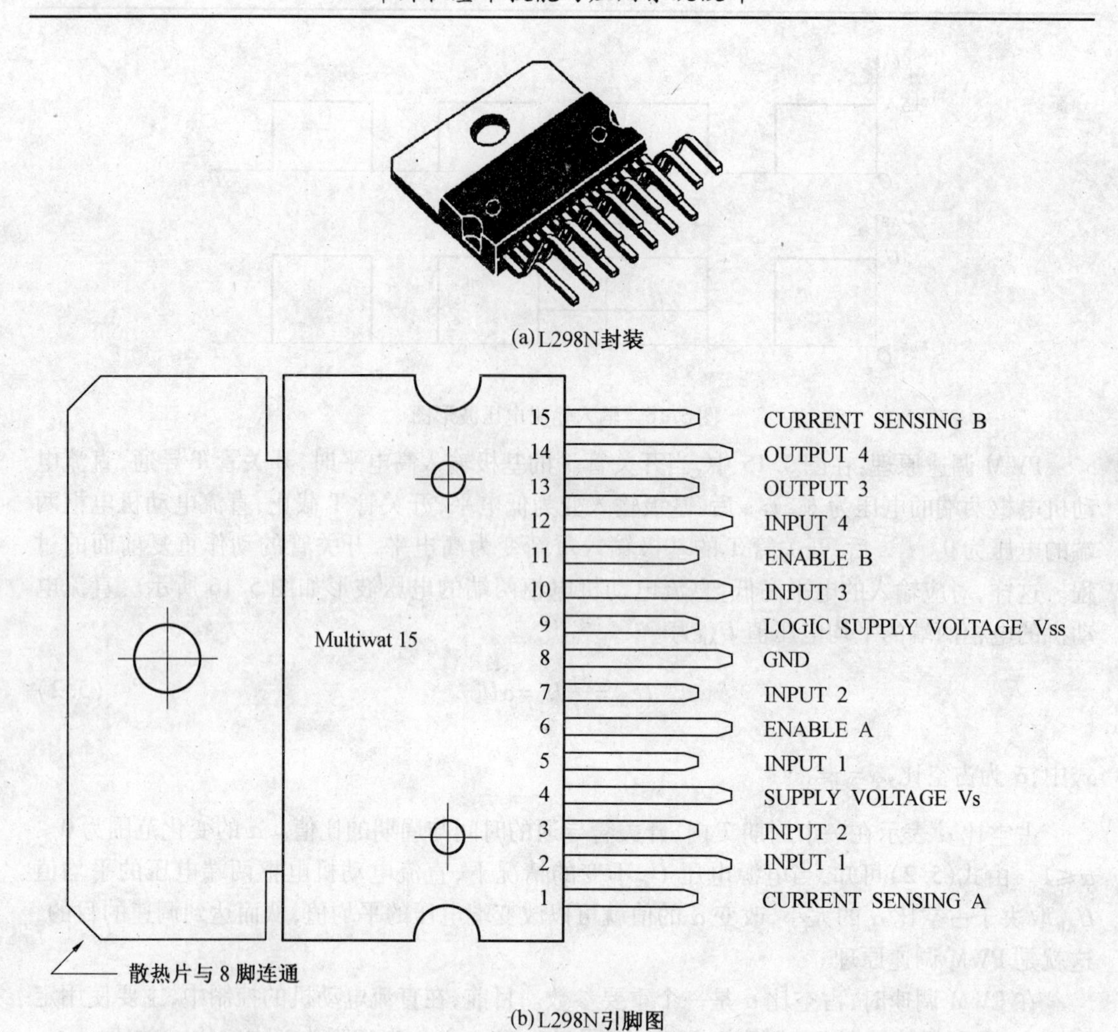

(a) L298N封装

(b) L298N引脚图

图 5.17　L298 封装及引脚图

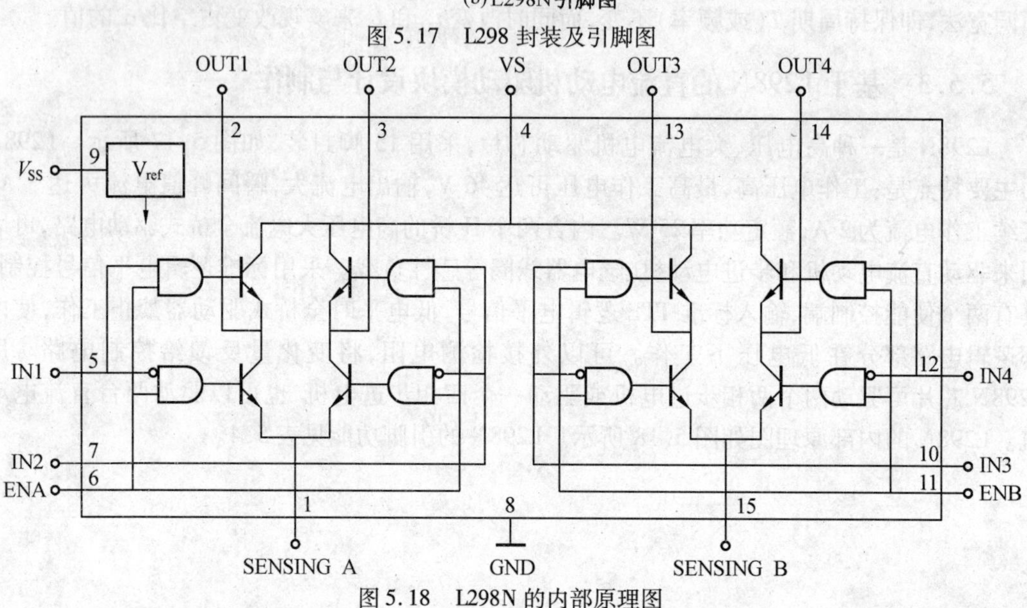

图 5.18　L298N 的内部原理图

表 5.4　L298N 引脚功能

引脚	符号	功能
1 15	CURRENT SENSING A CURRENT SENSING B	两个 H 桥的电流反馈脚,不用时可以直接接地
2 3	OUTPUT 1 OUTPUT 2	驱动器 A 的两个输出端,用来连接负载
4	SUPPLY VOLTAGE VS	电机驱动电源输入端
5 7	INPUT 1 INPUT 2	输入标准的 TTL 逻辑电平信号,用来控制全桥式驱动器 A 的开关
6 11	ENABLE A ENABLE B	使能控制端,输入标准的 TTL 逻辑电平信号。低电平时全桥式驱动器禁止工作
8	GND	接地端,芯片散热片与该引脚连通
9	LOGIC SUPPLY VOLTAGE VSS	逻辑控制部分电源输入端
10 12	INPUT 3 INPUT 4	输入标准的 TTL 逻辑电平信号,用来控制全桥式驱动器 B 的开关
13 14	OUTPUT 1 OUTPUT 2	驱动器 B 的两个输出端,用来连接负载

1. 小车驱动模块设计

本设计中的小车有 2 个主动轮,各由一个直流电动机驱动。L298N 内含两个 H 桥式驱动电路,其工作原理和前面介绍的 H 桥式驱动电路相同,所以本设计中的小车驱动模块是基于 L298N 设计的。基于 L298N 的小车驱动模块原理图如图 5.19 所示。

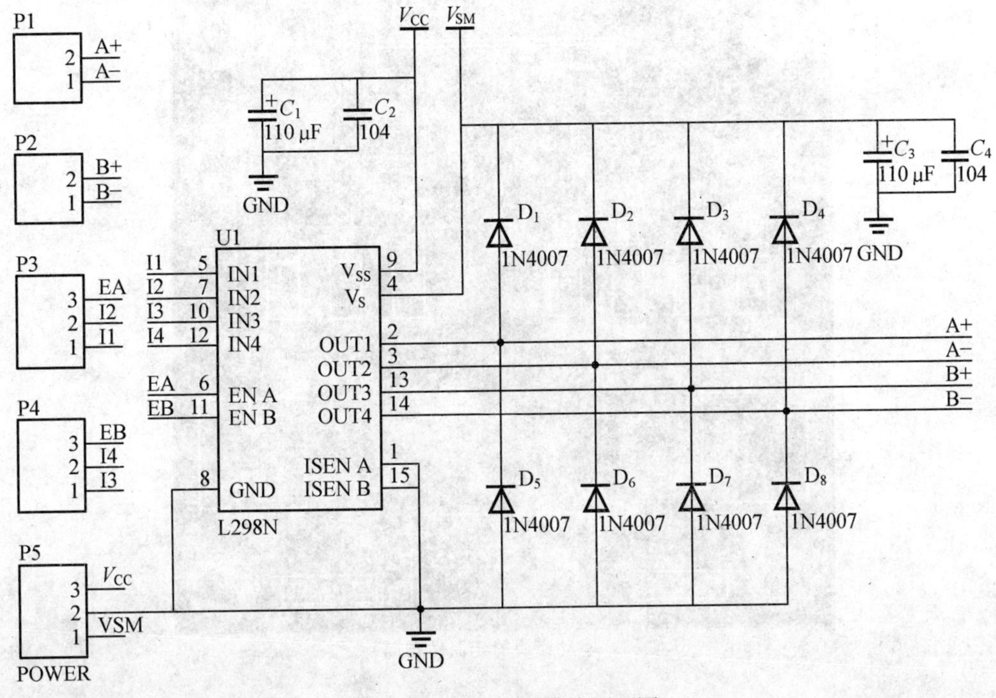

图 5.19　小车驱动模块原理图

小车驱动模块说明：

①驱动模块有两路电源，一路为 L298N 工作需要的 5 V 电源 V_{CC}，由电源模块提供；另一路为驱动电机用的电源 VSM，由小车电池直接提供。

②驱动模块可驱动 2 路直流电动机。其中，输出端子 A+、A-接一路直流电动机，B+、B-接另一路直流电动机。EA、EB 为使能端（高电平有效），IN1、IN2、IN3、IN4 为直流电动机正转或反转控制端。驱动模块的功能见表 5.5。

表 5.5　驱动模块功能表

EA(EB)	IN1(NI3)	IN2(IN4)	直流电动机运行状态
L	×	×	停止
H	L	H	正转
H	H	L	反转
H	H	H	快速停止
H	L	L	快速停止

③续流二极管 $D_1 \sim D_8$ 是为了消除电机转动时的尖峰电压保护电机而设置的。

④驱动模块工作时，L298N 的功耗很大，需接散热片。

2. 驱动模块 PCB 设计

驱动模块的外形尺寸为 58 mm×53 mm（长×宽）。驱动模块有 4 个固定安装孔，用 M_3 螺丝固定在小车的底板上。驱动模块 PCB 双面布线。驱动模块的元器件布局、布线、装配图如图 5.20 所示。小车驱动模块元器件清单见表 5.6。

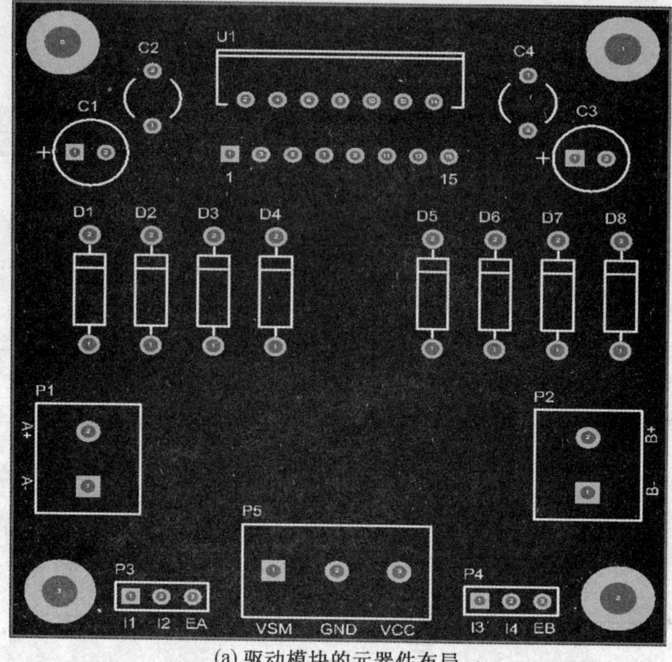

(a) 驱动模块的元器件布局

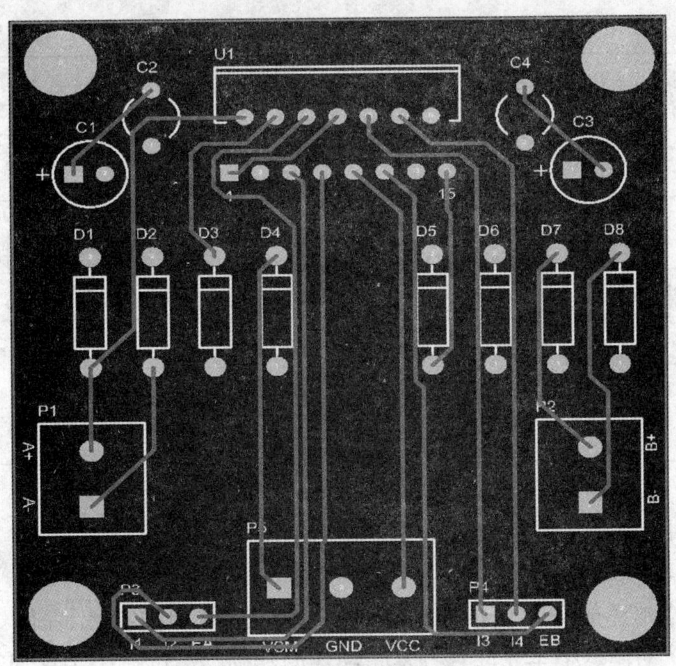

(b) 驱动模块的布线

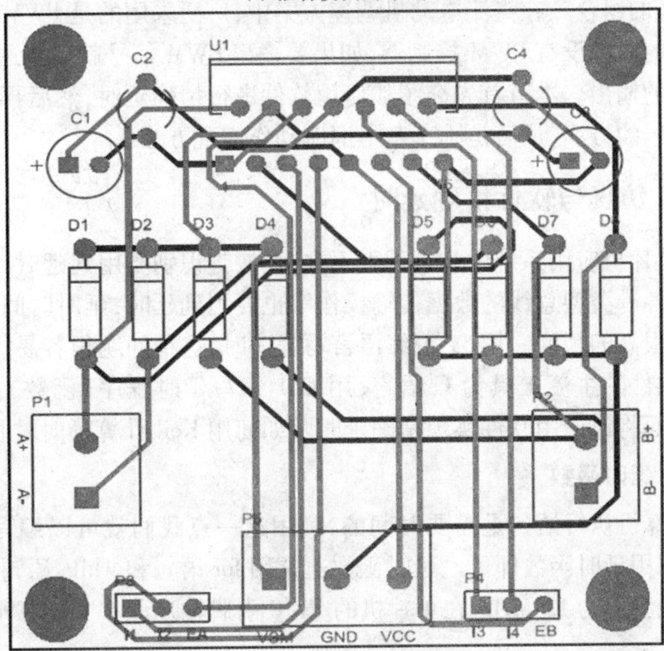

(c) 驱动模块的装配图

图 5.20　驱动模块的元器件布局、布线、装配图

表 5.6　小车驱动模块元器件清单

元器件名称	规格	封装	数量	标识
瓷片电容	0.1 μF	AXIAL-0.1	2	C_2、C_4
电解电容	110 μF	AXIAL-0.1	1	C_1、C_3
整流二极管	1N4007	AXIAL-0.4	8	D_1、D_2、D_3、D_4、D_5、D_6、D_7、D_8
电机驱动芯片	L298N	Multiwatt15V	1	U_1
2 端接线柱	Header　2-Pin	HDR1X2	2	P1、P2
排针(I/O 接口)	Header　3-Pin	HDR1X3	1	P3、P4
电源接线柱	Header　3-Pin	HDR1X3	1	P5

5.6　小车基本巡航动作

智能小车的基本巡航动作包括向前、向后、原地左转、原地右转、左转、右转、匀变速运动。这些基本巡航动作是小车完成各种复杂动作的基础,或者说,小车任何复杂的动作都是上述基本巡航动作的组合。在直流电动机调速方案中,广泛采用的是 PWM 控制技术。由于 AT89 系列单片机的内部没有 PWM 控制器,如果要输出 PWM 信号就需要通过软件的方式在 I/O 上模拟 PWM 的输出。本节首先介绍如何用软件进行精确延时,然后再讨论应用单片机 I/O 输出 PWM 信号的方法,最后是小车基本巡航动作实现方法。

5.6.1　Keil 仿真与软件精确延时

软件延时在单片机应用系统中几乎无处不在,如按键识别要用到延时,LED 数码管动态扫描要用到延时,各种类型总线的数据传输操作等也要用到延时,延时时间从几十微秒到几秒,有时还要求有很高的精度。用 51 汇编语言写程序时,这种问题很容易得到解决,而目前开发嵌入式系统软件的主流工具为 C 语言,用 C51 编写延时程序(函数)而且需要精确延时,如何实现? 下面将讨论用软件实现精确延时及如何用 Keil 计算延时时间的方法。

1. 用软件编写延时函数

我们知道,计算机执行语句是需要时间的,利用这一点我们就可以编写出延时函数,在需要延时的地方调用延时函数即可。延时函数通常用 for 语句和 while 语句编写。

设系统的晶振频率为 12 MHz,在单片机的 P1.0 引脚输出频率为 100 ms 的方波。程序如下:

```
#include<reg52.h>
#include<intrins.h>
#define uint unsigned int
sbit pulse=P1^0;
void delay(uint ms)
{
  uint i,j;
```

```
    for(i=ms;i>0;i--)          //i=ms,即延时约 ms
        for(j=110;j>0;j--)
        {
            _nop_();
        }
}
void main()
{
    while(1)
    {
        pulse=0;               //输出低电平
        delay(100);            //调用延时函数
        pulse=1;               //输出高电平
        delay(100);            //调用延时函数
    }
}
```

在上面的程序中,函数 delay(uint ms)是带有形参的毫秒级延时函数,若要延时 100 ms 可以写成“delay(100);”。

2. 用 Keil 计算及调试延时函数的执行时间

Keil 软件是德国 KEIL 公司(现已被 ARM 公司收购)开发的单片机编译器,主要用于 8051 单片机系统的开发。用 Keil 的仿真功能可以帮助我们计算延时函数的执行时间,调试延时函数。下面介绍如何用 Keil 的仿真功能来计算延时函数的执行时间。

①进入 Keil 界面,打开工程设置对话框,将【Target】标签下的【Xtal(MHz):】默认值修改为 12 MHz,如图 5.21 所示,然后单击【确定】按钮。

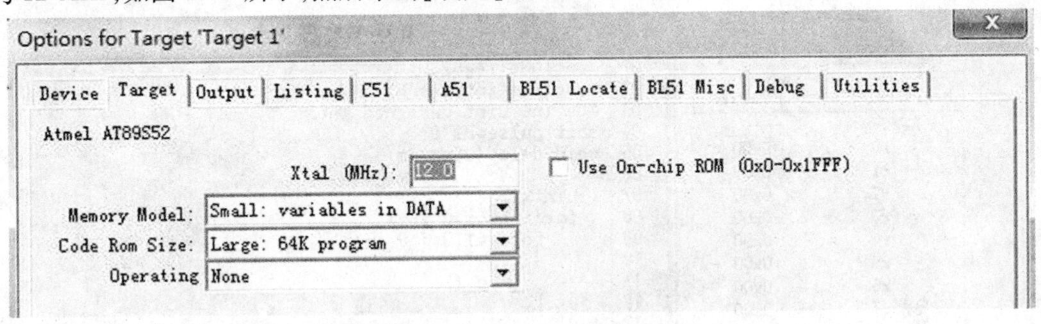

图 5.21　设置 Keil 仿真频率

②在 Keil 文本编辑窗口中设置断点。设置方式如下:在语句“pulse=0;”所在行前面空白处双击鼠标,则该行语句的前面出现一个红色方框,表示本行设置了一个断点,然后在语句“pulse=1;”所在行前面空白处双击鼠标,所在行以同样方式插入另一个断点,这两个之间的代码就是延时函数“delay(100)”,如图 5.22 所示。我们要计算的就是延时函数“delay(100)”的执行时间。

③单击 Keil 菜单栏上的【Debug】按钮出现下拉框,用鼠标单击【Start/Stop Debug Session】选项,进入到软件调试模式,程序执行到设置的第一个断点处(第一个红色小方框)停

```
01 #include<reg52.h>
02 #include<intrins.h>
03 #define uint unsigned int
04 sbit pulse=P1^0;
05 void delay(uint ms)
06 {
07   uint i,j;
08   for(i=ms;i>0;i--)
09      for(j=110;j>0;j--)
10      {
11         _nop_();
12      }
13 }
14
15 void main()
16 {
17    while(1)
18    {
19       pulse=0;     //输出低电平
20       delay(100);   //调用延时函数
21       pulse=1;     //输出高电平
22       delay(100);   //调用延时函数
23    }
24 }
```

图 5.22　设置断点

下来,如图 5.23 所示。观察图 5.23,文本编辑框中“pulse = 0;”所在行前面出现了一个黄色的小箭头,这个小箭头指向的代码是下一步将要执行的代码;图 5.23 左侧显示的是寄存器窗口,其中“sec”后面显示的数据就是程序代码执行所用的时间,单位是秒,可以看出显示的是 389 μs,这是程序启动执行到目前停止位置所用的时间。注意,这个时间是累计时间。

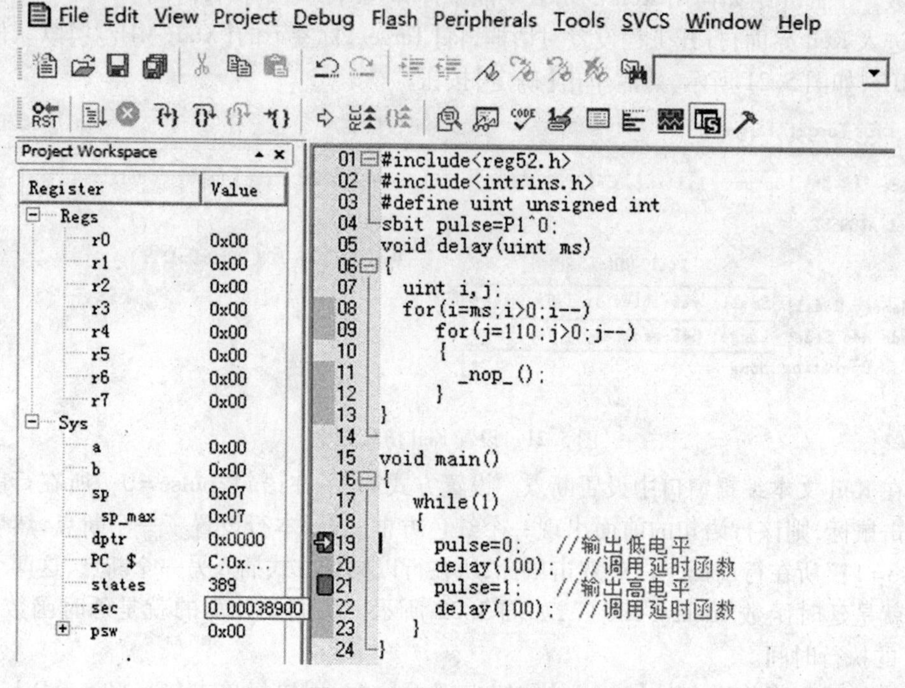

图 5.23　Keil 软件调试模式

④再用鼠标单击 Keil 菜单栏上的【Debug】按钮出现下拉框,单击【Run】选项,程序从第一个断点处开始执行,运行到第二个断点处“pulse=1;”停止,如图5.24所示。查看“sec”后面显示的数据为100.703 ms,从而得出延时函数执行的时间是100.314 ms(100.703 ms-0.389 ms)。若忽略微秒,延时函数“delay(100)”的执行时间是100 ms。

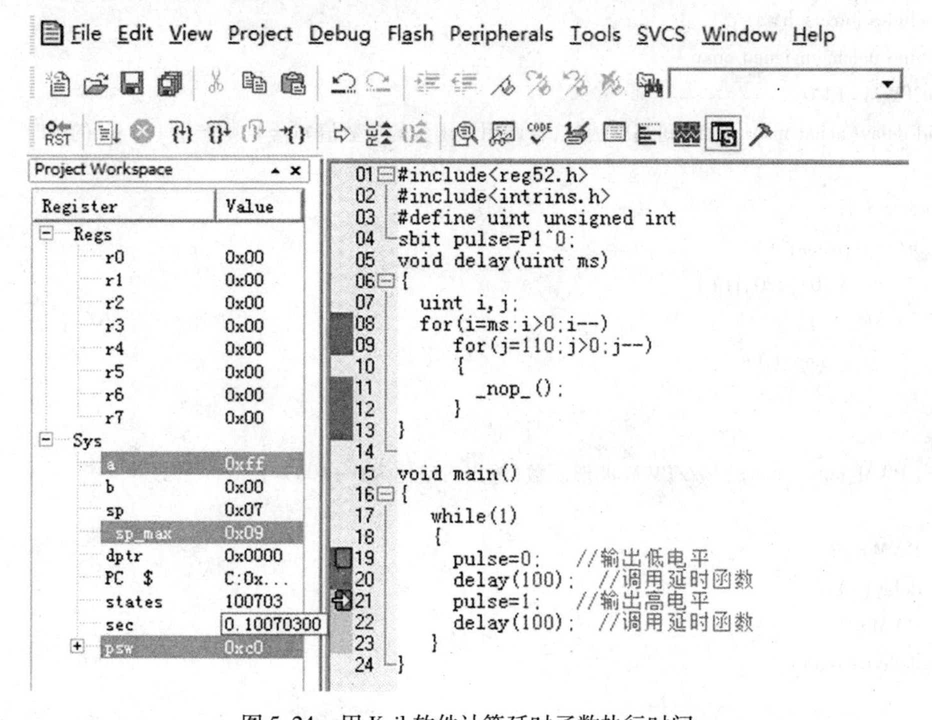

图5.24 用 Keil 软件计算延时函数执行时间

若延时函数的执行时间和我们所要求的有较大的误差,可以对延时函数中的循环控制变量的初值进行修改,直到误差在允许的范围内。这里要说明的一点是,延时函数中所用的变量类型是 unsigned int 型,若你使用的 unsigned char 类型,同样的延时函数所执行的时间是不同的,这一点要特别注意。

5.6.2 应用单片机 I/O 口输出 PWM 信号

对于 PWM,直观上说,就是占空比可变的脉冲波形。在单片机应用系统中,就是用单片机产生一定周期的方波,而且方波中高电平的持续时间可以调整(即占空比可调)。

当应用单片机 I/O 输出 PWM 信号时,通常有两种方式:一种是用软件延时,另一种是利用单片机内部的定时/计数器实现。

1. 用软件延时方式输出 PWM 信号

用软件延时方式产生 PWM 信号的关键是要编写一个时间基准函数,通过反复调用这个函数,从而得到占空比可调的 PWM 波形。

设系统的晶振频率为12 MHz,产生的 PWM 频率为1 kHz,占空比为60%,从单片机的 P1.0 引脚输出。编写用软件延时方式输出 PWM 信号的应用程序。

设计分析:若产生 PWM 波形的频率为1 kHz,则每个方波的周期为1 ms,占空比为

60%，即高电平持续的时间600 μs，所以关键是设计出100 μs的延时函数作为时间基准函数，通过调用该函数来实现占空比为60%的PWM波形。

产生占空比可调的PWM波形程序如下：

```
#include<reg52.h>
#include<intrins.h>
#define uchar unsigned char
sbit PWM=P1^0;
void delay(uchar ms)   //时间基准函数，若调用该函数的参数值ms=1，则产生100 μs的延时
{
  uchar i,j;
  for(i=0;i<ms;i++)
      for(j=0;j<20;j++)
      {
          _nop_();
      }
}
void PWM_out(uchar a)   //PWM波形函数（输出占空比为0~100%）
{
  PWM=1;
  delay(a);
  PWM=0;
  delay(10-a);
}
void main()
{
  while(1)
  {
    PWM_out(6);  //输出占空比为60%PWM波形
  }
}
```

程序所产生的PWM波形如图5.25所示。

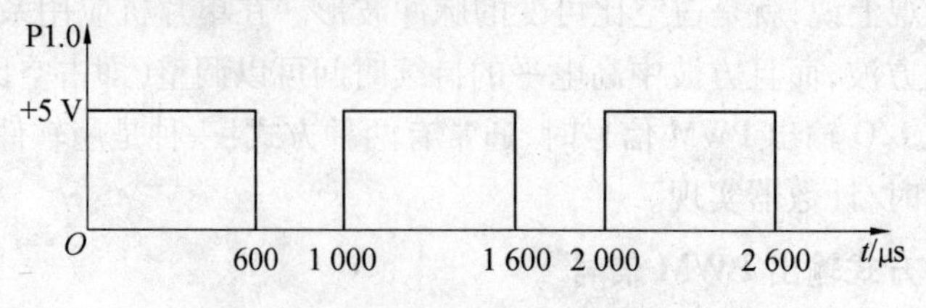

图5.25　占空比为60%的PWM波形

2. 用定时/计数器方式输出PWM信号

用软件实现精确定时的前提条件是，计算机在执行延时函数时不能被中断，否则定时时间会出现误差。另外，用软件延时方式产生PWM信号，降低了CPU的效率。使用单片机的

定时器/计数器进行定时，一方面可以做到精确定时，另一方面还可以提高 CPU 的工作效率。

设系统的晶振频率为 12 MHz，产生的 PWM 频率为 1 kHz，占空比为 60%，从单片机的 P1.0 引脚输出，用定时/计数器方式输出 PWM 信号。

设计分析：因为系统的晶振频率为 12 MHz，则一个机器周期为 1 μs。PWM 波形的频率为 1 kHz，则每个方波的周期为 1 ms。设置定时/计数器 T0 为定时方式 2，以 100 μs 为基本定时单位，采用中断方式，每到 100 μs 进行一次处理。用定时/计数器方式输出 PWM 信号程序如下：

```
#include<reg52.h>
#define uchar unsigned char
#define uint unsigned int
#define PWM_time   10              //PWM 周期常量
sbit PWM=P1^0;
uint count;
uint PWM_A;
void PWM_uot(uchar PWM_width)
{
if(PWM_width>PWM_time)PWM_width=PWM_time;//若形参大于 PWM 周期常量(10),取最大值
PWM_A=PWM_time;
}
main()
{
  TMOD=0x02;                //T0 定时方式 2
  TH0=256-100;              //定时 100 μs
  TL0=256-100;
  EA=1;                     //CPU 允许中断
  ET0=1;                    //允许定时器 T0 中断
  TR0=1;                    //启动定时器 T0
  PWM=1;                    //P1.0 脚输出高电平
  while(1)
  {
 PWM_uot(6);                //PWM 波形占空比为 60%
  }
}
void T0_int() interrupt 1
{
  count++;                  //100 μs 软件计数器加 1
  if(count<PWM_A)           //PWM 波形的脉宽小于设定值,P1.0 脚输出高电平
  {
  PWM=1;
  }
```

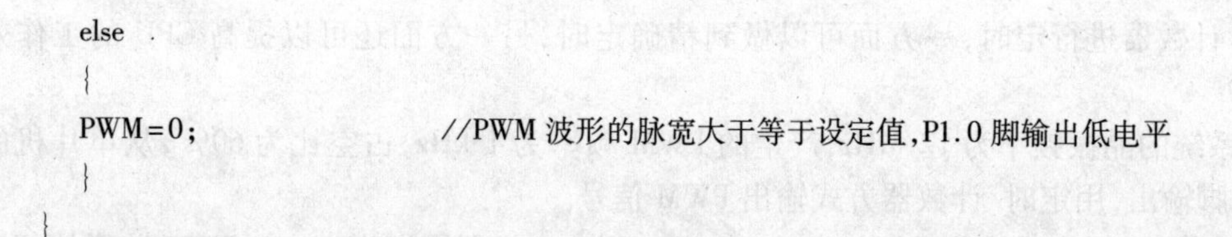

```
else
    {
    PWM=0;                    //PWM 波形的脉宽大于等于设定值,P1.0 脚输出低电平
    }
}
```

5.6.3 小车基本巡航动作

小车采用的是模块化结构设计,每个模块都设有 I/O 接口,各模块之间要通过杜邦线建立起电气连接。小车运动控制部分电路连接示意图如图 5.26 所示。

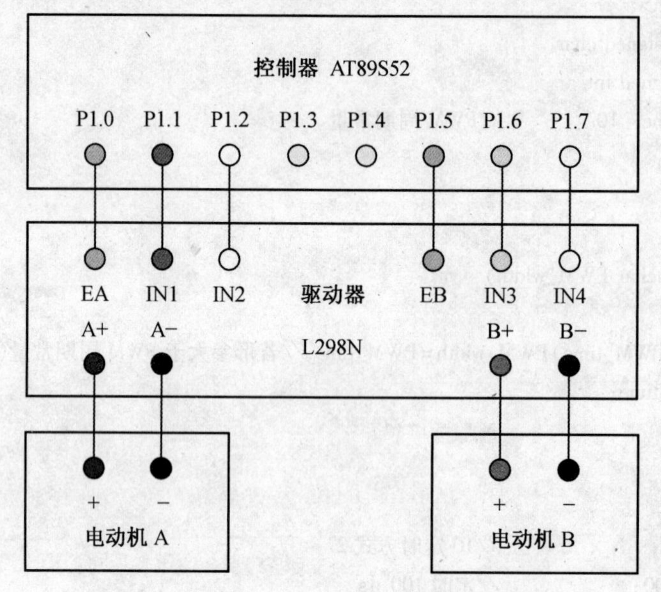

图 5.26　小车运动控制部分电路连接示意图

系统资源配置:

※ 用定时器 T0 产生 PWM 信号,PWM 的周期设定为 5 ms,通过单片机的 P1.0、P1.5 引脚输出,实现对驱动模块的使能控制。

※ 单片机的 P1.1、P1.2 引脚接驱动模块的转向控制端 IN1、IN2,控制电动机 A 的旋转方向;P1.6、P1.7 引脚接驱动模块的转向控制端 IN3、IN4,控制电动机 B 的旋转方向。

1. 向前运动

小车向前运动,要求驱动小车的 2 个直流减速电动机的控制参数完全一致。具体是:

※ 控制电机转向的参数	左电机 IN1=0,IN2=1;//	正转
	右电机 IN3=0,IN4=1;//	正转
※ 控制电机速度的参数	左、右电机占空比相等,即 SpeedA=SpeedB。	

小车向前运动的控制程序:

```
/*******************************************/
#include<reg52.h>
#define uchar unsigned char
```

```
#define uint unsigned int
#define  PWM_time  100  //PWM 周期常量
/*************************电机控制****************
*********/
sbit ENA = P1^0;     //电机 A 使能控制
sbit IN1 = P1^1;     //电机 A 方向控制
sbit IN2 = P1^2;     //电机 A 方向控制
sbit ENAB= P1^5;     //电机 B 使能控制
sbit IN3 = P1^16     //电机 B 方向控制
sbit IN4 = P1^7;     //电机 B 方向控制
uint MA=0,MB=0;
uint SpeedA=0;//A 电机速度变量(0～100 对应 PWM 占空比 0～100%)
uint SpeedB=0;//B 电机速度变量(0～100 对应 PWM 占空比 0～100%)
/*******************************************/
*小车向前巡航函数
*    speed_l:左轮速度参数,范围从 1～100
*    speed_r:右轮速度参数,范围从 1～100
*左右轮参数相同,小车就能前进,根据电机的参数不同,可以进行微调
*由于电量的问题,参数在比较小的时候,小车可能会不动,建议从 10 开始
/*******************************************
**********/
void Goahead(uchar speed_l,uchar speed_r)
{
  if(speed_l > PWM_time)   //若占空比参数 speed_l 的值大于 PWM 周期常量,则赋值为 PWM_time
  speed_l = PWM_time;     //周期常量 PWM_time
  if(speed_r > PWM_time)
  speed_r = PWM_time;
  SpeedA = speed_l;
  SpeedB = speed_r;
  IN1 = 0;    //电机 A 正转
  IN2 = 1;
  IN3 = 0     //电机 B 正转
  IN4 = 1
  TR0=1;      //启动定时器 T0
}
/*******************************************
*定时/计数器初始化函数                       *
*******************************************/
void Init_MCU( )
{
  TMOD = 0x01;//设置 T0 为定时方式 1
  TH0 = 0xff;   // 定时 0.1 ms
```

```
    TL0 = 0x9c;
    ET0 = 1;      //允许 T0 中断
    EA  = 1;      //CPU 中断允许
}
/*****************************************
* 主函数                                  *
*****************************************/
void main( )
{
    Init_MCU( );
    while(1)
    {
        Goahead(80,80);//小车向前巡航
    }
}
/*****************************************
* PWM 信号产生函数                         *
*****************************************/
void time0_int( ) interrupt 1 using 1   //定时器 0 中断,用于产生 PWM(脉宽调制)方波
{
    TR0=0;          //关闭定时器 T0
    TH0 = 0xff;     //重装计数初值
    TL0 = 0x9c;
    MA++;
    if(MA< SpeedA) //如果输出 PWM 信号高电平时间小于设定值
    {
      ENA = 1;
    }
    else ENA = 0;
    if(MA == PWM_time)
    {
      MA = 0;
    }
MB++;
    if(MB < SpeedB)
    {
      ENB=1;
    }
    else ENB = 0;
    if(MB == PWM_time)
    {
      MB = 0;
```

```
    }
    TR0 = 1;//启动定时器
    }
```

2. 向后运动

小车向后运动控制参数如下：

※ 控制电机转向的参数	左电机 IN1 = 1, IN2 = 0;//　反转
	右电机 IN3 = 1, IN4 = 0;//　反转
※ 控制电机速度的参数	左、右电机占空比相等，即 SpeedA = SpeedB。

小车向后运动和向前运动的控制方式基本相同，唯一不同的左、右电机转向的参数是相反的。

小车向后运动的控制语句：

```
/****************************************************
*小车向后巡航函数
*     speed_l:左轮速度参数,范围从 1~100
*     speed_r:右轮速度参数,范围从 1~100
*左右轮参数相同,小车就能前进,根据电机的参数不同,可以进行微调
*由于电量的问题,参数在比较小的时候,小车可能会不动,建议从 10 开始
****************************************************/
void Goback( uchar speed_l,uchar speed_r )
{
  if( speed_l > PWM_time)   //若占空比参数 speed_l 的值大于 PWM 周期常量,则赋值为 PWM_time
  speed_l = PWM_time;       //周期常量 PWM_time
  if( speed_r > PWM_time)
  speed_r = PWM_time;
  SpeedA = speed_l;
  SpeedB = speed_r;
  IN1 = 1;   //电机 A 反转
  IN2 = 0;
  IN3 = 1;   //电机 B 反转
  IN4 = 0;
  TR0=1;   //启动定时器 T0
}
… … … …… … … …… … … …… … … …… … … …… … … …
    while(1)
    {
        Goback(60,60);//小车向后巡航
    }
… … … …… … … …… … … …… … … …… … … …… … … …
```

3. 原地左转

小车原地左转，控制参数如下：

※ 控制电机转向的参数	左电机 IN1 = 1, IN2 = 0;// 反转
	右电机 IN3 = 0, IN4 = 1;// 正转
※ 控制电机速度的参数	左、右电机占空比相等,即 SpeedA = SpeedB。

小车原地左转的控制语句:

```
/*****************************************
 *小车原地左转函数
 *speed:控制原地转弯速度,范围从 1 ~ 100
 *由于电量的问题,参数在比较小的时候,小车可能会不动,建议从 10 开始
 *****************************************/
    void B_left(uchar speed)
{
  if(speed > PWM_time)//若占空比参数 speed_l 的值大于 PWM 周期常量,则赋值为 PWM_time
  speed = PWM_time;  //周期常量 PWM_time
  SpeedA = speed;
  SpeedB = speed;
   IN1 = 1;  //电机 A 反转
   IN2 = 0;
   IN3 = 0;  //电机 B 正转
   IN4 = 1;
   TR0=1;   //启动定时器 T0
}
… … … …… … … …… … … …… … … …… … … …… … … …
    while(1)
    {
        B_left(50);//小车原地左转
    }
… … … …… … … …… … … …… … … …… … … …… … … …
```

4. 原地右转

小车原地右转,控制参数如下:

※ 控制电机转向的参数	左电机 IN1 = 0, IN2 = 1;// 正转
	右电机 IN3 = 1, IN4 = 0;// 反转
※ 控制电机速度的参数	左、右电机占空比相等,即 SpeedA = SpeedB。

小车原地右转的控制语句:

```
/*****************************************
 *小车原地右转函数
 *speed:控制原地转弯速度,范围从 1 ~ 100
 *由于电量的问题,参数在比较小的时候,小车可能会不动,建议从 10 开始
 *****************************************/
```

```
void B_right(uchar speed)
{
  if(speed > PWM_time)//若占空比参数 speed_l 的值大于 PWM 周期常量,则赋值为 PWM_time
  speed = PWM_time;  //周期常量 PWM_time
  SpeedA = speed;
  SpeedB = speed;
   IN1 = 0;        //电机 A 正转
   IN2 = 1;
   IN3 = 1        //电机 B 反转
   IN4 = 0;
        TR0=1;  //启动定时器 T0
}
… … … …… … … …… … … …… … … …… … … …… … … …
     while(1)
      {
           B_left(50);//小车原地右转
      }
… … … …… … … …… … … …… … … …… … … …… … … …
```

5. 小车转向控制

小车向左或向右转向,控制方法非常灵活。一种方法是左、右电机的旋转方向相同,但控制电机速度的参数不同,通过转速差实现左转或右转;另一种方法是左、右电机的旋转方向相反,控制电机速度的参数相同或不同,可以使小车快速转向。这里采用的是第一种方法实现小车转向控制。

小车转向控制控制参数如下:

※ 控制电机转向的参数	左电机 IN1=0,IN2=1;//　正转
	右电机 IN3=0,IN4=1;//　正转
※ 控制电机速度的参数	左电机占空比大于右电机占空比,SpeedA>SpeedB 小车右转;
	左电机占空比小于右电机占空比,SpeedA<SpeedB 小车左转。

小车转向控制控制程序:

```
/****************************************/
#include<reg52.h>
#define uchar unsigned char
#define uint unsigned int
#define  PWM_time  100  //PWM 周期常量
/********电机控制****************/
sbit ENA = P1^0;  //电机 A 使能控制
sbit IN1 = P1^1;   //电机 A 方向控制
sbit IN2 = P1^2;   //电机 A 方向控制
sbit ENAB= P1^5;  //电机 B 使能控制
sbit IN3 = P1^16   //电机 B 方向控制
```

```
sbit IN4 = P1^7;    //电机 B 方向控制
uint MA=0,MB=0;
uint SpeedA=0;//A 电机速度变量(0~100 对应 PWM 占空比 0~100%)
uint SpeedB=0;//B 电机速度变量(0~100 对应 PWM 占空比 0~100%)
/*********************************************
延时函数(单位:ms)
ms:变量范围 0~65535,改变 ms 的大小,可以改变延时的时间
*********************************************/
void delay(uint ms) //
{
  uint i,j;
  for(i=ms;i>0;i--)
   for(j=124;j>0;j--);
}
/*********************************************
*小车转向控制函数
*speed_l:左轮速度参数,范围从 1~100
*speed_r:右轮速度参数,范围从 1~100
*左右轮参数不相同,小车就能转向,左轮参数大时小车右转,右轮参数大时小车左转
*两轮参数相差越大转弯角度越大
*由于电量的问题,参数在比较小的时候,小车可能会不动,建议从 10 开始
*********************************************/
void Turn(uchar speed_l,uchar speed_r )
{
   if(speed_l > PWM_time)   //若占空比参数 speed_l 的值大于 PWM 周期常量,则赋值为 PWM_time
   speed_l = PWM_time;     //周期常量 PWM_time
   if(speed_r > PWM_time)
   speed_r = PWM_time;
   SpeedA = speed_l;
   SpeedB = speed_r;
   IN1 = 0;    //电机 A 正转
   IN2 = 1;
   IN3 = 0;    //电机 B 正转
   IN4 = 1;
   TR0=1;   //启动定时器 T0
}
/*********************************************
*定时/计数器初始化函数
*********************************************/
void Init_MCU( )
{
   TMOD = 0x01; //设置 T0 为定时方式 1
```

```
    TH0 = 0xff;    // 定时 0.1 ms
    TL0 = 0x9c;
    ET0 = 1;        //允许 T0 中断
    EA  = 1;        //CPU 中断允许
}
/* * * * * * * * * * * * * * * * * * * * * * * * * * * * * * * * * * * * * * * * * * *
 * 主函数                                                                            *
 * * * * * * * * * * * * * * * * * * * * * * * * * * * * * * * * * * * * * * * * * */
void main( )
{
    Init_MCU( );
    while(1)
    {
      Turn(80,50);  //小车右转
      delay(2000);  //延时 2 s
      Turn(50,80);  //小车左转
      delay(2000);   //延时 2 s
    }
}
/* * * * * * * * * * * * * * * * * * * * * * * * * * * * * * * * * * * * * * * * * * *
 * PWM 信号产生函数                                                                  *
 * * * * * * * * * * * * * * * * * * * * * * * * * * * * * * * * * * * * * * * * * */
void time0_int( ) interrupt 1 using 1    //定时器 0 中断,用于产生 PWM(脉宽调制)方波
{
    TR0=0;       //关闭定时器 T0
    TH0 = 0xff;  //重装计数初值
    TL0 = 0x9c;
    MA++;
    if(MA< SpeedA) //如果输出 PWM 信号高电平时间小于设定值
    {
      ENA = 1;
    }
    else ENA = 0;
    if(MA == PWM_time)
    {
      MA = 0;
    }
    MB++;
    if(MB < SpeedB)
    {
      ENB=1;
    }
```

```
    else ENB = 0;
    if(MB == PWM_time)
    {
        MB = 0;
    }
    TR0 = 1;//启动定时器
}
```

6. 小车匀变速运动

小车匀变速运动包括匀加速、匀减速运动。匀变速运动是指小车从某一初始速度加速（或减速）到某一终值。匀变速运动在小车超越、跟随比赛中使用较为普遍。

小车匀变速运动，控制参数如下：

※ 控制电机转向的参数	左电机 IN1=0,IN2=1;// 正转
	右电机 IN3=0,IN4=1;// 正转

※ 控制电机速度的参数	左、右电机占空比相等(SpeedA=SpeedB)，初始速度、步长、速度终值一致。

小车匀加速运动控制语句：

```
/**************************************************************
延时函数(单位:ms)
ms:变量范围 0~65535,改变 ms 范围的大小,可以改变延时的时间
**************************************************************/
void delay(uint ms) //
{
    uint i,j;
    f or(i=ms;i>0;i--)
for(j=124;j>0;j--);
}
/**************************************************************
    小车匀加速运动,从某一初值加速到给定参数
    fa:左轮速度初值
    fb:右轮速度初值
    speed_l:左轮速度参数,范围从 1~100
    speed_r:右轮速度参数,范围从 1~100
**************************************************************/
void acceleration (uchar speed_l,uchar speed_r, uchar fa,uchar fb) //匀加速运动
{
    IN1 = 1;
    IN2 = 0;
    IN3 = 1;
    IN4 = 0;
    //ENA=1;
```

```
  //ENB=1;
  TR0=1;
  SpeedA=fa;  //
  SpeedA=fb;
  while((SpeedA<speed_l)||(SpeedB<speed_r))
    {
     if(SpeedA<speed_l)SpeedA++;
     if(SpeedB<speed_r)SpeedB++;
     delay(10);//
    }
}
… … … …… … … …… … … …… … … …… … … …… … … …
      while(1)
      {
      acceleration(50,50,10,10);//小车匀加速运动,速度参数从 10 开始加速到 50
      }
… … … …… … … …… … … …… … … …… … … …… … … …
```

小车匀减速运动控制语句:

```
/****************************************
延时函数(单位:ms)
ms:变量范围 0~65535,改变 ms 的大小,可以改变延时的时间
****************************************/
void delay(uint ms) //
{
  uint i,j;
  f or(i=ms;i>0;i--)
    for(j=124;j>0;j--);
}
/****************************************
  小车匀减速运动,从某一初值减速到给定参数
  fa:左轮速度初值
  fb:右轮速度初值
  speed_l:左轮速度参数,范围从 1~100
  speed_r:右轮速度参数,范围从 1~100
****************************************/
void deceleration(uchar speed_l,uchar speed_r, uchar fa,uchar fb)
{
     IN1 = 1;
     IN2 = 0;
     IN3 = 1;
     IN4 = 0;
     //ENA=1;
```

```
    //ENB=1;
    TR0=1;
    SpeedA=fa;
    SpeedA=fb;
    while((SpeedA>speed_l)||(SpeedB>speed_r))
    {
      if(SpeedA>speed_l)SpeedA--;
      if(SpeedB>speed_r)SpeedB--;
      delay(10);
    }
}
… … … …… … … …… … … …… … … …… … … …… … … …
    while(1)
      {
          deceleration(30,30,80,80);//小车匀减速运动,速度参数从80减速到30
      }
… … … …… … … …… … … …… … … …… … … …… … … …
```

7. 小车停止

小车停止控制参数如下：

※ 控制电机转向的参数	左电机 IN1=1,IN2=1;// 停止
	右电机 IN3=1,IN4=1;// 停止

※ 控制电机速度的参数	左、右电机占空比相等,即 SpeedA=SpeedB=0。

小车停止控制语句：

```
/***************************************************
*小车停止
***************************************************/
void Stop()//急停
{
IN1 = 1;
IN2 = 1;
IN3 = 1;
IN4 = 1;
TR0=0;
ENA=0;
ENB=0;
}
… … … …… … … …… … … …… … … …… … … …… … … …
    while(1)
      {
          Stop();//小车停止
```

```
    }
… … … …… … … …… … … …… … … …… … … …… … … …
```

5.7　循迹避障智能小车功能实现

循迹避障智能小车的硬件设计完成后,接下来的任务就是根据小车要实现的功能编写相应的控制程序。本节将讨论小车基本运动、循迹、避障功能的实现方法及过程。

5.7.1　小车基本功能实现

小车基本功能实际上就是小车基本巡航动作的组合。这里,我们将小车基本功能设计定为启动(匀加速运动)1 s、向前行驶(匀速运动)5 s、向后行驶(匀速运动)5 s、原地左转 2 s、原地右转 2 s、左转向 3 s、右转向 3 s、停止。

小车基本功能实现控制程序:

```
/* * * * * * * * * * * * * * * * * * * * * * * * * * * * * * * * * * * * * * * * */
#include<reg52.h>
#define uchar unsigned char
#define uint unsigned int
#define  PWM_time  100  //PWM 周期常量
/* * * * * * * * * * * * * * * * * * * 电机控制 * * * * * * * * * * * * * * * * * * * * *
*/
sbit ENA = P1^0;  //电机 A 使能控制
sbit IN1 = P1^1;  //电机 A 方向控制
sbit IN2 = P1^2;  //电机 A 方向控制
sbit ENB = P1^5;  //电机 B 使能控制
sbit IN3 = P1^6;  //电机 B 方向控制
sbit IN4 = P1^7;  //电机 B 方向控制
uint MA=0,MB=0;
uint SpeedA=0;    //A 电机速度变量(0~100 对应 PWM 占空比 0~100%)
uint SpeedB=0;    //B 电机速度变量(0~100 对应 PWM 占空比 0~100%)
/* * * * * * * * * * * * * * * * * * * * * * * * * * * * * * * * * * * * * * * * * *
* 延时函数(单位:毫秒)                                                              *
* ms:变量范围 0~65535,改变 ms 的大小,可以改变延时的时间                            *
* * * * * * * * * * * * * * * * * * * * * * * * * * * * * * * * * * * * * * * * * */
void delay(uint ms) //
{
uint i,j;
for(i=ms;i>0;i--)
for(j=124;j>0;j--);
}
/* * * * * * * * * * * * * * * * * * * * * * * * * * * * * * * * * * * * * * * * * *
* 小车向前巡航函数
```

```
* speed_l:左轮速度参数,范围从 1 ~ 100
* speed_r:右轮速度参数,范围从 1 ~ 100
* 左右轮参数相同,小车就能前进,根据电机的参数不同,可以进行微调
* 由于电量的问题,参数在比较小的时候,小车可能会不动,建议从 10 开始
* * * * * * * * * * * * * * * * * * * * * * * * * * * * * * * * * * * * * * * * */
void Goahead( uchar speed_l,uchar speed_r)
{
if( speed_l > PWM_time)   //若占空比参数 speed_l 的值大于 PWM 周期常量,则赋值为 PWM_time
    speed_l = PWM_time;       //周期常量 PWM_time
if( speed_r > PWM_time)
speed_r = PWM_time;
SpeedA = speed_l;
SpeedB = speed_r;
IN1 = 0;   //电机 A 正转
    IN2 = 1;
IN3 = 0;   //电机 B 正转
    IN4 = 1;
TR0 = 1;   //启动定时器 T0
}
/ * * * * * * * * * * * * * * * * * * * * * * * * * * * * * * * * * * * * * * * * *
 * 小车向后巡航函数
 * speed_l:左轮速度参数,范围从 1 ~ 100
 * speed_r:右轮速度参数,范围从 1 ~ 100
 * 左右轮参数相同,小车就能前进,根据电机的参数不同,可以进行微调
 * 由于电量的问题,参数在比较小的时候,小车可能会不动,建议从 10 开始
 * * * * * * * * * * * * * * * * * * * * * * * * * * * * * * * * * * * * * * * * */
void Goback( uchar speed_l,uchar speed_r )
{
    if( speed_l > PWM_time)   //若占空比参数 speed_l 的值大于 PWM 周期常量,则赋值为 PWM_time
    speed_l = PWM_time;    //周期常量 PWM_time
    if( speed_r > PWM_time)
    speed_r = PWM_time;
    SpeedA = speed_l;
    SpeedB = speed_r;
    IN1 = 1;   //电机 A 反转
    IN2 = 0;
    IN3 = 1;   //电机 B 反转
    IN4 = 0;
    TR0=1;   //启动定时器 T0
}
/ * * * * * * * * * * * * * * * * * * * * * * * * * * * * * * * * * * * * * * * * *
 * 小车向前匀加速运动函数
```

```
* fa:左轮速度初值
* fb:右轮速度初值
* speed_l:左轮速度参数,范围从1~100
* speed_r:右轮速度参数,范围从1~100
* 左右轮参数相同,小车就能前进,根据电机的参数不同,可以进行微调
* 由于电量的问题,参数在比较小的时候,小车可能会不动,建议从10开始
* * * * * * * * * * * * * * * * * * * * * * * * * * * * * * * * * * * * * * * * * * * * * */
void acceleration(uchar speed_l,uchar speed_r,uchar fa,uchar fb)
{
IN1 = 0;   //电机A正转
    IN2 = 1;
IN3 = 0;   //电机B正转
    IN4 = 1;
TR0= 1;       //启动定时器T0
SpeedA = fa;
SpeedB = fb;
while((SpeedA<speed_l)||(SpeedB<speed_r))
{
   if(SpeedA<speed_l)SpeedA++;
   if(SpeedB<speed_r)SpeedB++;
   delay(10);
}
}
/* * * * * * * * * * * * * * * * * * * * * * * * * * * * * * * * * * * * * * * * * * * * * *
* 小车向前匀减速运动函数
* fa:左轮速度初值
* fb:右轮速度初值
* speed_l:左轮速度参数,范围从1~100
* speed_r:右轮速度参数,范围从1~100
* 左右轮参数相同,小车就能前进,根据电机的参数不同,可以进行微调
* 由于电量的问题,参数在比较小的时候,小车可能会不动,建议从10开始
* * * * * * * * * * * * * * * * * * * * * * * * * * * * * * * * * * * * * * * * * * * * * */
void deceleration(uchar speed_l,uchar speed_r,uchar fa,uchar fb)
{
I   N1 = 0;   //电机A正转
    IN2 = 1;
    IN3 = 0;   //电机B正转
    IN4 = 1;
    TR0=1;      //启动定时器T0
    SpeedA = fa;
    SpeedB = fb;
    while((SpeedA>speed_l)||(SpeedB>speed_r))
```

```
    {
        if(SpeedA>speed_l)SpeedA--;
        if(SpeedB>speed_r)SpeedB--;
        delay(5);
    }
}
/*******************************************
*小车原地右转函数
*speed:控制原地转弯速度,范围从1~100
*由于电量的问题,参数在比较小的时候,小车可能会不动,建议从10开始
*******************************************/
void B_right(uchar speed)
{
    if(speed > PWM_time)//若占空比参数speed_l的值大于PWM周期常量,则赋值为PWM_time
    speed = PWM_time;  //周期常量PWM_time
    SpeedA = speed;
    SpeedB = speed;
    IN1 = 1;  //电机A正转
    IN2 = 0;
    IN3 = 0;  //电机B反转
    IN4 = 1;
    TR0=1;   //启动定时器T0
}
/*******************************************
*小车原地左转函数
*speed:控制原地转弯速度,范围从1~100
*由于电量的问题,参数在比较小的时候,小车可能会不动,建议从10开始
*******************************************/
void B_left(uchar speed)
{
    if(speed > PWM_time)//若占空比参数speed_l的值大于PWM周期常量,则赋值为PWM_time
    speed = PWM_time;  //周期常量PWM_time
    SpeedA = speed;
    SpeedB = speed;
    IN1 = 1;  //电机A反转
    IN2 = 0;
    IN3 = 0;  //电机B正转
    IN4 = 1;
    TR0=1;   //启动定时器T0
}
/*******************************************
*小车转向控制函数
```

```
* speed_l:左轮速度参数,范围从 1 ~ 100
* speed_r:右轮速度参数,范围从 1 ~ 100
* 左右轮参数不相同,小车就能转向,左轮参数大时小车右转,右轮参数大时小车左转
* 两轮参数相差越大转弯角度越大
* 由于电量的问题,参数在比较小的时候,小车可能会不动,建议从 10 开始
* * * * * * * * * * * * * * * * * * * * * * * * * * * * * * * * * * * * * * * * * * */
void Turn( uchar speed_l,uchar speed_r )
{
   if( speed_l > PWM_time)   //若占空比参数 speed_l 的值大于 PWM 周期常量,则赋值为 PWM_time
   speed_l = PWM_time;       //周期常量 PWM_time
   if( speed_r > PWM_time)
   speed_r = PWM_time;
   SpeedA = speed_l;
   SpeedB = speed_r;
   IN1 = 0;   //电机 A 正转
   IN2 = 1;
   IN3 = 0;   //电机 B 正转
   IN4 = 1;
   TR0=1;       //启动定时器 T0
}
/ * * * * * * * * * * * * * * * * * * * * * * * * * * * * * * * * * * * * * * * * * * *
* 小车停止
* * * * * * * * * * * * * * * * * * * * * * * * * * * * * * * * * * * * * * * * * * */
void Stop( )//急停
{
   IN1 = 1;
   IN2 = 1;
   IN3 = 1;
   IN4 = 1;
   TR0=0;
   ENA=0;
   ENB=0;
}
/ * * * * * * * * * * * * * * * * * * * * * * * * * * * * * * * * * * * * * * * * * * *
* 定时/计数器初始化函数                                                                 *
* * * * * * * * * * * * * * * * * * * * * * * * * * * * * * * * * * * * * * * * * * */
void Init_MCU( )
{
   TMOD = 0x01;  //设置 T0 为定时方式 1
   TH0 = 0xff;    //定时 0.1 ms
   TL0 = 0x9c;
   ET0 = 1;        //允许 T0 中断
```

```
    EA   = 1;        //CPU
  }
/*************************************************************
 *主函数                                                      *
 *************************************************************/
void main( )
  {
      Init_MCU( );
      acceleration(50,50,10,10);//小车匀加速启动
      delay(1000);   //延时 1 s
      Goahead(50,50);//小车向前巡航
       delay(3000);   //延时 3 s
      deceleration(20,20,60,60);//小车匀减速向前行驶
      delay(1000);   //延时 1 s
       Goback(50,50);  //小车向后行驶
      delay(3000);   //延时 3 s
      B_left(50);     //原地左转
      delay(2000);   //延时 2 s
      B_right(50);    //原地右转
      delay(2000);   //延时 2 s
      Turn(70,30 ); //向右转向
      delay(2000);   //延时 2 s
      Turn(30,70 ); //向左转向
      delay(2000);   //延时 2 s
      Stop( );         //停车
      while(1);
      }
/*************************************************************
 * PWM 信号产生函数                                             *
 *************************************************************/
void time0_int( ) interrupt 1 using 1   //定时器 0 中断,用于产生 PWM(脉宽调制)方波
{
   TR0=0;   //关闭定时器 T0
   TH0 = 0xff;  //重装计数初值
   TL0 = 0x9c;
   MA++;
   if(MA< SpeedA) //如果输出 PWM 信号高电平时间小于设定值
    {
      ENA = 1;
    }
   else ENA = 0;
   if(MA == PWM_time)
    {
     MA = 0;
    }
```

```
MB++;
  if(MB < SpeedB)
  {
    ENB=1;
  }
  else ENB = 0;
  if(MB == PWM_time)
  {
    MB = 0;
  }
  TR0 = 1;//启动定时器
}
```

5.7.2　小车循迹功能实现

循迹是指小车在白色的跑道(宽度为 400 mm)上沿着黑色轨迹线(宽度为 30 mm)行驶,当小车偏离轨迹线时,能自动修正其运行轨迹。红外循迹传感器的数量和安装位置将影响小车的循迹性能。本设计中,红外循迹传感器的数量为 3 个,安放在小车底部的前面,红外循迹传感器的宽为 12.5 mm,3 个一字排布的红外循迹传感器的有效宽度为 25 mm。图 5.27 给出了红外循迹传感器的排布情况以及红外循迹传感器和控制器的电气连接。

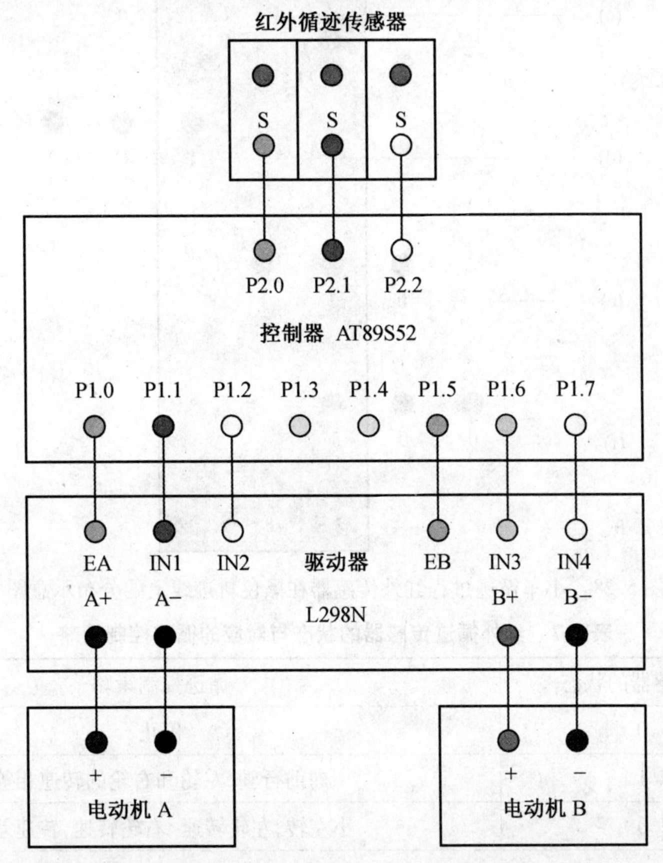

图 5.27　红外循迹传感器的排布及与控制器的电气连接示意图

1. 循迹控制策略

小车循迹过程中,红外循迹传感器在黑色轨迹上可能出现的情况如图 5.28 所示。小车循迹的实质就是根据红外循迹传感器在黑色轨迹线的情况不断调整小车转向的过程,因此小车循迹控制就是检测红外循迹传感器在黑色轨迹线的状态,并依此调整小车的转向,使小车始终行驶在黑色轨迹线上。红外循迹传感器只有“0”和“1”两种状态,这里的“1”表示红外循迹传感器检测到的是黑色,此时红外循迹传感器在黑色轨迹线上;“0”表示红外循迹传感器检测到的是白色,此时红外循迹传感器在白色跑道上。表 5.7 给出了红外循迹传感器的状态与对应的循迹控制策略。

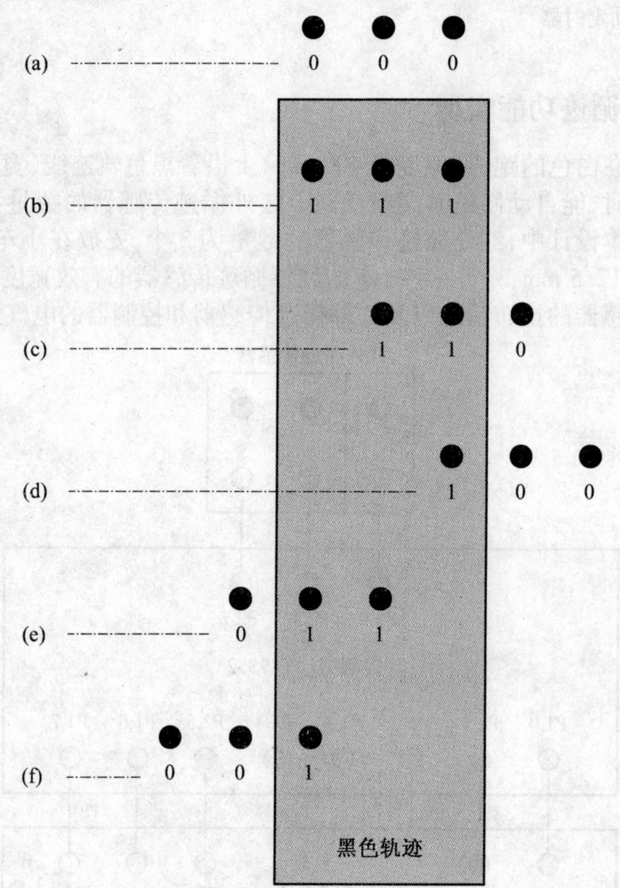

图 5.28　小车循迹过程红外传感器在黑色轨迹线上的分布示意图

表 5.7　红外循迹传感器的状态与对应的循迹控制策略

红外循迹传感器的状态	循迹控制策略
0 0 0	停止
1 1 1	向前行驶,左轮和右轮的转速相等
1 1 0	小左转,左轮转速<右轮转速,转速差小
1 0 0	大左转,左轮转速<右轮转速,转速差大

续表 5.7

红外循迹传感器的状态	循迹控制策略
0　1　1	小右转,左轮转速>右轮转速,转速差小
0　0　1	大右转,左轮转速>右轮转速,转速差大
1　0　1	无效的组合,小车向前行驶
0　1　0	无效的组合,小车向前行驶

2. 小车实现循迹功能控制程序

```
/ * * * * * * * * * * * * * * * * * * * * * * * * * * * * * * * * * * * * * * * * * * /
#include<reg52.h>
#define uchar unsigned char
#define uint unsigned int
#define   PWM_time   100   //PWM 周期常量
/ * * * * * * * * * * * * * * * * 电机控制 * * * * * * * * * * * * * * * * * /
sbit ENA = P1^0;   //电机 A 使能控制
sbit IN1 = P1^1;   //电机 A 方向控制
sbit IN2 = P1^2;   //电机 A 方向控制
sbit ENB = P1^5;   //电机 B 使能控制
sbit IN3 = P1^6;   //电机 B 方向控制
sbit IN4 = P1^7;   //电机 B 方向控制
sbit Left= P2^0;     //左边红外循迹传感器
sbit Font= P2^1;     //中间红外循迹传感器
sbit Right=P2^2;     //左边红外循迹传感器
uint MA=0,MB=0;
uint SpeedA=0;      //A 电机速度变量(0~100 对应 PWM 占空比 0~100%)
uint SpeedB=0;      //B 电机速度变量(0~100 对应 PWM 占空比 0~100%)
/ * * * * * * * * * * * * * * * * * * * * * * * * * * * * * * * * * * * * * * * * * *
 * 延时函数(单位:ms)                                                                   *
 * ms:变量范围 0~65535,改变 ms 的大小,可以改变延时的时间                                *
 * * * * * * * * * * * * * * * * * * * * * * * * * * * * * * * * * * * * * * * * * * /
void delay(uint ms) //
{
      uint i,j;
      for(i=ms;i>0;i--)
            for(j=124;j>0;j--);
}
/ * * * * * * * * * * * * * * * * * * * * * * * * * * * * * * * * * * * * * * * * * *
 * 小车向前巡航函数
 * speed_l:左轮速度参数,范围从 1~100
 * speed_r:右轮速度参数,范围从 1~100
 * 左右轮参数相同,小车就能前进,根据电机的参数不同,可以进行微调
```

```
*由于电量的问题,参数在比较小的时候,小车可能会不动,建议从10开始
*****************************************/
void Goahead(uchar speed_l,uchar speed_r)
{
    if(speed_l > PWM_time)   //若占空比参数speed_l的值大于PWM周期常量,则赋值为PWM_time
    speed_l = PWM_time;     //周期常量PWM_time
    if(speed_r > PWM_time)
    speed_r = PWM_time;
    SpeedA = speed_l;
    SpeedB = speed_r;
    IN1 = 0;   //电机A正转
    IN2 = 1;
    IN3 = 0;   //电机B正转
    IN4 = 1;
    TR0 = 1;   //启动定时器T0
}
/*****************************************
*小车转向控制函数
*speed_l:左轮速度参数,范围从1~100
*speed_r:右轮速度参数,范围从1~100
*左右轮参数不相同,小车就能转向,左轮参数大时小车右转,右轮参数大时小车左转
*两轮参数相差越大转弯角度越大
*由于电量的问题,参数在比较小的时候,小车可能会不动,建议从10开始
*****************************************/
void Turn(uchar speed_l,uchar speed_r)
{
   if(speed_l > PWM_time)  //若占空比参数speed_l的值大于PWM周期常量,则赋值为PWM_time
   speed_l = PWM_time;    //周期常量PWM_time
    if(speed_r > PWM_time)
    speed_r = PWM_time;
    SpeedA = speed_l;
    SpeedB = speed_r;
    IN1 = 0;   //电机A正转
    IN2 = 1;
    IN3 = 0;   //电机B正转
    IN4 = 1;
    TR0=1;       //启动定时器T0
}
/*****************************************
*小车停止
*****************************************/
void Stop()//急停
```

```
{
  IN1 = 1;
  IN2 = 1;
  IN3 = 1;
  IN4 = 1;
  TR0=0;
  ENA=0;
  ENB=0;
}
/**************************************
*定时/计数器初始化函数                *
**************************************/
void Init_MCU( )
{
  TMOD = 0x01;  //设置 T0 为定时方式 1
  TH0 = 0xff;     // 定时 0.1 ms
  TL0 = 0x9c;
  ET0 = 1;        //允许 T0 中断
  EA  = 1;        //CPU
}
/**************************************
*主函数                                *
**************************************/
void main( )
{
  Init_MCU( );
  while(1)
  {
    if((Left==1)&&(Font==1)&&(Right==1))
    {
      Goahead(60,60); //向前行驶
      delay(3);
    }
    else if((Left==1)&&(Font==1)&&(Right==0))
     {
      Turn(55,65);     //小左转
      delay(2);
     }
    else if((Left==1)&&(Font==0)&&(Right==0))
     {
      Turn(35,65);   //大左转
      delay(2);
```

```
    }
    else if((Left==0)&&(Font==1)&&(Right==1))
    {
      Turn(65,55);    //小右转
      delay(2);
    }
    else if((Left==0)&&(Font==0)&&(Right==1))
    {
      Turn(65,35);  //大右转
      delay(2);
    }
    else  Stop();        //停车
  }
}
/*******************************************************
*   PWM 信号产生函数                                      *
*******************************************************/
void time0_int() interrupt 1 using 1   //定时器 0 中断,用于产生 PWM(脉宽调制)方波
    {
    TR0=0;  //关闭定时器 T0
    TH0 = 0xff; //重装计数初值
    TL0 = 0x9c;
MA++;
    if(MA< SpeedA) //如果输出 PWM 信号高电平时间小于设定值
    {
      ENA = 1;
    }
    else ENA = 0;
    if(MA == PWM_time)
    {
      MA = 0;
    }
    MB++;
    if(MB < SpeedB)
    {
      ENB=1;
    }
    else ENB = 0;
    if(MB == PWM_time)
    {
      MB = 0;
```

```
    }
    TR0 = 1;//启动定时器
}
```

5.7.3　小车避障功能实现

避障是指小车在行驶过程中,若检测到前方有障碍物,小车通过后退、转向动作避开障碍物继续行驶。本设计中,使用了3个红外避障传感器,分别安放在小车的正前方、左前方和右前方,图5.29给出了红外避障传感器的排布情况以及红外避障传感器和控制器的电气连接。

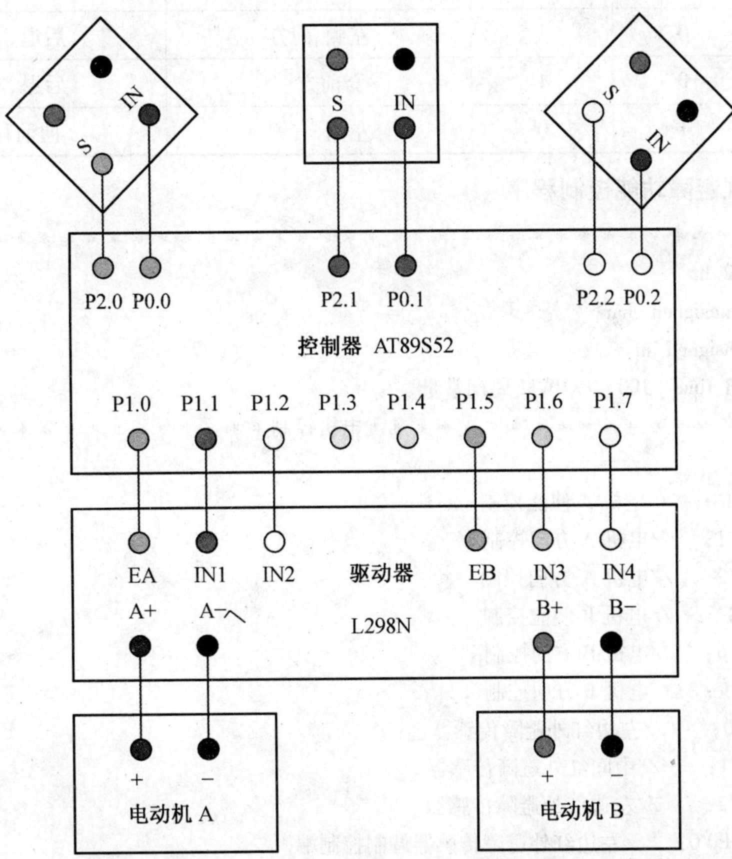

图5.29　红外避障传感器的排布及与控制器的电气连接示意图

1. 避障控制策略

避障小车的行驶方向是由红外避障传感器的检测结果来决定的。当红外避障传感器检测到障碍物时,输出为“0”,没有检测到障碍物时,输出为“1”。小车的避障控制策略见表5.8。

表 5.8　红外避障传感器的状态与对应的避障控制策略

红外避障传感器的状态			障碍物位置	避障控制策略
左	前	右		
0	0	0	前方、左侧、右侧	后退、左转
1	1	1	无障碍物	向前行驶
1	1	0	右侧	后退、左转
1	0	0	前方、右侧	后退、左转
0	1	1	左侧	后退、右转
0	0	1	左侧、前方	后退、右转
1	0	1	前方	后退、左转
0	1	0	左侧、右侧	向前行驶

2. 小车实现避障功能控制程序

```
/* * * * * * * * * * * * * * * * * * * * * * * * * * * * * * * * * * * * * * * * */
#include<reg52. h>
#define uchar unsigned char
#define uint unsigned int
#define  PWM_time  100  //PWM 周期常量
/* * * * * * * * * * * * * * * * * * * * * * * * *电机控制* * * * * * * * * * * * * * * * * * * * *
* * */
sbit ENA = P1^0;  //电机 A 使能控制
sbit IN1 = P1^1;  //电机 A 方向控制
sbit IN2 = P1^2;  //电机 A 方向控制
sbit ENB = P1^5;  //电机 B 使能控制
sbit IN3 = P1^6;  //电机 B 方向控制
sbit IN4 = P1^7;  //电机 B 方向控制
sbit Left= P2^0;   //左边红外避障传感器
sbit Font= P2^1;   //中间红外避障传感器
sbit Right=P2^2;   //左边红外避障传感器
sbit IN_Left= P0^0;   //左边红外避障传感器调制控制端
sbit IN_Font= P0^1;  //中间红外避障传感器调制控制端
sbit IN_Right=P0^2;  //左边红外避障传感器调制控制端
bit  flag;
uint count=0;//
uint MA=0,MB=0;
uint SpeedA=0;   //A 电机速度变量(0~100 对应 PWM 占空比 0~100%)
uint SpeedB=0;   //B 电机速度变量(0~100 对应 PWM 占空比 0~100%)
/* * * * * * * * * * * * * * * * * * * * * * * * * * * * * * * * * * * * * * * * * * *
*延时函数(单位:ms)                                                                     *
*ms:变量范围 0~65535,改变 ms 的大小,可以改变延时的时间                                     *
```

```
****************************************************/
void delay(uint ms) //
{
    uint i,j;
    for(i=ms;i>0;i--)
        for(j=124;j>0;j--);
}
/****************************************************
*小车向前巡航函数
*speed_l:左轮速度参数,范围从1~100
*speed_r:右轮速度参数,范围从1~100
*左右轮参数相同,小车就能前进,根据电机的参数不同,可以进行微调
*由于电量的问题,参数在比较小的时候,小车可能会不动,建议从10开始
****************************************************/
void Goahead(uchar speed_l,uchar speed_r)
{
    if(speed_l > PWM_time)   //若占空比参数speed_l的值大于PWM周期常量,则赋值为PWM_time
    speed_l = PWM_time;     //周期常量PWM_time
    if(speed_r > PWM_time)
    speed_r = PWM_time;
    SpeedA = speed_l;
    SpeedB = speed_r;
    IN1 = 0;   //电机A正转
    IN2 = 1;
    IN3 = 0;   //电机B正转
    IN4 = 1;
    TR0 = 1;   //启动定时器T0
}
/****************************************************
*小车向后巡航函数
*speed_l:左轮速度参数,范围从1~100
*speed_r:右轮速度参数,范围从1~100
*左右轮参数相同,小车就能前进,根据电机的参数不同,可以进行微调
*由于电量的问题,参数在比较小的时候,小车可能会不动,建议从10开始
****************************************************/
void Goback(uchar speed_l,uchar speed_r)
{
    if(speed_l > PWM_time)   //若占空比参数speed_l的值大于PWM周期常量,则赋值为PWM_time
    speed_l = PWM_time;     //周期常量PWM_time
    if(speed_r > PWM_time)
    speed_r = PWM_time;
    SpeedA = speed_l;
```

```
    SpeedB = speed_r;
    IN1 = 1;   //电机 A 反转
    IN2 = 0;   //
    IN3 = 1;   //电机 B 反转
    IN4 = 0;   //
    TR0=1;   //启动定时器 T0
}
/*****************************************
 *小车转向控制函数
 *speed_l:左轮速度参数,范围从 1~100
 *speed_r:右轮速度参数,范围从 1~100
 *左右轮参数不相同,小车就能转向,左轮参数大时小车右转,右轮参数大时小车左转
 *两轮参数相差越大转弯角度越大
 *由于电量的问题,参数在比较小的时候,小车可能会不动,建议从 10 开始
 *****************************************/
void Turn(uchar speed_l,uchar speed_r)
{
   if(speed_l > PWM_time)  //若占空比参数 speed_l 的值大于 PWM 周期常量,则赋值为 PWM_time
   speed_l = PWM_time;      //周期常量 PWM_time
   if(speed_r > PWM_time)
   speed_r = PWM_time;
   SpeedA = speed_l;
   SpeedB = speed_r;
   IN1 = 0;   //电机 A 正转
   IN2 = 1;
   IN3 = 0;   //电机 B 正转
   IN4 = 1;
   TR0=1;       //启动定时器 T0
}
/*****************************************
 *定时/计数器初始化函数
 *****************************************/
void Init_MCU( )
{
    TMOD = 0x21;   //设置 T0 为定时方式 1、T1 定时方式 2
    TH0 = 0xff;   // 定时 0.1 ms
    TL0 = 0x9c;
    TH1 = 256-13;  //定时 0.026 ms
    TL1 = 256-13;
    ET0 = 1;        //允许 T0 中断
    ET1 = 1;        //允许 T1 中断
    EA  = 1;         //CPU 允许中断
```

```
  TR1=1;            //启动定时器 T1
}
/**************************************************
*主函数                                            *
**************************************************/
void main( )
{
   flag=1;  //
   Init_MCU( );
   while(1)
   {
   if((Left==1)&&(Font==1)&&(Right==1))      //前方无障碍
   {
     Goahead(60,60);                         //向前行驶
     delay(100);
   }
   else if((Left==0)&&(Font==1)&&(Right==0))//前方无障碍,左侧、右侧有障碍物
   {
     Goahead(60,60);                         //向前行驶
     delay(100);
   }
   else if((Left==1)&&(Font==1)&&(Right==0))//右侧有障碍物
   {
     Goback(60,60);                          //后退
     delay(100); //
     Turn(30,60);                            //左转
     delay(100);
   }
   else if((Left==1)&&(Font==0)&&(Right==0))//前方、右侧有障碍物
   {
     Goback(60,60);                          //后退
     delay(100);
     Turn(30,60);        //左转
     delay(100);
   }
   else if((Left==0)&&(Font==0)&&(Right==1))//前方、左侧有障碍物
   {
     Goback(60,60);                          //后退
     delay(100);
     Turn(60,30);                            //右转
     delay(100);
   }
```

```
    else if((Left==0)&&(Font==1)&&(Right==1))//左侧有障碍物
    {
      Goback(60,60);                              //后退
      delay(100);
      Turn(60,30);                                //右转
      delay(100);
    }
    else if((Left==0)&&(Font==0)&&(Right==0))//前方、左侧、右侧有障碍物
    {
      Goback(60,60);                              //后退
      delay(100);
      Turn(30,60);                                //左转
      delay(100);
    }
    else if((Left==1)&&(Font==0)&&(Right==1))//前方有障碍物
  {
      Goback(60,60);                              //后退
      delay(100);
      Turn(30,60);                                //左转
      delay(100);
    }
  }
}
//***************************************//
//PWM 信号产生函数
//***************************************//
void T0_int() interrupt 1 using 1   //定时器 0 中断,用于产生 PWM(脉宽调制)方波
{
  TR0=0;  //关闭定时器 T0
  TH0 = 0xff;  //重装计数初值
  TL0 = 0x9c;
MA++;   //
  if(MA< SpeedA) //如果输出 PWM 信号高电平时间小于设定值
  {
    ENA = 1;   //
  }
  else ENA = 0;
  if(MA == PWM_time)
  {
     MA = 0;
  }
MB++;
```

```
    if(MB < SpeedB)
    {
        ENB=1;
    }
    else ENB = 0;
    if(MB == PWM_time)
    {
        MB = 0;
    }
    TR0 = 1;//启动定时器
}
//* * * * * * * * * * * * * * * * * * * * * * * * * * * * * * * * * * * * * * * * * * *//
//*产生 38 kHz 载波
//* * * * * * * * * * * * * * * * * * * * * * * * * * * * * * * * * * * * * * * * * * *//
void T1_int() interrupt 3 using 2 //
{
    count++;
    if(count<50)      //发射持续时间为 600 μs 的 38 kHz 脉冲串
    {
        flag= ~flag;
        IN_Left= flag; //产生 38 kHz 载波信号
        IN_Font= flag; //产生 38 kHz 载波信号
        IN_Right=flag; //产生 38 kHz 载波信号
    }
    else if((count>=50)&&(count<100)) //关闭红外发射管 600 μs
    {
        flag=1;
        IN_Left= 0; //关闭红外发射管
        IN_Font= 0; //关闭红外发射管
        IN_Right=0; //关闭红外发射管
    }
    else
    {
        count=0;  //软件计数器清零
    }
}
```

参 考 文 献

[1] 郭天祥. 新概念 51 单片机 C 语言教程[M]. 北京:电子工业出版社,2009.
[2] 曾庆波,邓志宏. 单片机应用技术(修订版)[M]. 哈尔滨:哈尔滨工业大学出版社,2012.
[3] 蓝和慧,宁武,闫晓金. 全国大学生电子设计竞赛单片机应用技能精解[M]. 北京:电子工业出版社,2009.
[4] 曾庆波,左晓英,陈秀芳. 微型计算机控制技术[M]. 成都:电子科技大学出版社,2007.
[5] 汪世明. 基于 Proteus 的单片机应用技术[M]. 北京:电子工业出版社,2009.
[6] 侯玉宝,陈忠平,李承群. 基于 Proteus 的 51 系列单片机设计与仿真[M]. 北京:电子工业出版社,2009.
[7] 蒋辉平,周国雄. 基于 Proteus 的单片机系统设计与仿真实例 [M]. 北京:机械工业出版社,2009.
[8] 徐玮,徐富军,沈建良. C51 单片机高效入门 [M]. 北京:机械工业出版社,2009.
[9] 于斌. 单片机原理与接口技术[M]. 北京:人民邮电出版社,2008.